KB074404

LE LEXIQUE
CULINAIRE

FERRANDI

L'ÉCOLE FRANÇAISE DE GASTRONOMIE
·
PARIS

페랑디 조리용어 사전

킬리앙 스탕젤 편저

강현정 옮김

CITRON MACARON

The Kitchen

들어가며

뤼스(russe), 아바팽(abat-faim), 뷔송(buisson)이 무슨 뜻인지 아시나요?

2014년 10월, 『페랑디 요리 수업(*Le Grand cours de cuisine FERRANDI*)』*의 초판이 프랑스에서 발간되었습니다. 에콜 페랑디의 교육 내용을 반영한 교본인 이 책을 통해 단계별로 자세히 설명된 요리과정과 기술을 정확하게 배울 수 있을 뿐 아니라, 난이도에 따라 세 단계로 분류한 다양한 레시피를 익힐 수 있습니다.

실제로 요리나 제과제빵에 있어 만드는 방법과 기술이 정확해야 함은 물론이고, 그 과정에 나오는 조리용어나 특수한 어휘도 그에 못지않은 정확성을 요구합니다. 이 둘은 그 어느 것 하나가 더 중요하다고 말할 수 없는 상호 보완관계에 있지요. 정확한 단어로 설명을 할 수 없다면 실제 요리하는 작업을 체계적으로 이론화하기 어렵습니다. 요리와 미식 분야에는 고유한 기술적 언어가 있습니다. 역량과 이해력을 갖춘 요리사나 제과제빵사가 되기 위해서는 이 전문용어를 반드시 숙지해야 합니다.

파리 페랑디 요리 학교의 지식과 정신을 많은 이에게 전수해준다는 사명감을 가진 우리는, 미래의 전문 요리사와 프랑스 미식 애호가들에게 꼭 필요한 지침 도구가 될 조리용어집이 필요하다는 것을 절실히 느꼈습니다.

---

* 이 책의 한국어판 『페랑디 요리 수업』은 2016년 5월 출간되었으며, 이듬해 구르망 월드 쿡북 어워드(Gourmand World Cookbook Awards)에서 출판사 번역서 부문 최우수상을 받았다.

이 용어 해설집에는 조리도구뿐 아니라 자르기, 익히기, 조리 중 재료의 작용, 반응 등에 관한 다양한 어휘가 자세하고 꼼꼼하게 소개되어 있습니다.

물론 너무 긴장하거나 겁먹을 필요는 없습니다. 요리 전문용어라고 하면 뭔가 엄격하고 어려울 것이라는 선입견을 가질 수 있지만, 차근차근 배워나가며 익숙해지다보면 때로는 재미있고, 때로는 놀라운 단어들을 발견하게 될 수도 있습니다. 한 페이지 한 페이지, 단어 하나하나씩 익히다보면 하나의 스토리에 빠져 들어가는 여러분의 모습을 발견하게 될지도 모릅니다.

미식 분야에 관한 한 세계 제일의 이론가인 프랑스는 요리군단을 통하여 이미 전 세계에 프랑스 조리용어를 전파했습니다. 그 덕분에 아마도 세상 그 어디에서도 프랑스어가 가장 많이 사용되는 분야는 요리와 제과제빵 분야가 아닐까라고 감히 말씀드릴 수 있습니다.

이 맛있고도 흥미로운 단어들을 만끽하시기 바랍니다.

브뤼노 드 몽트
파리 에콜 페랑디 교장

이 책을 펴내며

오늘날 요리에 관한 지식은 일반적으로 그리 어렵지 않은 용어로 전달되고 있다. 앞으로 요리 지식은 생산자나 가공업자, 요리사, 식품회사와 나아가 소비자에 이르기까지 먹거리 선택에 영향을 미치는 모두에게 중요한 분야가 될 것이다.

식품업체들이 어떤 식품이나 제품을 평가할 때 생산성 가치를 가장 염두에 두고 있다면, 요리사는 미식 패러다임을 더 발전시킬 수 있는 그들만의 고유한 기술적 언어를 갖고 있다.

앞으로 올 미래 세대에게 잘 먹는 법을 전수해주는 역할은 이러한 전문용어의 담당자인 요리사들의 몫이라고 해도 과언이 아니다. 또한, 요리를 잘 이해하기 위해서는 우선 조리용어의 의미를 경청하고 파악하는 것부터 시작해야 한다. 이 책에는 요리와 제과제빵에서 일상적으로 사용되는 어휘들이 자세히 설명되어 있다. 이 조리용어 사전은 요리 레시피 책에 담겨 있는 자세한 설명을 더욱 명확하게 이해하는 데 도움을 줄 것이며, 모든 요리사와 요리 애호가들에게 꼭 필요한 지침서가 될 것이다.

킬리앙 스탕젤
커뮤니케이션 과학 박사, 투르 대학교 교수, 미식 저술가

차례

A

À CŒUR 아 쾨르

• "au cœur de(오 쾨르 드)"라고도 쓰이며, "재료의 중심, 내부"를 뜻한다. 음식을 익힐 때 또는 급속 냉동 시 심부 온도를 칭할 때 쓰인다. 탐침 센서가 달린 조리용 온도계(sonde)를 재료에 찔러 넣어 온도를 측정한다.

À POINT 아 푸앵

• "딱 알맞게 익었다(à point de cuisson)"라는 뜻의 이 용어는 주로 붉은색 육류의 익힘 정도를 나타내는 단어로, 레어(saignant 세냥)와 웰던(bien cuit 비엥 퀴)의 중간 상태인 미디엄으로 익은 정도를 말한다. 이 익힘 정도는 조리 테크닉에서 일상적으로 행해지거나, 고객의 주문에 의해 정해진다.

ABAISSE 아베스

• 반죽을 밀대로 납작하게 밀어놓은 것(faire une abaisse 반죽을 밀대로 밀다).
• 투르트(tourte) 파이나 파테 또는 타르트 등의 파티스리 바닥 시트용으로 얇게 밀어 놓은 반죽.

ABAISSER 아베세

• 밀대나 파스타 기계 등의 압착 롤러를 이용하여 반죽을 원하는 두께로 납작하게 밀다.

ABAT-FAIM 아바 팽

• 【옛】 손님의 허기를 우선 달래는 목적으로 식사 첫 순서에 서빙하던 커다란 고깃덩어리.

ABATS 아바

• 다른 명칭으로 "트리프리(triperie 내장류)"라고도 불리는 이것은 제5의 부위로 일컬어지는 여러 부위 즉, 정육용으로 도축한 동물의 척수, 골, 염통, 간, 족, 머리, 흉선, 피, 콩팥 등의 식용 가능한 내장 부산물을 통칭한다.

ABATTIS 아바티 (아래 사진 참조)

• 가금류나 깃털 달린 수렵육의 발과 날개 등의 사지를 뜻한다.
• 닭의 모래주머니, 목, 머리, 간 등 내장과 부산물을 뜻하는 말로도 쓰인다.

ABÉGNADES, ABIGNADES 아베냐드, 아비냐드

• 거위의 내장과 피를 사용해 만든 랑드 샬로스(Chalosse, Landes) 지방의 특산 요리 이름.

ABRICOTER 아브리코테

• 케이크나 타르트 표면에 잼이나 나파주(nappage), 또는 즐레(gelée)를 조리용 붓으로 발라 윤기 나게 하다. 파티스리에서 아브리코

닭 육수를 내기 위해 닭 날개와 발, 목 등(abattis)을 잘라 넣고 끓인다.

테(abricot, 살구)의 의미는 대개의 경우 체에 거른 살구잼을 표면에 발라 글라사주(glaçage à abricot)하는 것을 말한다.

ACCOLADE (EN) (앙) 아콜라드
• 문장 부호의 하나인 중괄호({})를 뜻하는 이 용어는, 플레이팅할 때 접시에 동일한 두 음식을 서로 등을 맞대어 대칭으로 놓는 방식을 말한다. 주로 가금류나 깃털 달린 수렵육 조류 요리에 사용되는 이 플레이팅 방식은 과거에는 고기나 생선 요리에도 흔히 사용했다.

ACCOMODER 아코모데
• 아프레테(apprêter 준비하다)와 동의어로 요리를 만들기 위한 재료를 준비한다는 뜻이다. 여기에는 다듬기(parer 파레), 껍질 벗기기(éplucher 에플뤼세), 간하기(assaisonner 아세조네), 끈으로 묶기(ficeler 피슬레) 등의 과정이 모두 포함된다.

ACERBE 아세르브
• 신맛의. 떫은맛의. 과일 등의 열매가 완전히 익지 않아 단맛이 없고, 시거나 떫은맛을 낼 때 쓰이는 표현이다.

ACHARD 아샤르
• 채소나 과일을 잘게 썰어 데친 후 식초, 소금, 기름, 향신료 등을 넣은 액체에 오랜 시간 담가 절인 크레올식 피클 양념의 이름. 레위니옹, 인도, 인도네시아, 앙티유의 요리에 많이 사용된다.

ACIDE 아시드
• 인간의 기본 미각 중 하나인 신맛. 본래 신맛이 나는 음식.

ACIDIFIER 아시디피에
• 신맛을 내다. 소스, 스튜, 샐러드 등의 요리에 레몬즙, 베르쥐(verjus 익지 않은 포도즙, 신맛

이 강하다), 식초 등의 액체를 넣어 신맛을 내준다.

ACIDULÉ 아시뒬레
• 새콤한, 약간 신맛이 나는.

ACIDULER 아시뒬레
• 음식에 레몬즙, 식초, 베르쥐 등을 약간 첨가해 신맛을 더하다.

ÂCRE 아크르
• 맛이나 냄새가 입에서 목구멍까지 거의 타는 듯할 정도로 자극적이고 날카로움을 지칭한다. 비교적 오래 지속되며 불쾌감을 주는 이 느낌은 너무 오래 훈연하거나 잘못 훈제한 샤퀴트리, 태운 토스트나 양다리 구이, 혹은 상한 요거트 등에서 느낄 수 있다.

ÂCRETÉ 아크르테
• 맛 또는 향이 자극적이고 날카로움.

ADOUCIR 아두시르
• 음식에 물, 우유, 크림, 설탕 등을 첨가하거나 조리시간을 늘려 요리의 자극적인 맛, 떫은맛, 매운맛, 신맛, 쓴맛이나 너무 과한 간을 완화시키다. 예를 들어 설탕을 한 꼬집 넣으면 토마토 페이스트의 강한 신맛을 중화시킬 수 있다.
• 소스를 만들 때 화이트와인을 넣어 디글레이즈한 다음 졸이면 그 맛을 부드럽게 중화하는 데 효과적이다.

AFFADIR 아파디르
• 맛을 싱겁게 하다. 밋밋하게 하다.

AFFAIBLIR 아페블리르
• 【옛】적절한 액체를 첨가해 육수, 소스 또는 다른 음식의 자극적인 간이나 맛을 완화시키다.

AFFILER 아필레
• 막대형 칼 가는 도구(fusil)를 사용하여 칼날(fil)을 세워 칼을 갈다. 흔히 아퓌테(affûter 칼날을 세우다)라고도 한다.

AFFINER / AFFINAGE
아피네 / 아피나주
• 플레이트 아피나주(affinage d'une assiette)는 포피나주(peaufinage: 공들여 손질하기, 끝마무리)와 동의어다. 즉 요리를 플레이팅할 때 공들여 마무리함을 뜻한다.
• 아피나주는 치즈가 신선한 성질을 잃고 숙성되는 마지막 과정을 뜻한다. 프레시 치즈는 발효과정을 통해서 응고 치즈로 변성된다. 건조되어 굳은 겉껍질이 만들어지고 고유의 텍스처와 풍미를 지니게 된다. 온도, 습도, 통풍은 치즈 숙성과정 진행에 큰 영향을 미치고, 이로 인해 향과 풍미가 달라진다. 치즈 종류에 따라 이 숙성과정은 짧게는 며칠에서 몇 달 동안의 시간이 소요된다.
• 【옛】 팬을 길들이다(affiner une poêle). 팬을 더 깨끗하고 좋은 상태로 유지하기 위해 미리 특별한 방법으로 길들이다.

AFFRIANDER 아프리앙데
• 요리를 더 맛있어 보이게 하다. 식욕을 불러 일으키다.

AFFRITER 아프리테
• 스테인리스나 무쇠팬 또는 코코트 냄비 등을 사용하기 전에 기름을 둘러 뜨겁게 달군 뒤 다시 닦아내다.

AFFÛTAGE / AFFÛTER
아퓌타주 / 아퓌테
• 칼을 날 세워 갈기. 숫돌 등에 칼을 갈아 날을 세우다.

AGGLOMÉRER 아글로메레
• 반죽에 재료를 넣고 손가락으로 잘 섞다.

AGITER 아지테
• "흔들다, 휘두르다"라는 뜻으로, 크림이나 소스를 나무 주걱으로 잘 저어 식히거나 표면에 막이 생기지 않도록 고루 저어주는 것을 말한다.

AGUEUSIE 아귀외지
• 미각 결핍증. 미각 상실증. 맛의 자극에 대한 감각이 없어진 상태. 이는 전체적 또는 부분적일 수 있으며, 영구적이기도 하고 때에 따라 한시적일 수도 있다.

AIDE CULINAIRE 애드 퀼리네르
• 요리 준비를 하는 과정에서 간편히 도움을 받을 수 있는, 이미 준비된 혹은 반조리된 식재료들(예를 들면 육수용 부이용 큐브, 시판 토마토 소스, 페스토 소스 등).

AIGRE 애그르
• 신맛, 시큼한 맛, 상한 신맛, 쉰 맛. 본래는 신맛이 아닌 순한 맛이었던 음식에서 나는 강하고 시고 자극적인 맛을 뜻한다. 소스나 우유, 와인 등이 상하거나 또는 변질되어 시큼한 맛이 나는 것을 뜻하기도 한다. 사워크림의 경우(crème aigre)는 유산균에 의해 발효된 것으로 신맛과 걸쭉한 농도를 띠고 있다.

AIGRE-DOUX 애그르 두
• 신맛이 달콤한 맛과 결합됨. 새콤달콤한 맛을 뜻한다.

AIGRELET / AIGRET
애그를레 / 애그레
• 약간 새콤한 맛이 도는 풍미.

AIGRIR 애그리르

• 산, 식초 등을 넣어 신맛을 내거나, 열에 의해 음식을 쉬게 하다.

AIGUILLE À BRIDER
에귀유 아 브리데 (아래 사진 참조)

• 트러싱 니들(trussing needle). 스테인리스 막대형(길이 15~30cm, 굵기 1~3mm)에 한쪽 끝에는 바늘귀가 있고, 다른 한쪽 끝은 뾰족하게 만들어진 조리용 바늘로 닭 등의 가금류 전체를 실로 꿰어 묶을 때 사용한다.

AIGUILLE À LARDER 에귀유 아 라르데

• 라딩 니들(larding needle). 스테인리스 재질로 약간 원뿔형을 띈 빈 막대 모양을 하고 있으며 한쪽 끝은 가늘고 뾰족하고 다른 한쪽 끝은 우묵하다. 우묵하고 굵은 쪽으로 가늘고 길게 썬 라드를 넣고, 뾰족한 끝으로 고깃덩어리에 찔러 넣어 라드(돼지비계)를 박아주는 데 사용한다.

AIGUILLE À PIQUER 에귀유 아 피케

• 가늘고 길게 자른 라드조각을 박아 넣기 위해 고깃덩어리의 표면을 찔러 구멍을 내는 데 사용하는 긴 꼬챙이 모양의 주방도구. 라딩 니들과 비슷하다.

AIGUILLETTE 에귀예트

• 닭이나 오리, 깃털 달린 수렵육의 가슴살을 길게 잘라낸 것. 이 가늘고 긴 부분의 살은 조류의 가슴뼈 양쪽에서 잘라 떼어낸다.
• 소의 부위 중에서는 우둔살 하부(aiguillette de rumsteck) 길쭉한 덩어리와, 우둔에 붙어 있는 길쭉한 부위인 삼각살(aiguillette baronne)

조리용 바늘(aiguille à brider)을 사용해 닭 전체를 꿰어 묶는다.

을 지칭하며, 볼기살 맨 끝부분을 가리킬 때
도 사용하는 단어다.

AIGUISAGE 에귀자주
• 칼의 날을 세워 갈기(affiler, affûter 참조).

AIGUISER 에귀제
• 막대형 칼 가는 도구(나이프 샤프너, 샤프닝 스
틸) 등을 사용해 칼의 날을 세워 갈다.

AIGUISEUR À COUTEAUX
에귀죄르 아 쿠토
• 칼갈이. 두 개의 칼갈이 원반 롤러 사이에 칼
날을 끼워 넣고 마찰력을 이용해 칼을 가는
도구.

AILE 앨
• 닭의 날개(aileron)를 뜻하는 또 다른 명칭.
가끔 가슴살(blanc)과 날개(aileron)를 통틀어
말하는 경우도 있는데, 이때는 가슴 날개살
(aile de filet)이라고 표현한다.

AILERON 앨르롱 (아래 사진 참조)
• 닭 날개의 끝부분을 뜻한다. 일반적으로 잘
라내어 닭 육수를 만드는 용도로 사용한다.

• 몇몇 생선 종류의 날개 지느러미를 지칭하기
도 한다(예: 상어 지느러미 ailerons de requin, 황
새치 espadon).

AILLER 아이예
• 마늘을 넣어 양념하다.

AÏOLI 아이올리
• 마늘과 올리브오일을 베이스로 한 지중해식
차가운 에멀전(유화) 소스로 프로방스의 마
요네즈라고도 불린다.

ALBIGEOISE (À L')
알비주아즈, 아 랄비주아즈
• 소를 채운 토마토(tomates farcies)와 감자 크
로켓으로 이루어진 가니시. 주로 고기 요리에
곁들인다.

ALBUFÉRA 알뷔페라
• 소스 쉬프렘(sauce suprême)에 글라스 드 비
앙드(glace de viande 농축 육수 글레이즈)와 고춧
가루를 넣은 버터(beurre pimenté)를 더해 만
든 소스의 명칭, 또는 이 소스를 곁들인 요리.
전통적으로 주로 닭이나 오리 요리에 끼얹어
서빙한다.

닭 날개 끝부분(aileron)에 남은 깃털 자국과 잔털을 제거하기 위해 토치로 그슬리는 모습.

ALCOOL 알코올

• 오드비(eau-de-vie 증류주). 단맛이 있는 발효
주나 음료를 증류하여 얻은 술. 오드비는 생
명의 물이라는 뜻으로 중세에는 치료 목적으
로 사용되었다.
• 발효 또는 증류하여 만든 음료에 함유된 에
탄올.

ALCOOL DÉNATURÉ 알코올 데나튀레

• 알코올에 소금, 후추 등을 넣어 요리를 만들
때 사용할 수 있도록 한 것으로, 알콜 모디피
에(alcool modifié)라고도 부르며 일반 와인처
럼 마시기에는 부적합하다. 예를 들어 소금과
후추를 첨가한 특별한 코냑은 소스나 특히 염
장 샤퀴트리에 넣어 그 풍미를 높일 수 있다.
이 밖에 포트와인, 마데라와인, 아르마냑, 칼
바도스 등이 사용되기도 한다.

ALCOOLISER 알콜리제

• 요리에 알코올을 넣다, 첨가하다.

AL DENTE 알 덴테

• 이탈리아어인 알 덴테는 파스타 또는 그린빈
스 등의 채소를 씹었을 때 약간 단단하고 살캉
한 느낌이 남아 있도록 익힌 상태를 말한다.

ALIMENT, ALIMENTAIRE
알리망, 알리망테르

• 일반적으로 영양을 공급하고 생명을 유지할
수 있도록 하는 모든 영양소 및 식품, 음식을
통칭한다.

ALLÉGÉ 알레제

• "가볍다"라는 의미로, 퀴진 알레제(cuisine
allégée)는 요리를 만드는 과정에서 좀 더 기름
기가 적고, 느끼하지 않으며 열량이 적은 재
료로 대체해 만드는 것을 뜻한다. 일상적인 식
생활에서의 단백질, 당류, 지방류의 과잉 섭취

에 반기를 든 식품회사들은 이들의 함량을 줄
인 라이트 식품 라인을 출시하고 있다.

ALLIACÉ 알리아세

• 마늘향과 맛이 나는. 마늘의.

ALLONGER 알롱제

• 농도가 너무 되거나 진한 액체에 육수나 물,
우유 등을 넣어 희석시키다.
• 파티스리에서는 '반죽을 길게 펴 늘이다'라
는 뜻으로도(Abaisser 참조) 사용되며, 설탕공
예에서는 '길게 잡아 늘이다'(Étirer 참조)의 의
미로 쓰인다.

AMALGAMER 아말가메

• 두 가지 이상의 미리 준비해놓은 음식, 또는
재료들을 섞다, 혼합하다.

AMBIGU 앙비귀

• 【옛】준비한 모든 요리를 한꺼번에 서빙하여
뷔페 스타일로 내는 식사 형태.

AMER 아메르

• 쓴맛. 한 가지 재료가 미각에 미치는 독특한
쓴맛으로 4대 기본미각(신맛, 쓴맛, 단맛, 짠맛)
에 속한다. 주로 키니네, 테로브로민, 카페인
등을 함유한 식품들이 쓴맛을 낸다. 최근에는
4대 기본 맛에 감칠맛(우마미 umami)이 더해
져 5대 미각이라 불리고 있으며, 경우에 따라
서는 맵고 자극적인 맛(piquant)이 6번째로 추
가되기도 한다.

AMÉRICAINE (À L')
아메리켄, 아 라메리켄

• 다양한 고기나 생선 요리법에 사용되는 명
칭으로, 랍스터(homard à l'américaine)나 랑구
스트(langouste à l'américaine) 요리가 가장 유
명하다. 미국에서 요리사로 활동하다가 1860

소스 아메리켕(sauce à l'américaine)을 만들기 위한 재료를 모아 놓았다.

넌경 파리로 돌아온 피에르 프레스(Pierre Fraisse)가 처음 선보인 소스 아메리켕은 기본적으로 기름과 버터에 토마토를 천천히 익히고 양파, 다진 샬롯, 마늘, 파슬리, 처빌, 타라곤을 넣어 양념(condimenté 참조)해서 만든다. 소스를 만들 때는 화이트와인과 코냑이 국물용 액체(mouillement 참조)로 사용되며, 요리에 사용한 갑각류의 내장은 뵈르 마니에(beurre manié)를 만들듯이 밀가루와 버터를 혼합해 소스에 넣어 섞는다.

AMERTUME 아메르튐
• 쓴맛.

AMITONER 아미토네
• 【옛】소스를 만들 때 뭉친 덩어리가 생기다.

AMOURETTTE 아무레트
• 식용으로 소비가능한 송아지의 척수(골수)를 뜻한다. 섬세한 맛으로 핑거푸드용 페이스트리(bouchées), 미니 파이(timbales), 볼로방(vol-au-vent)등을 채우는 소로 자주 사용된다.

AMUSE-BOUCHE 아뮈즈 부슈
• 미장 부슈(mise en bouche), 또는 오르되브르(hors d'oeuvre)라고도 하며, 본 식사를 시작하기 전 기다리면서 아페리티프(apéritif: 식전주, 음료)에 곁들이는 적은 양의 음식이다. 경우에 따라 코스 메뉴의 첫 단계 음식이 되기도 한다.

AMUSE-GUEULE 아뮈즈 괼
• 아페리티프에 곁들여 먹는 간단한 스낵 또는 핑거푸드로, 주로 달지 않은 짭짤한 음식이 서빙된다. 아뮈즈 부슈라고도 한다.

ANCHOÏADE 앙슈아야드
• 안초비, 케이퍼, 올리브오일, 마늘을 베이스로 만든 소스.
• 여러 종류의 채소와 앙슈아야드 소스를 함께 내는 프로방스의 전통 요리(anchoïade provençale).

ANDALOUSE (À L')
앙달루즈, 아 랑달루즈
• 속을 채우거나 볶은 피망, 익히거나 잘게 썬 토마토 혹은 토마토 소스, 필라프 라이스 또는 리소토, 둥글게 썰어 튀긴 가지, 또는 경우에 따라 치폴라타 소시지나 초리조 등으로 이루어진 가니시를 뜻한다. 주로 양 뒷다리 통구이나 로스트 비프, 로스트 포크 등 큰 덩어리의 고기 요리에 곁들여낸다.

ANDOUILLER 앙두이예
• 돼지 창자에 앙두이예트 소(돼지 다짐육, 가늘게 썬 내장 또는 비계 등)를 채워 넣다.

ANGLAISE (À L')
앙글레즈, 아 랑글레즈
• 채소를 물에 데치거나 삶아 익히거나 증기로 찌는 조리법, 또는 고기나 닭을 흰색 육수에 넣어 익히는 방법을 뜻한다.
• 생선에 밀가루, 달걀 푼 것, 빵가루를 입혀 버터나 기름에 튀기거나 지져 익히는 조리법을 뜻한다(passer à l'anglaise). 비엔나식 송아지 에스칼로프(슈니첼)의 조리방식도 이와 같다.
• 요리와 파티스리의 기본이 되는 크렘 앙글레즈(crème anglaise)를 지칭한다.

ANIMELLES 아니멜
• 정육용으로 도축한 동물의 고환을 뜻하며, 특히 거세하지 않은 어린 숫양(belier)의 고환을 지칭한다.

ANOSMIE 아노스미
• 후각 상실증. 냄새를 맡는 감각을 잃은 상태를 말하며 이는 전체적 또는 부분적일 수 있고, 영구적 또는 한시적일 수 있다.

ANTIBOISE (À L')
앙티부아즈, 아 랑티부아즈
• 프로방스 앙티브 지역 특산의 다양한 요리를 지칭한다.
– 작은 생선 튀김, 으깬 마늘과 파슬리를 넣고 오븐에 구운 달걀 요리, 주키니 호박 소테와 토마토, 마늘, 양파 등을 층층이 쌓아 오븐에 익힌 스크램블드 에그 그라탱.
– 참치 또는 안초비, 빵가루, 마늘로 속을 채워 오븐에 구운 토마토 등.

ANTILLAISE (À L')
앙티얘즈, 아 랑티얘즈
• 생선, 갑각류, 닭고기에 쌀, 토마토와 함께 익힌 채소, 바나나, 파인애플 등을 곁들인 앙티유식 요리.
• 일반적으로 열대과일, 럼, 바닐라를 넣어 만든 앙티유식 디저트(dessert à l'antillaise)를 지칭한다.

APLATIR 아플라티르 (아래 사진 참조)
• 주방용 연육 망치를 사용하여 고기(등심, 슈니첼용 에스칼로프 등)나 생선살 필레를 두드려 납작하게 하다. 근육조직을 끊어줌으로써 얇고 연하게 만들어 조리를 더욱 쉽게 할 수 있다.

APPAREIL 아파레이유
• 요리나 디저트에 들어가는 여러 재료를 한데 섞어 놓은 혼합물(예를 들어 스펀지케이크 반죽 등). 구성 재료 믹스(composition)라고 보면 된다. 주로 파티스리 준비과정에 많다.

APPAREILLER 아파레이예
• 아스파라거스, 그린빈스, 샐서피(서양우엉) 등의 가늘고 긴 채소를 익히기 전 또는 익힌 후에 끝을 일정하게 다듬어 자르다. 이 채소들을 마치 작은 다발처럼 보기좋게 나란히 서빙한다.

생선 필레를 두 장의 유산지 사이에 놓고 주방용 육망치로 납작하게 두드리는(applatir) 모습.

APPERTISER 아페르티제
• 통조림하여 장기 보관하다. 식재료를 공기가
통하지 않는 밀폐용기에 보관한다는 뜻으로
이 방법을 맨 처음 고안한 니콜라 아페르
(Nicolas Appert)의 이름을 딴 명칭이다. 재료
를 캔이나 유리 등의 밀폐용기에 넣고 100℃
이상의 고온에서 살균한다(stériliser 참조). 이
과정에서 미생물과 독성물질은 박멸되고, 식
품을 상온에서 장기간 보존할 수 있게 된다.
제품 포장에 표기된 유효기간을 준수해야 하
며, 한 번 개봉한 통조림은 즉시 소비한다.

APPÉTISSANT 아페티상
• 먹음직스러운 모습으로 식욕을 자극하는.

APPÉTIT 아페티
• 식욕, 입맛.
• 어떤 지방에서는 주로 샐러드와 각종 스튜
에 입맛을 돋우기 위해 향신 양념으로 넣는
마늘, 파슬리, 처빌, 차이브(서양 실파) 등의 신
선한 허브류를 지칭하기도 한다(appétits).

APPOINT DE CUISSON (OU À POINT)
아푸앵 드 퀴송 (또는 아 푸앵)

• 고기나 음식이 딱 알맞게 익은 정도를 나타
낸다. 고기의 익힘 정도는 블루레어(bleu), 레
어(saignant), 미디엄(à point), 웰던(bien cuit)으
로 나눌 수 있다(A point 참조).

APPOINTER 아푸앵테
• 익힘 정도를 딱 알맞게 하다. 고기의 경우 미
디엄(à point)으로 익히다.

APPRÊT 아프레
• 요리를 만들기 위해 필요한 모든 준비과정
을 뜻한다. 요리에 들어가는 여러 재료들을
준비해 놓는 작업. 또는 준비한 재료들을 혼
합한 것.
• 제빵 용어로는 준비한 반죽을 성형한 후 오
븐에 굽기 전까지 발효를 목적으로 휴지시키
는 시간을 지칭하기도 한다.

APPRÊTE OU MOUILLETTE
아프레트 또는 무이예트
• 빵을 가늘고 길게 스틱 모양으로 자른 것을
말하며 주로 살짝 반숙한 달걀(oeuf à la coque)
노른자에 찍어 먹는다.

살짝 끓고 있는 물에 망국자(스파이더araignée)를 이용해 맛조개를 담가 넣어 데치는 모습.

APPRÊTER 아프레테
• 요리를 만들기 위해 필요한 제반 작업을 하다(껍질 벗기기, 씻기, 썰기, 모양내어 다듬기, 고기나 생선 등을 사용하기 적당하게 손질하기, 데치기, 익히기, 간하기, 가니시 만들기, 소스 만들기, 데코레이션, 플레이팅 등).

ARAIGNÉE 아레네 (왼쪽 아래 사진 참조)
• 소의 부위 명칭. 설도 부위의 보섭살과 도가니살 부분을 가리킨다.
• 재료를 액체나 기름에 넣어 익히거나 건지는 용도로 쓰이는 망국자.
• 발이 길고 몸통에 털이 난 털게의 일종. 작은 사이즈는 무세트(moussette)라고 불린다.

ARASER 아라제
• 채소의 줄기나 잎, 뿌리 등을 일정하게 잘라 다듬다.
• 숟가락이나 오븐용 수플레 용기(ramekin) 등에 넣은 내용물을 칼로 밀어 깎아서 표면을 평평하게 하다.

ARDENNAISE (À L')
아르드네즈, 아 라르드네즈
• 깃털이 달린 수렵육(개똥지빠귀 grive 등의 작은 조류)이나 털이 있는 수렵육(야생토끼lièvre, 멧돼지 sanglier 등) 요리에 주니퍼 베리나 주니퍼 오드비를 넣어 만드는 아르덴(Ardenne)식 조리법.

ARIÉGEOISE (À L')
아리에주아즈, 아 라리에주아즈
• 프랑스 남서부의 전형적인 요리로 닭이나 양고기에 사보이 양배추, 염장 돼지고기, 때로는 흰 강낭콩을 곁들인 음식을 지칭한다.

AROMATES 아로마트
• 음식에 풍미를 더해주는 향신채소 및 식물을 통칭한다. 허브 잎(바질, 세이지, 민트, 처빌, 타라곤, 마조람, 파슬리), 꽃(정향, 한련화), 씨(코리앤더, 머스터드, 회향, 아니스, 캐러웨이), 열매(고추, 주니퍼), 줄기(당귀 속 식물인 안젤리카, 차이브, 세이보리, 와일드 타임), 구근류(마늘, 양파, 샬롯), 뿌리(고추냉이) 등 주로 식물의 일부분이다. 요리할 때 빠져서는 안 되는 중요한 요소인 이 향신재료는 다양한 모양(얇게 저민 것, 다진 것, 잘게 썬 것 등)과 준비상태로(동결 건조, 페이스트, 급속 냉동, 건조) 손쉽게 사용할 수 있으며, 요리사들이 항상 애용하는 필수 식재료라고 할 수 있다.
• 주로 많이 사용되는 향신재료로는 회향 또는 딜(aneth), 팔각(badiane, anis étoilé), 바질(basilic), 캐러웨이(carvi), 셀러리(céleri), 처빌(cerfeuil), 레몬그라스(citronnelle), 코리앤더(고수 coriandre), 타라곤(estragon), 펜넬(fenouil), 주니퍼(genièvre), 월계수잎(laurier), 마조람(marjolaine), 페퍼민트(menthe poivrée), 오레가노(origan), 파슬리(persil), 세이지(sauge), 세이보리(sarriette), 와일드 타임(serpolet), 로즈마리(romarin), 타임(thym), 바닐라(vanille) 등이 있다.

AROMATISER 아로마티제
• 리큐어나 향신재료를 사용하여 파티스리, 크림, 반죽 혼합물, 요리 등에 향을 내다.

ARÔME 아롬
• 다른 것과 구분되는 고유의 향과 맛. 향신재료의 향미.

• 음식을 먹을 때 후각기관인 코를 통해 감지
되는 느낌. 향, 좋은 냄새. 천연향과 인공향으
로 나눌 수 있다.

ARRÊTER 아레테
• "멈추다"라는 뜻으로, 주로 끓는 물에 데쳐
익힌 식재료를 얼음물에 재빨리 식혀 더 이상
익는 것을 멈추게 함을 뜻한다.

ARROSER 아로제 (아래 사진 참조)
• 조리 중인 음식이 마르지 않도록 익히면서
나오는 기름을 주기적으로 계속 끼얹어주다.
오븐이나 로티세리에서 익고 있는 음식에 작
은 국자나 스푼을 이용하여 조리 중에 흘러
나오는 기름이나 즙을 여러 차례 끼얹어 주면
표면이 마르지 않을 뿐 아니라 살을 속까지
촉촉하게 익게 해준다.

ASPERGER 아스페르제
• 재료의 표면에 액체를 조금 뿌려 적시다.

ASPIC 아스픽
• 익혀서 식힌 고기, 생선, 푸아그라 등의 재료
를 맛과 향을 낸 젤리 형태로 틀에 넣어 굳힌

후 표면을 장식해 서빙하는 요리.
• 닭이나 수렵육 가슴살 또는 생선 필레에 각
종 양념 재료를 넣고 투명한 젤리 형태로 틀
에 넣어 굳힌 차가운 요리.
• 【옛】부르주아 요리에서 이미 오래전에 사라
진 아주 복잡하고 홍분제 효과가 있는 소스
를 아스픽이라 지칭하기도 했다.

ASSAISONNEMENT 아새조느망
• 음식에 간 또는 양념하기.
• 후추, 소금, 식초, 레몬, 스파이스, 향신재료,
기타 양념 등이 사용된다.

ASSAISONNER 아새조네
• 소금과 후추를 적당량 넣고 음식의 간을 맞
춰 풍미를 살리다.

가자미를 익히며 브라운 버터(beurre noisette)를 계속 생선 위에 뿌려준다(arroser).

ASSATION 아사시옹
· 【옛】 기름을 추가하지 않고 식재료 자체의 지방이나 육즙을 이용해 익히는 조리법.

ASSEMBLAGE 아상블라주
· 결합, 조합이라는 뜻의 이 개념은 주로 레스토랑에서 미리 기본 손질을 해둔 식재료 또는 요리를 구성하는 부분적 준비물을(예를 들어 미리 애벌 익힘을 해 놓았으나 아직 마무리가 덜 끝난 단계의 것들) 다시 익히고 혼합하는 등 요리의 완성을 위해 행하는 종합적인 과정을 말한다. 요리에서 아상블라주 단계에서는 기본 준비작업인 껍질 벗기기, 씻기, 자르기 등의 업무를 벗어나 가장 중요한 핵심 과정이라고 할 수 있는 익히기, 정확히 완성하기, 플레이팅 등에 더 초점을 맞추게 된다. 한마디로 요리사의 개성을 살린 요리의 완성 단계라고 볼 수 있다.
· 와인의 블렌딩. 와인이나 오드비의 품질과 특징을 더욱 개선하기 위하여 서로 다른 포도 품종이나 각기 다른 오크 통에서 숙성된 와인을 혼합, 조합하여 섞는 작업. 주로 보르도나 샹파뉴 지방에서 사용하는 방법이다.

ASSIETTE 아시에트
· 1인분씩 음식을 담아 내는 접시.
· 접시에 담긴 음식, 내용물.
· 아 라시에트(à l'assiette)는 각자 접시에 담아 내는 서빙 방식을 말한다.
· 【옛】 작은 접시에 넘치지 않을 만큼의 양으로 서빙되던 애피타이저 또는 오르되브르를 말한다.
· 【옛】 레스토랑에서 사용되는 용어로 과일, 치즈, 프티 푸르, 당과류 및 기타 디저트를 포함한 접시를 뜻한다(예:faire une assiette de fruits 과일을 디저트로 내다).

ASSOCIATION 아소시아시옹
· 요리와 소스 또는 요리와 가니시 등 재료들을 서로 어울리게 조합하기.

ASSOUPLIR 아수플리르
· 설탕공예용 슈거 페이스트(pâte à sucre) 또는 아몬드 페이스트(pâte d'amande) 등을 손으로 오랫동안 치대 반죽하여 더 말랑말랑하고 부드럽게 만든다. 라몰리르(ramollir 무르게 하다)와 동의어.
· 버터를 파티스리용 밀대로 두드려 더 무르고 다루기 쉽게 만든다.

ASSUJETTIR 아쉬제티르
· 끈으로 묶다(ficeler). 로스트 치킨용 닭의 사지를 주방용 실로 묶다.

ATRIAUX 아트리오
· 납작한 공 모양으로 만든 크레피네트(crepinette: 다진 고기를 돼지의 복막 기름층인 크레핀으로 감싼 것).

ATTACHÉ 아타셰
· 음식이 냄비 바닥에 눌어붙은 것. 음식을 불에 올려놓고 잊어 버려 냄비에 눌어붙은 것.
· 재료를 익히기 위해서 길게 이어 연결하거나 끈으로 묶은 것을 통칭한다(예: 부댕, 소시지).

ATTACHER 아타셰
· 재료를 기름에 살짝 타게 놔두어 갈색이 나게 하다.

ATTELET (HÂTELET) 아틀레
· 나무, 양철 또는 은으로 만들어진 꼬치를 가리키며, 각종 재료를 끼워 그릴이나 오븐에 구울 때 사용한다. 주로 바닷빙어, 콩팥, 종달새, 간 등을 끼워 구우며, 아틀레는 구운 꼬치 요리의 이름을 지칭하기도 한다.

ATTENDRIR 아탕드리르
• 고기를 연하게 하다.

ATTENDRISSEUR 아탕드리쇠르
• 고기 망치, 연육 망치. 고기를 얇고 납작하게, 또 더욱 연하게 만들게 위해 두드리는 용도로 만들어진 넓적한 망치.

ATTENTE 아탕트
• "기다림"이라는 뜻. 손님이 기다리느라 지루하지 않도록 두 요리 사이에 서빙되는 아뮈즈 부슈(amuse-bouche)와 같이 적은 양의 음식을 말한다.
• "메트르 앙 아탕드(mettre en attente)"는 "대기시키다"라는 뜻으로 준비해 놓은 음식을 나중에 쓰기 위해 잠시 옆에 놓아둔다는 의미다.

ATTIÉKÉ 아티에케
• 아프리카 카사바(마니옥manioc)로 만든 알갱이 가루(세몰리나semoule).

AUMÔNIÈRE 오모니에르
• 얇고 부드러운 크레프 가운데에 소를 넣고 복주머니 모양으로 감싸 윗부분을 실과 등으로 묶어 오븐에 익힌 요리.

• 【옛】삼각형 모양으로 자른 파트 브리제(pâte brisée) 안에 살구를 넣고 세 귀퉁이 끝을 모아 가장자리를 붙여 오븐에 구운 디저트. 그 모양이 복주머니와 비슷하여 오모니에르라는 이름으로 불렸다.

AU POINT 오 푸앵
• 초콜릿 템퍼링에서 쓰이는 용어. 템퍼링(tempérage)은 초콜릿으로 모양을 낸 봉봉 등을 만들었을 때 매끈한 표면과 최적의 상태를 만들기(mise au point) 위한 중요한 과정이다.

AUTOCLAVE 오토클라브
• 증기 소독기, 압력솥.
살균소독, 저온살균, 또는 수비드 조리를 위한 무겁고 밀폐력이 강한 압력기기.

AUTOLYSE 오토리즈
• 제빵 과정에서 물과 밀가루를 4~5분간 혼합한 다음, 15~60분 정도 휴지시켜 반죽을 더 매끄럽고 탄력있게 만들기.

B

BABA 바바 (다음 페이지 과정 설명 참조)
• 밀가루에 이스트와 우유, 설탕, 버터, 달걀, 건포도를 넣은 발효반죽(pâte levée)으로 모양을 만들어 구워낸 폭신한 과자를 건조시킨 후 럼이나 키르슈(kirsch 체리 증류 브랜디)에 담가 적신 디저트. 이 레시피는 18세기 초 스타니슬라스 레친스키(Stanislas Leczinski 폴란드의 국왕, 루이 15세의 장인)가 쿠겔호프를 먹다가 너무 건조하고 빽빽해서 그의 파티시에 스토레르(Nicolas Stohrer)에게 술을 넣어 적셔보라고 한 것이 기원이 되었다고 전해진다.

BACON 베이컨
• 염장하여 훈제한 돼지고기(주로 삼겹살, 등). "베이컨"이라는 명칭은 옛 프랑스어로 햄(jambon)을 뜻하는 "바코(bakko)"에서 유래했다.

BADIGEONNER
바디조네 (아래 사진 참조)
• 붓을 사용하여 달걀물이나 기타 액체 등을 얇게 펴 발라주다.

BAGUETTE 바게트
• 젓가락. 아시아의 식탁에서 주로 사용하는 도구로, 요즘에는 주방에서도 음식을 볶거나 섞을 때 긴 젓가락을 많이 사용하고 있다.
• 바게트. 길쭉한 모양의 프랑스 빵.
• 이탈리아의 가늘고 긴 브레드스틱 그리시니(grissinis)를 뜻하는 또 다른 표현.
• 긴 막대형의 칼가는 도구를 가리키기도 한다.

BAHUT 바위
• 주로 식당 주방에서 쓰이는 스테인리스로 된 깊고 우묵한 큰 통. 깊고 둥근 곰솥 모양으로 뚜껑이 없고 양쪽에 손잡이가 달린 이 용기는 대용량 식재료를 처리하는 데 주로 쓰인다.

BAIN-MARIE 뱅 마리
• 재료가 담긴 그릇을 물을 반쯤 채운 용기에 넣어 중탕으로 익히는 방법(예: 커스터드 푸딩)
• 만들어 놓은 소스나 육즙 소스 등을 넣어 따뜻하게 보관하는 용도의 작고 깊은 용기. 이 용기를 물이 아주 약하게 끓고 있는 더 큰 용기(caisse à bain-marie)에 넣어 중탕 보관한다. 반대로 이 큰 용기에 얼음과 찬물을 넣어 재료를 차갑게 유지해야 하는 경우는 뱅 마리 앵베르티(bain-marie inverti 역중탕, 거꾸로 중탕이라는 의미)라고 부른다.

얇은 브릭 페이스트리에 녹인 버터를 붓으로 발라주는(badigeonner) 모습.

BALANCE 발랑스
• 저울. 최근 대부분의 주방에서는 전자 저울을 사용한다.

BALLON (EN) (앙) 발롱
• 전동 스탠드 믹서에 장착하는 거품기. 달걀 흰자나 생크림의 거품을 올리는 데 주로 사용된다.
• 분자 요리 테크닉의 하나로, 공 모양으로 부풀리고자 하는 재료 안쪽에 액체 질소를 주입해 가장자리를 둘러싸고 있는 액체를 빠르게 냉각시켜 굳히는 방법.

BALLOTINE 발로틴
• 닭, 고기, 수렵육이나 생선 등의 살에서 뼈를 제거한 다음 소를 넣고 말아 얇은 라드로 감싸거나 주방용 실로 묶어 익힌 요리. 도딘 (dodine)이라고도 한다.

BAMBOCHE (FAIRE) (페르) 방보슈
• 【옛】 폭음폭식(하다). 진수성찬. 호식하다.

BANDE (EN) (앙) 방드
• 파이나 타르트를 직사각형 모양으로 만든 것.
• 반죽을 긴 띠 모양으로 얇게 밀어 파이나 타르트 표면에 격자 모양으로 얹은 것(예: Linzer torte 린처 토르테).

BARATTE 바라트
• 크림을 치대어 버터로 만드는 과정(처닝)에 사용되는 기구.

BARBECUE 바비큐
• 바비큐 도구, 기구, 장치. 나무장작, 숯, 가스, 전기를 이용하는 등의 다양한 방식이 있다.
• 주로 야외에서 바비큐 도구를 이용해 구운 음식을 함께 나누는 파티나 식사 형태.

BARBILLONS 바르비용
• 생선 입 주변에 작은 수염처럼 뾰죽 돋아난 부분. 돌잉어(barbeau) 등의 생선에서 찾아볼 수 있다.
• 전복 등 조개류의 살에 붙은 너덜너덜한 부분을 지칭하기도 한다.

BARDE 바르드
• 돼지비계(라드)를 약 1mm 두께로 얇고 넓게 자른 것. 가금류, 수렵육 조류나 기타 육류를 감싸 익혀 고기 표면이 마르지 않게 하고 풍미를 높이는 데 쓰인다. 주방용 실을 사용하여 고정시킨다.

BARDER 바르데
• 고기, 가금류, 깃털 달린 수렵육을 얇은 돼지비계(barde)로 감싸고 주방용 실로 고정시켜 조리하는 동안 재료가 건조해지는 것을 방지한다.

BARDIÈRE 바르디에르
• 돼지 목, 등, 허리 쪽의 살과 껍질 사이의 비계를 가리키는 명칭.

BARON 바롱
• 양의 두 뒷다리(gigot)와 볼기 등심 부위(selle d'agneau, selle anglaise)를 포함하는 덩어리.

— 테크닉 —

바바

BABA

반죽 500g 분량

재료

생 이스트 10g
따뜻한 물(35℃) 100g
밀가루 200g
설탕 10g
소금 4g
달걀 100g
녹인 버터 50g
물에 씻은 건포도 40g

도구

전동 스탠드 믹서 (플랫비터 장착)
바바 틀
체
짤주머니
지름 20mm 깍지

· 1 ·
생 이스트를 잘게 부수어 믹싱볼에 넣는다.

· 4 ·
설탕과 소금을 넣는다.

· 6 ·
녹인 버터를 넣는다.

· 7 ·
마지막으로 건포도를 넣고 매끈하게 잘 혼합한

• 2 •

따뜻한 물을 넣는다.

• 3 •

체에 친 밀가루를 넣는다.

• 5 •

전동 믹서를 작동시키고,
상온에 두었던 달걀(25~30℃)을
조금씩 천천히 넣으며 혼합한다.

• 8 •

만죽을 짤주머니에 넣고, 미리 버터를 발라둔
바바 틀의 반 정도 높이까지 채운다.

BARQUETTE 바르케트

• 파트 푀유테(pâte feuilletée) 또는 파트 브리제 (pâte brisée)로 만든 작은 배 모양의 과자로 그 안에 달콤한 또는 짭짤한 소를 채워 넣는다. 종류에 따라 미리 크러스트만 오븐에 구운 다 음 소를 채워 넣거나, 반죽에 소를 얹은 다음 함께 구워내는 방식 모두 가능하다.

BASSES CÔTES 바스 코트

• 소의 윗등심살. 지방이 적당히 분포된 부위 로 그릴 또는 팬에 굽거나, 스튜와 같이 뭉근 히 끓이는 요리에 적당하다.

BASSINE 바신

• 재료를 씻거나 익히거나 보관하는 큰 원형용 기. 튀김용 냄비(bassine à friture), 잼 제조용 냄 비(bassine à confiture).

BASSINE À BLANCHIR
바신 아 블랑시르

• 원통형의 큰 냄비로 많은 양의 물을 끓여 주 로 채소를 데치는 데 사용된다. 과거에는 구 리나 양은냄비를 많이 사용했으나, 최근엔 다 양한 재질의 제품이 나와 있다.

BASSINE À BLANCS D'ŒUF
바신 아 블랑되프

• 구리로 된 반구형 볼로 놋쇠 손잡이가 달렸 으며 가장자리는 말려 있는 형태의 용기. 달걀 흰자의 거품을 낼 때 사용한다.

BASSINE À CONFITURE
바신 아 콩피튀르

• 구리 또는 스테인리스로 된 잼 제조용 대형 냄비.

BASSINE À FRITURE
바신 아 프리튀르 (아래 사진 참조)

• 강철 코팅을 한 둥근 튀김용 냄비로 손잡이 가 달려 있으며, 보통 도금한 강철로 된 건짐 용 망과 한 세트로 구성되어 있다.

BASSINE À LÉGUMES 바신 아 레귐

• 채소를 씻거나 담아 두는 대형 용기. 양은이 나 플라스틱 재질로 된 것이 대부분으로 손잡 이가 없는 형태이다.

튀김용 냄비(bassine à friture)에 폼 퐁뇌프(pommes Pont-Neuf) 감자를 튀기는 모습.

BASSINE À REVERDIR
바신 아 르베르디르
• 【옛】채소를 익힐 때 녹색을 그대로 보존하기 위해 사용하던 구리로 된 냄비.

BÂTONNET (EN) (앙) 바토네
• 채소를 가늘고 길쭉한 막대 형태로 자르는 방법으로, "자르디니에르(jardinière)"라고도 한다.

BATTE À CÔTELETTES
바트 아 코틀레트
• 고기 망치. 고기의 갈비, 등심, 안심이나 에스칼로프를 두드려 납작하고 더 연하게 만들기 위한 망치처럼 생긴 주방도구. 납작한 정사각형 모양으로 한 면은 평평하고 다른 한 면은 뾰족한 요철이 있으며 손잡이가 달려 있다. 옛날에는 나무로 된 것을 사용했으나 현재는 스테인리스 재질의 묵직한 고기 망치가 대부분이다.

BATTERIE 바트리
• 바트리 드 퀴진(batterie de cuisine)은 주방에서 사용하는 모든 도구나 집기를 총칭하며 주로 냄비, 솥 등 크기가 큰 종류를 가리킨다.
• 아니말 드 바트리(animal de batterie)는 공장에서 대량 생산되는 사료를 먹여 배터리 케이지 안에서 키운 동물을 말한다(예: 배터리 사육 송아지, 100~120일 사육 후 도축, 무게 100~115kg).

BATTEUR MELANGEUR
바퇴르 멜랑죄르
• 대량의 재료를 혼합하거나 거품낼 때 사용하는 전동 스탠드 믹서. 훅(갈고리 모양), 휩(거품기), 또는 플랫비터(나뭇잎 모양)를 장착해 사용한다. 기종에 따라 고기 분쇄기, 칼갈이 또는 채소 슬라이서 등의 다양한 기능을 추가로 사용할 수 있다.

BATTRE 바트르
재료나 혼합물 등을 힘껏 젓거나 치대어 농도, 조직, 모양, 색 등을 변화시키는 작업을 총칭한다.
• 스펀지케이크 반죽 또는 머랭 등을 거품기로 저어서 혼합하다.
• 오믈렛용 달걀을 포크로 휘저어 풀어주다.
• 브리오슈 반죽 등을 작업대에서 손으로 힘껏 치대 조직감과 탄력을 더해주다.

BAVAROIS 바바루아
• 크렘 앙글레즈(crème anglaise) 또는 젤라틴을 넣은 과일 퓌레에 휘핑크림이나 이탈리안 머랭을 넣어 틀에 굳힌 차가운 디저트.
• "바바루아즈(bavaroise)"라고도 하며, 이는 젤라틴과 휘핑크림을 넣어 만든 짭짤한 일반 요리를 지칭할 때도 있다.

BÉARNAISE
베아르네즈 (다음 페이지 과정 설명 참조)
• 베아르네즈 소스. 정제 버터, 달걀노른자, 샬롯과 타라곤, 후추, 식초, 화이트와인으로 만든 따뜻한 에멀전 소스로 스테이크나 구운 생선 요리에 주로 곁들인다. 이 소스에 다양한 재료를 첨가하면 여러 가지 맛의 파생 소스를 만들 수 있다(sauce Choron, Foyot, Paloise, Tyrolienne, Valois 등).

베아르네즈 소스(sauce béarnaise)를 만들기 위한 재료.

베아르네즈
소스

SAUCE BÉARNAISE

소스 500ml

재료

화이트와인 75ml
셰리와인 식초 75ml
샬롯 75g
굵게 부순 통후추 8g
달걀노른자 8개분
찬물 50ml
정제 버터 500g
신선한 허브
타라곤 ¼단
처빌 ⅛단

도구

소스용 거품기
거름용 면포 또는 고운 원뿔체
작은 냄비

· 1 ·

냄비에 잘게 썬 샬롯과 굵게 으깬 통후추를 넣는

· 4 ·

달걀노른자를 넣는다.

· 7 ·

거름용 면포에 붓는다.

· 2 ·

허브(타라곤, 처빌)와 화이트와인, 식초를 넣는다.

· 3 ·

수분이 다 없어질 때까지 졸인 후에,
물 2테이블스푼을 넣는다.

· 5 ·

약한 불에서 잘 저어 혼합하여
사바용(sabayon)을 만든다
(무스처럼 부드럽고 걸쭉한 농도).

· 6 ·

불에서 내린 후 정제 버터(가장 이상적인 온도는 40℃)를
조금씩 넣고 거품기로 저으며 잘 섞는다.
소금으로 간한다.

· 8 ·

면포를 꾹 짜면서 향신재료를 거른다.

· 9 ·

신선한 허브 다진 것을 넣어주면 소스가 완성된다.

BÉATILLES 베아티유

• 【옛】송아지 흉선, 수탉의 벼슬과 콩팥, 송로 버섯 등 파이 속에 넣거나 스튜에 넣는 고기 및 재료를 뜻한다.

BEC D'OISEAU 벡 두와조

• 달걀흰자의 거품을 단단하게 올렸을 때 거품기를 들어 올리면 그 끝 모양이 뾰족한 새의 부리(bec d'oiseau)처럼 되는 상태.

• 날이 둥글게 굽은 작은 크기의 샤토 나이프. 채소를 모양내어 돌려 깎거나 다듬을 때 사용한다.

BÉCHAMEL 베샤멜 (아래 사진 참조)

• 루(roux)와 우유 또는 크림을 베이스로 만든 화이트 소스. 첨가하는 재료에 따라 다양한 파생 소스를 만들 수 있다(sauce aurore, mornay, soubise 등).

BÉNÉDICTINE (À LA) (아 라) 베네딕틴

• 말린 염장대구(morue)와 감자퓌레 또는 브랑다드(brandade)를 넣은 다양한 요리를 지칭한다. 또는 햄 한 장과 송로버섯 등의 가니시를 말하며 보통 생선 요리나 수란에 곁들인다.

• 에그 베네딕트(L'oeuf à la bénédictine). 잉글리시 머핀 위에 햄과 수란을 얹고 홀랜다이즈 소스를 끼얹은 요리.

BERCEUSE 베르쇠즈

• 허브 초퍼(herb chopper). 채소나 허브를 다지는 도구로 아슈아르(hachoir)라고도 부른다. 둥그렇게 굽은 날이 한 개부터 세 개까지 평행으로 장착되어 있으며 양쪽에 손잡이가 있어 두 손으로 시소처럼 눌러가며 사용하기 편리하다.

BERCY 베르시

• 베르시 소스. 화이트와인, 샬롯, 파슬리로 만든 소스로 주로 그릴에 구운 붉은색 육류 스테이크에 곁들인다.

BERRICHONNE (À LA)
(아 라) 베리숀

• 베리(Berry) 지방의 요리 스타일을 뜻한다. 사보이 양배추 볶음, 방울양파, 밤, 기름이 적은 베이컨 등으로 구성된 가니시를 말하며 주로 양고기를 비롯한 큰 덩어리의 고기 요리에 곁들여 서빙한다.

베샤멜 소스(Béchamel)를 만드는 모습

BEURRE 뵈르

• 버터. 버터 소스.

• 유럽연합 규정에 따르면 버터는 저온살균, 응고 또는 급속 냉동한 크림을 원료로 하여 물리적인 방법으로 얻어지는 물과 지방의 에멀전 형태의 유제품이다. "버터"라는 이름을 붙이기 위해서는 반드시 유크림을 원료로 하여 만들어야 하고, 유지방 함량이 최소 82% 이상, 수분 함량이 최대 16% 이하여야만 한다. 생버터(뵈르 크뤼 beurre cru)는 저온살균 과정을 거치지 않은 비멸균 생 유크림으로 만든 것이다. 즉 원유에 어떠한 살균과정도 가하지 않은 상태에서 만든 것이라 할 수 있다. 농가에서 만드는 재래식 버터(뵈르 페르미에 beurre fermier)도 마찬가지로 생 유크림을 원료로 만들어진 것으로 농장에서 소규모 수공업 방식으로 생산되며 경우에 따라 덩어리로 또는 필요한 만큼 잘라서 판매하기도 한다. 엑스트라 파인 또는 파인이라고 써 있는 고급 버터(뵈르 엑스트라 팽, 뵈르 팽 beurre extra-fin, beurre fin)는 그 어떤 응고나 급속 냉동 또는 탈산(désacidification) 과정을 거치지 않은 저온살균 유크림 100%로 만든 것이고, 가염 버터(뵈르 살레 beurre salé)는 소금 함량 3%, 반가염 버터(뵈르 드미 셀 beurre demi-sel)는 소금이 0.5~3% 함유되어 있음을 뜻한다. 농축 버터(뵈르 콩상트레 beurre concentré)는 수분이 없이 거의 지방성분 100%로 이루어진 것이고, 저지방 버터(뵈르 알레제 beurre allégé)는 지방 성분이 41~65%를 차지한다. 수퍼마켓에서 가끔 볼 수 있는 하프 버터(드미 뵈르 demi-beurre)는 지방 함량이 41%이고, 스프레드용 저지방 버터로 나온 제품들은 지방 함량이 21~40%에 불과하다. 그 밖에도 각종 스파이스, 허브, 치즈, 마늘, 꿀, 과일, 카카오 등으로 향을 더한 다양한 종류의 버터가 있다.

BEURRÉE 뵈레

• 타르틴 뵈레(tartine beurrée). 토스트 등의 빵에 차가운 버터를 바른 것.

BEURRE ACIDULÉ 뵈르 아시뒬레

• 레몬 등의 시트러스로 향을 낸 새콤한 맛의 뵈르 블랑 소스.

BEURRE BLANC 뵈르 블랑

• 뵈르 블랑 소스. 샬롯에 식초와 화이트와인을 넣고 졸인 뒤 버터와 에멀전한 더운 소스.

BEURRE CLARIFIÉ 뵈르 클라리피에

• 정제 버터. 버터를 녹인 후 표면에 뜬 카제인과 유당(petit-lait)을 제외한 맑은 지방만 따라낸 것. 불순물과 유당은 냄비 바닥에 가라앉는다.

BEURRE COMPOSÉ (FROID OU CHAUD)
뵈르 콩포제 (프루아, 쇼)

• 혼합 버터. 버터에 다른 재료(퓌레, 잘게 썬 것, 다진 것, 날것 또는 이미 익혀 식혀 놓은 재료 등)를 섞어 그 형태나 색, 풍미가 달라진 것을 뜻한다. 안초비 버터(beurre d'anchois), 샬롯 버터(beurre d'échalote), 달팽이 버터(beurre d'escargot), 메트르도텔 버터(beurre maître d'hôtel), 머스터드 버터(beurre de moutarde), 로크포르 버터(beurre de roquefort) 등에는 모두 신선한 재료가 사용된다. 또한 새우 버터(beurre de crevettes), 베르시 버터(beurre de

Bercy), 호텔리어 버터(beurre hôtelier), 마르샹 뒤 뱅 버터(beurre marchand de vin) 등에는 익힌 재료를 섞어 넣는다. 차가운 혼합 버터에는 파슬리 또는 다양한 허브를 넣어 녹색으로 만들기도 하는데(beurre vert), 파슬리를 넣어 만드는 경우 파슬리 버터(뵈르 페르시예 beurre persillé) 또는 달팽이 버터(뵈르 데스카르고 beurre d'escargot)라고 부른다.

BEURRE D'AIL 뵈르 다이유
• 마늘 버터. 뵈르 데스카르고와 같은 형태의 차가운 혼합 버터로, 마늘을 데쳐 으깨 퓌레로 만든 다음 버터와 혼합한다.

BEURRE DE TOURAGE 뵈르 드 투라주
• 파트 푀유테(pâte feuilletée)를 만들 때 접어 미는 반죽 안에 넣는 수분 함량이 낮은 사각 판형의 버터.

BEURRE FONDU 뵈르 퐁뒤
• 레몬즙과 물을 끓인 뒤, 조각으로 잘라둔 차가운 버터를 조금씩 넣어 녹여 혼합하고 소금과 카옌 페퍼로 간을 한 따뜻한 에멀전 소스. 생선 요리나 채소에 곁들이면 좋다.

BEURRE FRIT 뵈르 프리
• 공 모양의 얼린 버터에 밀가루, 달걀, 빵가루를 묻혀 기름에 튀긴 것. 바삭한 튀김옷 껍데기 안에서 버터는 녹은 상태가 된다. 크로메스키(cromesquis 참조)라는 이름으로 혼동되어 쓰이기도 한다.

BEURRE MAÎTRE D'HÔTEL 뵈르 메트르 도텔
• 상온의 포마드 버터에 다진 파슬리, 레몬즙, 소금과 후추를 섞어 만든 버터. 스테이크나 구운 생선 요리, 갑각류 요리에 잘 어울린다.

BEURRE MALAXÉ 뵈르 말락세
• 반죽에 넣기 위해 손으로 주물러 말랑말랑하게 만든 버터.

BEURRE MANIÉ 뵈르 마니에
• 상온에 두어 살짝 부드러워진 버터에 밀가루를 동량으로 섞은 것. 조금씩 떼어 소스 등의 액체에 넣고 거품기로 잘 저으며 혼합하면 농도를 조절하는 농후제(리에종 liaison) 역할을 한다.

BEURRE MOUSSEUX 뵈르 무쇠
• 거품 버터. 버터가 팬 위에서 완전히 녹아 색이 나기 전 거품이 이는 상태.

BEURRE NOIR 뵈르 누아르
• 【옛】짙은 색이 날 때까지 익힌 버터. 뵈르 퐁뒤를 베이스로 한 것으로 가오리 또는 아귀 등의 생선 요리에 곁들이던 소스다.
• 너무 태운 버터는 건강에 좋지 않다는 이유로 현재는 잘 사용하지 않는 조리법이 되었다.

BEURE NOISETTE 뵈르 누아제트
• 브라운 버터. 버터를 뜨거운 팬에 천천히 익혀(최고 140℃) 갈색을 띠고 고소한 헤이즐넛 향이 날 정도가 된 상태. 검게 타지 않도록 주의해야 한다.

BEURRE POMMADE 뵈르 포마드
• 버터를 상온에 두어 마치 포마드의 텍스처와 같이 부드러워진 상태.

BEURRER / BEURRAGE
뵈레 / 뵈라주 (아래 사진 참조)
• 재료를 익힐 때 틀에 달라붙는 것을 방지하기 위해 부드러워진 버터를 틀 안쪽 면에 붓으로 고루 발라주다.
• 식재료를 더 쉽게 익히기 위해 버터를 발라 입히다.
• 따뜻한 수프 또는 소스의 표면이 굳어 막이 생기지 않도록 작게 썬 차가운 버터 조각을 얹어 놓다(탕포네 tamponner).
• 반죽에 버터를 넣어 혼합하다.
• 토스트나 빵에 차가운 버터를 바르다.
• 파티스리에서 재료를 버터에 담근다는 의미로도 쓰인다.

BEURRIER 뵈리에
• 버터 케이스. 도기나 유리, 스테인리스 등의 재질로 만든 식탁용 버터 용기로 대개 뚜껑이 있다.

BIEN CUIT 비엥 퀴
• 웰던. 붉은색 육류의 익힘 정도를 나타내는 용어로 완전히 익은 상태를 말한다.

BISCUIT 비스퀴
• 베이킹파우더나 달걀흰자를 넣어 가벼운 질감을 살린 파티스리 종류로 대표적인 것으로 제누아즈(génoise 스펀지케이크)를 들 수 있다. 오늘날에는 건조한 과자 종류인 비스킷을 지칭하기도 한다.

BISEAUTER 비조테
• 채소, 채소의 줄기, 반죽 등을 비스듬한 모양으로 자르다.
• 【옛】육수를 끓일 때 표면에 생기는 거품을 건지다(écumer).

BISQUE 비스크
• 랍스터, 민물가재 등의 갑각류로 만든 농축 수프. 화이트와인, 코냑, 생크림 등으로 맛을

붓으로 몰드 안에 버터를 바르는(beurrer) 모습.

더한 이 수프는 아메리켄 소스와 만드는 법은 비슷하다.

BLANC 블랑

• 물에 밀가루, 소금, 기름, 레몬즙 등을 넣은 액체. 재료의 흰색을 보존하기 위해 담가둔다 (예: salsifis 서양 우엉).
• 닭의 가슴살 또는 오징어 몸통의 흰 살 부분을 가리킨다.

BLANC
(FAIRE CUIRE À, SAUTER À)
(페르 퀴르 아, 소테 아) 블랑

• 속 내용물이 없이 익히기. 파이나 타르트 등을 구울 때 속 재료를 채우지 않은 상태로 크러스트만 먼저 굽는 방법.

BLANC (SAUCE AU)
(소스 오) 블랑

• 요리에 곁들여 서빙하는 화이트 소스류.

BLANC DE BŒUF 블랑 드 뵈프

• 소기름. 흰색 소기름 덩어리(Corps gras 참조).

BLANC DE CUISSON 블랑 드 퀴송

• 물에 밀가루, 버터나 기름, 레몬즙 등을 넣은 끓임용 액체를 말하며 주로 갈변이 쉬운 아티초크와 같은 채소, 송아지 족 등의 흰색 내장이나 부산물을 익힐 때 사용된다.

BLANC DE GORGE 블랑 드 고르주

• 소의 목구멍에서 나오는 납작한 흰색 부위의 명칭.

BLANCHIMENT 블랑쉬망

• 데치기. 삶기.

BLANCHIR (FAIRE) (페르) 블랑쉬르

• 데치다. 삶다. 데치는 목적과 방법은 여러 가지가 있다. 찬물에 재료를 넣고 같이 끓여 삶거나, 미리 물을 끓인 뒤 재료를 넣어 데친다. 경우에 따라 끓는 상태를 계속 유지하며 3~4분간 재료를 데치기도 한다.
- 염장 돼지 삼겹살의 소금기를 빼기 위해 뜨거운 물에 데쳐낸다.
- 송아지의 장간막이나 흉선 등의 내장을 단단하게 익히기 위하여 물에 삶는다.
- 뼈, 닭, 또는 블랑케트용 고기의 불순물을 제거하기 위하여 물에 삶는다.
- 쌀을 찬물에 담갔다가 함께 끓여 전분을 제거하기도 한다.
- 채소의 떫은맛, 쓴맛을 빼거나 조리하기 쉽게 만들기 위하여 재료를 끓는 물에 넣어 데친다.
- 파티스리에서 "블랑쉬르"는 달걀노른자(경우에 따라 달걀)와 설탕을 세게 저어 흰색 거품이 날 정도로 혼합하는 것을 뜻한다(예: 크렘 앙글레즈).

BLANC-MANGER 블랑망제

• 젤리 타입의 아몬드크림 또는 코코넛 밀크 푸딩으로 역사상 가장 오래된 디저트 중에 하나다. 중세 시대의 블랑망제는 꿀과 아몬드로 만든 디저트뿐 아니라, 다진 수탉이나 송아지 고기 등의 흰색 육류를 젤리처럼 굳힌 음식을 지칭하기도 한 용어였다.

BLANQUETTE 블랑케트
• 흰색 육류나 가금류(송아지, 닭, 칠면조, 토끼, 양) 또는 생선, 채소에 향신재료를 넣고 만든 흰색 크림 소스 스튜.

BLEU 블루
• 블루 레어. 고기의 익힘 정도 중 가장 덜 익은 단계.
• "생선을 블루로 익히다(cuire au bleu, mettre au bleu un poisson)". 살아 있거나 아주 싱싱한 상태의 생선을 비늘을 제거하지 않은 통째로 화이트 또는 레드와인, 식초, 소금, 향신허브 등을 넣은 쿠르부이용에 담가 익히는 것을 말한다. 생선 표면의 점액이 식초와 만나 푸른 빛을 띠게 된다(예: truite au bleu 식초를 넣은 쿠르부이용에 익힌 송어 요리).

BLOND 블롱
• 황금빛. 황금빛 루(roux blond), 황금빛 캐러멜(caramel blond), 황금빛 나파주(napage blond), 황금색으로 익히기 등의 용어에 쓰인다(roux, nappage, blondir 참조).

BLONDIR 블롱디르
• 재료를 황금색이 나게 익히다(기름기가 있는 고기를 센 불에 지질 때, 샬롯을 볶을 때, 코팅팬에 아몬드 슬라이스를 구울 때 등).

BLOQUER À FROID 블로케 아 프루아
• 준비한 음식을 냉동실에 넣어 굳혀 모양을 잡다.

BOCAL 보칼
• 밀폐용 뚜껑이 있고 주둥이가 넓은 유리병으로, 살균한 식품, 시럽에 절인 과일, 또는 식초나 알코올에 담근 음식을 보존, 저장하는 용도로 쓰인다(appertiser 참조).

BOCAL À CONFITURES 보칼 아 콩피튀르
• 잼을 저장하기 위한 유리 밀폐용기. 파라핀을 녹여 잼의 표면을 덮어주면 공기와의 접촉을 막을 수 있다.

BOIRE 부아르
• 음료를 마시다.
• 수분을 흡수하다, 적시다(imbiber)라는 뜻으로도 쓰인다(예: 브리오슈는 스펀지처럼 흡수력이 좋다 une brioche boit comme une éponge).

BOISETTE 부아제트
• 나무 모양을 찍는 도구. 둥그스름한 모양의 고무로 된 도구로 주로 파티스리에서 나무 문양 데코레이션을 찍을 때 사용한다.

BOÎTE À ÉPICES 부아트 아 에피스
• 각종 향신료를 넣어두는 통.

BOÎTE À SEL 부아트 아 셀
• 소금통. 옛날에는 가정 주방에 설탕, 밀가루, 커피, 차, 후추, 향신료, 소금을 넣는 통이 세트로 구비되어 있었다.

BOL 볼
• 다양한 용도의 일반적인 주방용 볼.
• 전동 스탠드 믹서기에 장착하는 믹싱볼.

BORDURE 보르뒤르
• 가장자리. 접시의 가장자리를 뜻하며 앨 드 라시에트(aile de l'assiette)라고도 한다. 항상 깨끗하게 서빙될 수 있도록 주의를 기울여야 한다.
• 서빙용 플레이트의 가장자리에 모양을 내거나 틀에 굳힌 즐레 등을 이용해 장식한 것을 뜻한다. 아름다운 데코레이션뿐 아니라 경우에 따라 주 요리를 지탱하는 역할도 한다. 너

무 과도한 장식은 주요리를 덮을 수 있으니 피하는 것이 좋다.
• 사바랭 틀을 이용하여 왕관 모양으로 둘레를 빙 둘러 내는 방법을 뜻한다.
• 요리의 가장자리에 작은 코르네(cornet 유산지를 삼각형으로 작게 접어 짤주머니처럼 짤 수 있도록 만든 것)를 이용하여 테두리를 장식한 것.

BOTTELER 보틀레
• 채소를 모아 단으로 묶다.

BOUCANAGE 부카나주
• 훈제하기. 수렵육 및 일반 육류, 생선 등을 훈연하여 저장하는 방법. 퓌마주(fumage)라고도 한다.

BOUCANÉ 부카네
• 훈제한(fumé), 장작불에 훈연한 것.
• 크레올어로 훈제한 돼지고기의 윗등심을 뜻한다.

BOUCHÉE 부셰
• 한입에 먹기 좋은 크기의 음식. 한입 크기의 아뮈즈 부슈 또는 애피타이저.
• 퍼프 페이스트리의 가운데를 우묵하게 만들어 작은 크기로 구워낸 것으로 안에 다양한 소를 넣는다(예: vol-au-vent, bouchée à la reine).

BOUCHON 부숑
• 리옹의 전통 음식을 파는 식당.
• 포도주의 코르크 병마개.
• 발효 반죽(pâte levée)을 길쭉한 원통형 틀에 넣어 구운 미니 파티스리. 미니 바바(mini-baba)라고도 한다.

BOUCHOT 부쇼
• 홍합 양식용 긴 말뚝.
• 가리비 조개를 운반하는 바구니(용량 12kg)를 지칭한다. 굴 운반용 손잡이 없는 광주리인 부리슈(bourriche)와 구분하기 위해 부쇼라고 불렸다고 한다.

BOUILLIE 부이이
• 녹말가루 또는 작은 입자의 세몰리나 가루를 물이나 우유에 풀어 끈적하게 개어놓은 것. 걸쭉한 죽.

BOUILLIR 부이르
• 액체를 끓이다(물, 흰 육수, 갈색 육수, 소스 등). 액체의 종류에 따라 끓는 온도가 다르며 물의 경우 100℃에서 끓으면 재료를 넣어 익힌다.

BOUILLON 부이용
(옆 페이지 사진 및 다음 페이지 과정 설명 참조)
• 채소나 육류를 끓여 얻은 국물 또는 육수로, 이 국물에 재료를 넣어 익히거나, 소스 또는 수프의 베이스로 사용한다.
• 간편하게 사용할 수 있는 건조 고형 큐브 육수를 지칭하기도 한다.

BOUILLON (CUIRE) (퀴르) 부이용
• 물, 육수 등의 액체를 끓이다. 약한 불로 은근하게 시머링하는 방법은 프레미스망(frémissement) 또는 아라 클로크(à la cloque)라고 하며, 센 불에 강하게 끓일 때는 부이요네 파르 포르트 에뷜리시옹(faire bouillonner par forte ébullition)이라고 한다.

BOUILLON (DONNER UN TOUR DE)
(도네 엥 투르 드) 부이용
• 【옛】 고기를 끓이다.

BOULE (EN) / BOULER
(앙) 불 / 불레
• 반죽을 손으로 감싸 쥐고 대리석 작업대에 굴려 원형으로 만들다.

BOULE DE CUISSON 불 드 퀴송
• 쌀을 익히는 스테인리스 용기. 또는 차를 우려내는 도구.
– 불 아 테(boule à the). 둥근 모양 또는 달걀형에 작은 구멍이 뚫린 알루미늄이나 스테인리스 재질로 된 차 우림망, 차 거름망, 티 인퓨저.
– 불 아 리(boule à riz). 알루미늄 재질의 구형 도구로 구멍이 나 있으며 크기는 약 14cm이다. 반으로 분리된 구형의 뚜껑을 열고 쌀을 반만 채운 다음 물에 넣어 익힌다. 특히 닭 육수 등에 쌀을 익혀 닭 요리에 곁들여내고자 할 때 유용하게 사용된다.

BOUQUET 부케
• 파슬리와 쪽파 등을 감싸 실로 묶은 것. 스튜 등의 국물 요리에 넣어 향을 더하는 데 사용한다.
• 와인의 복합적인 향을 지칭하는 용어로, 각기 특징적인 향으로 다른 것들과 구분된다.

BOUQUET GARNI 부케가르니
• 일반 부케에 타임, 월계수 잎, 마늘, 셀러리 등을 더한 것. 리크(서양 대파)의 녹색 부분으로 감싸 주방용 실로 묶어 사용한다.

채소 육수(bouillon de légumes)를 면포 씌운 원뿔체로 걸러주는 모습.

소고기 육수

MARMITE(BOUILLON) DE BOEUF

육수 4리터 분량

재료

소 꼬리 1kg
부채살 1kg
사골 500g
도가니(또는 정강이뼈) 500g
정향을 박은 양파 2개
정향 3개
리크(서양 대파) 2줄기
셀러리 2줄기
당근 500g
부케가르니 1개
마늘 2톨
통후추 10g
물 5리터
회색 굵은 소금 50g

도구

곰솥 또는 깊고 큰 냄비
면포, 원뿔체

· 1 ·
곰솥이나 깊고 큰 냄비에 소 꼬리, 부채살, 도가니,
사골뼈를 모두 넣고 물을 부어 끓인다.

· 4 ·
깨끗한 곰솥에 다시 고기를 넣는다.

· 7 ·
고기를 건진다.
이 고기는 다른 레시피용으로 사용한다.

· 2 ·

표면에 올라오는 불순물과 거품을 건진다.

· 3 ·

고기를 건져 차가운 얼음물에 깨끗이 헹군다.

· 5 ·

준비한 향신재료를 모두 넣는다.

· 6 ·

찬물을 재료가 잠길 만큼 붓고 끓인다.
중간중간 계속 거품을 건져가며 3~4시간 끓인다.

· 8 ·

면포를 씌운 체에 국물을 거른다.

· 9 ·

소고기 육수가 완성된 모습.

BOURGUIGNON 부르기뇽

• 뵈프 부르기뇽(boeuf bourguignon 부르고뉴식 소고기 와인 스튜). 전통적으로 레드와인을 넣고 끓인 소고기 갈색 스튜를 지칭하며, 부르고뉴식의 가니시인 방울양파, 양송이버섯, 라르동을 함께 넣어 서빙한다. 최근에는 다른 재료를 사용한 부르기뇽 요리도 찾아볼 수 있다(예: 아귀, 채소 등).

BOURRECK (BEURRECK, BEUREK, BOUREK)
부레크, 뵈레크

• 중동 지역에서 주로 먹는 얇은 페이스트리 반죽. 퍼프 페이스트리와 비슷하다. 터키식 치즈 튀김. 걸쭉한 베샤멜과 치즈를 넣고 혼합한 뒤 긴 모양으로 만들어, 아주 얇게 민 페이스트리 반죽에 말아 싸서 튀긴 것으로 주로 아뮈즈 부슈로 서빙한다.

BOURRICHE 부리슈

• 굴을 운반하는 광주리.

BOYAU 부아요

• 속을 비운 뒤 뒤집어 깨끗이 긁어 씻은 돼지나 양의 창자를 뜻하며, 이는 소시지나 앙두이예트 등 샤퀴트리의 껍질(케이싱)로 사용된다. 최근엔 인조 창자도 흔히 사용된다.

BRAISÉ 브레제

• 냄비에 넣고 지진 다음 약간의 국물과 함께 오븐에 넣어 천천히 익히는 방식. 돼지비계 라드 또는 햄으로 감싸거나 미리 양념에 마리네이드 시킨 고기를 센 불에 지져 색을 낸 다음, 향신재료와 국물을 넣고 뚜껑을 닫아 익힌 것.

BRAISER / BRAISAGE
브레제 / 브레자주

• 고기, 닭, 생선 등을 미리 센 불에 지져 색을

낸 다음, 미리 준비해 둔 향신재료를 넣고 국물을 자작하게 잡아 오븐에서 천천히 익히는 조리법.

BRAISIÈRE 브레지에르

• 도기, 무쇠, 주석 도금한 구리 등 오븐의 열을 견디는 재질로 만든 뚜껑이 있는 용기. 경우에 따라 직접 잉걸불 위에서의 조리용으로도 사용된다.

BRASSER 브라세

• 숟가락이나 거품기로 재료를 혼합하다.

BRÉCHET 브레셰

• 닭의 가슴 앞 쪽에 위치한 용골돌기뼈.

BRIDE 브리드

• 가금류를 묶을 때 사용하는 주방용 실. 끈.

BRIDER / BRIDAGE
브리데 / 브리다주 (다음 페이지 과정 설명 참조)

• 가금류 또는 수렵육 조류 등을 주방용 바늘과 실로 꿰매 사지를 묶는 방법.
• 로스트용 닭을 실로 묶기(이때는 닭의 발을 묶지 않고 공중으로 뻗은 상태로 두기도 한다).
• 브리다주 앙 앙트레(bridage en entrée)는 발을 몸 쪽에 딱 붙여 고정시켜 묶는 방식으로, 팬에 지지거나 브레제 또는 국물에 익힐 때 주로 사용하는 방법이다.

BROCHE 브로슈

• 꼬챙이. 갸토 아라 브로슈(gâteau à la broche). 긴 꼬챙이에 반죽을 묻혀 불에서 돌려가며 굽는 빵, 과자.

BROCHE À RÔTIR 브로슈 아 로티르

• 로스트용 긴 꼬챙이. 로스팅 스핏. 가스 또는 전기구이용 장치로 옛날에는 로티수아르 (rôtissoire)라고 불렸다. 긴 꼬치 막대가 세로 또는 가로로 장착되어 있으며 고기나 닭 등 모든 재료를 꿰어 구울 수 있다.

BROCHE VERTICALE
브로슈 베르티칼

• 세로로 된 로스팅 기구. 닭, 비둘기, 양 뒷다리, 토끼, 케밥용 고기 등 다양한 크고 작은 재료들을 로스팅할 수 있는 기구.

BROCHETTE 브로셰트

• 꼬치 요리. 꼬치구이. 긴 꼬치에 큐브로 자른 살코기과 채소 등을 교대로 꿰어 만든 것. 해산물, 송아지 흉선, 콩팥 등 다양한 재료를 사용하여 꼬치를 만들 수 있다.

BROSSER 브로세

• 솔질하다. 반죽에 너무 많이 묻은 밀가루나 설탕을 솔로 털어낸다.

BROUET 브루에

• 【옛】맑은 수프를 뜻한다.

BROUILLER
브루이예 (다음 페이지 과정 설명 참조)

• 달걀을 익히면서 조금씩 넣어 섞어 스크램블드 에그를 만든다.

BROUTARD 브루타르

• 젖을 뗀 다음 풀을 먹고 자란 송아지로 살이

점점 붉은색으로 변한다(최소 5개월 이후 도축). 10개월 만에 400kg의 무게에 달하는 리옹 송아지(veau de Lyon)를 예로 들 수 있다.

BROYER 브루와예

• 갈다, 부수다. 견과류 등을 분쇄기에 넣고 갈아 가루나 페이스트를 만든다.

BRÛLANT 브륄랑

• 본래 의미는 타는 듯이 뜨겁다는 뜻. 음식의 맛에 의한 감각을 말할 때는 온도와 상관없이 맵고 화끈함을 의미한다. 예를 들어 아주 매운 고추 또는 올리브오일이 목구멍에 닿는 느낌.

BRÛLÉE 브륄레

• 너무 뜨거운 열에 음식이 탄 상태. 검게 변해 먹을 수 없을 정도로 탄 음식.
• 수분이 부족해서 건조하고 깨지는 반죽. 밀가루와 유지의 혼합이 너무 천천히 이루어져 혼합물에 기름이 도는 상태. 상온이 너무 높은 환경에서 브리오슈 반죽을 할 때 이런 현상이 발생할 수 있다.
• 달걀노른자가 소금 또는 설탕과의 직접 접촉으로 건조해지는 현상.

BRÛLER 브륄레

• 최적의 단계를 지나쳐 태우다(예: 피망의 껍질을 벗기기 위해 표면을 불로 그슬리기).
• 벌겋게 달군 뜨거운 쇠로 눌러 덴 자국을 내어 장식하기(예: 밀푀유).

오리
실로 묶기

BRIDER UN CANARD

도구

주방용 바늘
주방용 실

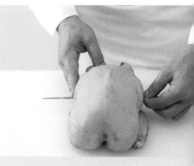

· 1 ·

오리 안쪽에 간을 한 후, 주방용 바늘에 실을 꿰
다리의 관절 부분으로 넣고
다른 쪽 같은 부분으로 빼낸다.

· 4 ·

맨 처음 바늘을 찔렀던 다리 쪽의 실과
마지막 빼낸 날개 쪽의 실을 팽팽히 잡아당ꇘ
단단히 두 번 매듭지어 묶는다.

· 6 ·

몸통 안에 집어넣은 다리 위쪽에
바늘을 찔러 넣고 반대편으로 뺀다.

· 7 ·

단단히 당겨서 두 번 매듭지어 묶는다.

• 2 •
계속해서 날개 쪽으로 바늘을 찔러 넣는다.

• 3 •
목 껍질로 흉곽을 덮어준 다음,
바늘을 찔러 통과시켜 다른 쪽 날개로 뺀다.

• 5 •
꽁무니를 몸통뼈 안쪽으로 밀어 넣고,
바늘을 찔러 넣어 양쪽을 통과시킨다.

— 포 커 스 —

닭이나 오리를 실로 묶는 테크닉의
가장 큰 목적은
살이 고루 익도록 하는 것이다.
물론 맨 처음 실습하기는 까다롭고
어느 정도 손에 익어야만 하지만,
조리 후의 결과를 확인해보면
충분히 익혀둘 만한 가치가 있는
조리 기술이다.

• 8 •
조리 준비가 된 모습.

스크램블드 에그

OEUFS BROUILLÉS

1인분 기준

재료

버터 50g
달걀 3개
생크림 50g
소금, 후추

도구

거품기 또는 주걱

· 1 ·
버터를 색이 나지 않도록 녹인다.

· 4 ·
달걀이 응고되기 시작하면 불을 낮춘다.

· 2 ·

달걀을 모두 넣는다.

· 3 ·

거품기나 주걱으로
달걀을 가장자리에서 가운데로 모아주며
살살 섞는다.

· 5 ·

생크림을 부어 익힘을 중단시킨다.
크림처럼 부드러운 농도가 되어야 한다.

· 6 ·

잘 저어 균일하게 섞고,
소금 후추로 간을 맞춘다.

BRÛLEURS 브륄뢰르
• 화구, 가스레인지(feux vifs 참조).

BRUMISER 브뤼미제
• 분무하다. 분사하다. 액체를 미세한 입자로 분무하다(예: 샐러드에 올리브오일 스프레이를 뿌리다).

BRUN (À) (아) 브룅
• 갈색. 주로 스튜나 육수 또는 루(roux)의 색을 구분할 때 쓰인다.

BRUN (CUIRE, REVENIR, SAUTER À)
(퀴르, 르브니르, 소테 아) 브룅
• 갈색이 나도록 익히다. 지지다, 볶다. "글라세 아 브룅(glacer à brun)"은 작은 방울양파 등을 익힐 때 살짝 캐러멜라이즈해서 갈색이 나도록 윤기 나게 글레이즈하는 것을 말한다.

BRUNCH 브런치
• 영어의 브렉퍼스트와 런치의 합성어인 브런치는 늦은 오전과 이른 오후 사이에 먹는 식사로 아침과 점심 식사를 혼합한 형태의 음식과 음료를 서빙할 수 있다. 미국에서 처음 시작되었으며, 오믈렛, 콘플레이크, 팬케이크, 프렌치토스트 등의 음식이 인기가 높다.

BRUNIR (FAIRE) (페르) 브뤼니르
• 노릇한 갈색이 나게 익히다.

BRUNOISE (EN) (앙) 브뤼누아즈
• 채소를 1~2mm 크기의 작은 주사위 모양으로 썰기. 버터에 익힌 후 포타주에 가니시로 넣거나 또는 소스를 만드는 데 사용한다.

BUFFET 뷔페
• 전채부터 메인 요리, 디저트까지 한꺼번에 진열해 놓은 식사 형태. 직접 서빙해 스탠딩으로 또는 테이블에 앉아서 즐길 수 있다.

BUGNE 뷔뉴
• 뷔뉴는 리옹의 튀김과자(beignet)로 전통적으로 사육제 카니발 기간에 즐겨먹던 간식이다. 중세까지 그 기원이 올라가는 이 과자는 11세기에는 지역에 따라 베뉴(beigne), 뷔느(buyne)라고 불려왔다. 어원은 "혹(bosse)"이라는 뜻인데 과자를 튀길 때 볼록하게 부푼 모습에서 이름을 따온 것으로 전해진다. 15세기 기욤 티렐(Guillaume Tirel, 일명 타이유방 Taillevent)이 집필한 요리책 『르 비앙디에(*Le Viandier*)』에서 그는 세이지 잎으로 향을 낸 반죽을 튀겨 꿀로 단맛을 낸 뷔녜츠(buignetz)를 소개하고 있는데 이는 오늘날의 튀김과자와 비슷한 모양을 하고 있다. 리옹의 뷔뉴는 직사각형, 마름모꼴 또는 타래과를 닮은 매듭 모양의 과자로, 오렌지 블러섬 워터와 코냑으로 향을 낸 반죽을 튀겨 슈거파우더를 뿌려 먹는다. 알자스 지방의 뷔뉴는 서양배 모양 또는 구멍이 뚫린 갈레트 모양을 하고 있다.

BUISSON 뷔송
• 민물가재(écrevisses), 랑구스틴((langoustines 가시발새우) 등 갑각류를 피라미드 모양으로 쌓아 서빙하는 플레이팅 방법.
• 바다빙어(éperlan)나 가늘게 썬 가자미 튀김(goujonnettes de sole)을 서빙용 큰 접시에 피라미드 모양으로 쌓아 내는 플레이팅 방법.

C

CAILLÉ / CAILLAGE

카이예 / 카이야주

• 응고된. 발효를 일으키는 미생물 등의 작용
에 의해 우유의 카제인이 응고되는 현상.

CAISSE À BAIN-MARIE

케스 아 뱅 마리

• 【옛】 전기를 이용한 중탕용 주방도구 또는
용기.

CAISSETTE 케세트

• 파티스리용 종이컵 몰드.

CALIBRER 칼리브레

• 일정한 길이, 넓이, 크기로 자르다. 크기를 일
정하게 통일하다.

CALOTTE 칼로트

• 드레싱 소스나 우유, 크림 등의 액체 재료를
혼합할 때 주로 쓰이는 스테인리스 볼.

CANAPÉ 카나페

• 카나페. 아페리티프 또는 뷔페용으로 서빙하
는 핑거푸드의 일종으로 작은 토스트에 각종
재료를 얹은 것.

• 로스트 치킨 등을 서빙 플레이트에 낼 때 밑
에 까는 식빵(예: 카나페 위에 얹은 뿔닭 pintadeau
sur canapé).

CANDIR 캉디르

• 당과류에 설탕을 입히다. 사탕이나 젤리 등
의 표면에 가는 설탕 결정입자로 보호막을 입
히다.

• 결정화하다. 과포화 시럽을 천천히 가열하면
설탕 결정으로 변화되어 굳는다.

CANDISSOIRE 캉디수아르

• 스테인리스나 양은으로 된 넓은 직사각형 용
기로 망과 함께 사용한다. 파티스리의 글라사
주, 초콜릿 가나슈 또는 테린 표면에 소스를
입힐 때 망에 재료를 올려 놓고 사용하며, 이
때 글라사주나 소스의 잉여분은 망 아래로 흘
러내려 깔끔한 코팅을 할 수 있다.

CANNELER 카늘레 (아래 사진 참조)

• 홈을 내는 도구(카늘뢰르 canneleur)를 사용
하여 레몬, 오렌지, 당근 등을 세로로 긁어낸
다. 이렇게 홈을 낸 다음 슬라이스하면 요철
이 있는 모양을 만들 수 있어 장식 효과를 낼
수 있다.

홈을 낸(cannelé) 당근을 슬라이스하는 모습.

CANNELEUR 카늘뢰르 (아래 사진 참조)
• 홈 내는 도구. 과일, 채소 등의 표면에 길게 홈을 파는 데 사용한다.

CANOTIÈRE (À LA) (아 라) 카노티에르
• 표면에 빵가루를 뿌리고 잘게 자른 버터 조각을 골고루 얹어 오븐에 구워내는 방법. 주로 데친 민물 생선이나 무스를 채운 생선에 화이트와인과 생선 육수를 붓고 오븐에서 익힌 후, 그라탱 용기에 담고 빵가루를 얹어 굽는다. 생선을 익힌 육수를 졸여 버터와 혼합한 소스를 곁들인다.

CAQUELON 카클롱
• 도기나 무쇠로 된 작은 냄비로 같은 재질로 된 손잡이가 있고, 안쪽 면도 코팅이 되어 있다. 퐁뒤용으로 많이 사용되며, 마늘로 바닥을 문질러주면 재료가 눌어붙지 않게 하는 효과가 있다.

CARAMEL 카라멜
• 설탕을 녹인 시럽을 수분이 증발하고 갈색으로 변할 때까지 익힌 것(150℃ 이상).
• 설탕을 녹여 만드는 캐러멜. 용도에 따라 캐러멜의 색이 연한 것부터 아주 진한 것까지 다

양하다. 온도가 190℃ 이상 되면 설탕이 타기 시작해 사용할 수 없게 된다.
• 당과류의 한 종류인 캐러멜. 플레인 캐러멜뿐 아니라 바닐라, 초콜릿, 커피, 레몬, 오렌지, 아몬드, 헤이즐넛, 보리 시럽, 파인애플 등으로 맛을 낸 다양한 종류가 있다. 최근에는 이지니(Isigny), 아라스(Arras) 또는 브르타뉴(Bretagne)산 가염 버터, 우유, 크림 등을 넣은 캐러멜을 점점 더 많이 만나볼 수 있다. 하나씩 비닐 포장에 싼 것, 초콜릿을 씌운 것, 납작한 사각형 또는 롤리팝 스타일 등 다양한 제품이 있으며 잼처럼 발라먹을 수 있도록 병입되어 있는 캐러멜 스프레드도 있다.

CARAMÉLISÉ 카라멜리제
• 캐러멜된 상태.
• 캐러멜을 씌운 것.
• 캐러멜라이즈된 맛, 캐러멜 맛.

CARAMÉLISER 카라멜리제
(FAIRE, LAISSER, METTRE À)
• 캐러멜화하다. 설탕을 녹여 익힌 캐러멜(sucre cuit au caramel), 또는 너무 좁은 캐러멜에 물 등의 액체를 넣어 묽게 한 캐러멜(caramel décuit. décuire 참조). 파티스리용 몰드에 캐러

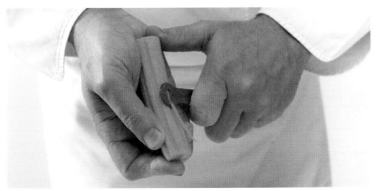

당근을 작게 자르기 전 카늘뢰르(canneleur)를 사용하여 일정한 간격으로 긴 홈을 내준다.

멜을 부어 바닥과 옆면에 고루 입히다.
• 디저트 표면의 설탕(슈거파우더, 일반 설탕, 굵
은 황설탕 등)을 토치나 히팅 건(pistolet
thermique), 불에 달군 쇠 등으로 열을 가하여
캐러멜화하는 작업(예: 크렘 브륄레).

CARBONNADE 카르보나드
• 맥주와 천연 사탕수수 황설탕을 넣고 만든
소고기 스튜. 프랑스 북부 지방의 특선 요리
이다. 소고기를 먼저 센 불에 지져낸 후 양파
와 맥주 등을 넣고 끓인다.

CARCASSE 카르카스
• 레스토랑의 홀 또는 다이닝 룸을 구성하고
있는 모든 가구와 집기를 총칭하는 말.
• 도축한 정육의 뼈대 골격을 일컫는 말로, 요
리에서는 닭 등의 몸통뼈를 이용하여 육수를
내기도 한다.

CARDINALISER 카르디날리제
• 랍스터나 가재 등의 갑각류 해산물을 익혀
붉은색이 나도록 하다(갑각류 껍질에 함유된 키
틴질이 선명한 붉은색으로 변하면서 특유의 향을
낸다).

CARRÉ 카레
• 돼지, 송아지, 양 등의 갈빗대가 붙은 등심살
의 윗부분과 중앙 부분 전체를 말한다.

• 카레 쿠베르(carré couvert): 양갈비의 경우, 뼈
가 붙은 채 한 덩어리로 있는 8개의 중간 갈빗
살을 가리킨다.
• 카레 데쿠베르(carré découvert): 양갈비의 경
우, 뼈가 붙은 채 한 덩어리로 있는 5개의 윗
갈빗살을 가리킨다.

CASÉINE 카제인
• 카제인. 우유와 버터의 단백질 성분.

CASSE-NOISETTES, CASSE-NOIX
카스 누아제트, 카스 누아
• 호두까기. 견과류의 단단한 껍데기를 눌러
까는 기구.

CASSEROLE 카스롤
• 소스팬, 조리용 편수 냄비. 조리 용도에 따라
다양한 사이즈가 있다.

CASSEROLETTE 카스롤레트
• 작은 사이즈의 소스팬, 편수 냄비.

CASSOLETTE 카솔레트
• 사기나 토기 또는 구리로 된 작고 둥근 용기
로 양쪽에 작은 손잡이가 달려 있다. 음식을
조리하거나 서빙할 때 두루 쓰인다. 또는 이
용기에 조리한 음식을 뜻하기도 한다.

CAUSSE 코스
• 스펀지케이크 시트를 넓게 굽는 용도로 사
용하는 큰 사이즈의 사각형 베이킹 시트.

CAVIAR 카비아르
• 캐비아. 철갑상어의 알.
• 채소의 살을 다져 만든 음식(예: 가지 캐비아
caviar d'aubergine).
• 바닐라 빈 줄기 안에 있는 고운 입자를 가리
키기도 한다.

C

CENDRE (SOUS LA) (수 라) 상드르

• 직역하면 "재 아래에"라는 뜻으로, 재료(감자, 생선 등)를 파피요트 방식으로 알루미늄 포일로 싸서 불씨가 꺼진 장작불이나 화덕 안에 넣어 뜨거운 재의 여열로 익히는 방법을 말한다.

CENDRÉ 상드레

• 얇은 숯가루 막으로 덮은 것(예: 투렌 지방의 생트 모르 치즈sainte-maure). 실제로 잿빛 성분이 과도한 재가 아닌 숯가루로 치즈의 표면을 얇게 덮어 주면 치즈의 지방 성분을 마치 비누처럼 굳히는 작용(saponification)을 하고 특유의 향을 낸다.

CENTRIFUGER 상트리퓌제

• 푸드 프로세서의 원심분리 회전 기능을 이용하여 에멀전 소스를 만들거나, 착즙 주서기로 과일의 즙을 짜내다. 기계에 장착된 망을 통해 과육 찌꺼기나 씨, 껍질 등은 따로 분리된다.

CERNER 세르네

• 감자 등을 익히기 전에 또는 과일 껍질에 작은 칼끝으로 표면 둘레를 따라 살짝 칼집을 넣다. 감자의 중간 부위 둘레를 따라 칼집을 내주면 오븐에 익히는 동안 터지는 것을 막을 수 있고, 밤에 칼집을 내주면 익힌 뒤 껍질을 쉽게 깔 수 있다.

CHABLONNER 샤블로네

• 스펀지케이크 또는 과자(비스퀴) 표면에 녹인 초콜릿을 붓으로 발라 씌우는 방법. 케이크나 비스퀴에 더 단단하게 막을 씌워주는 효과가 있다.

CHAÎNE DU FROID 셴 뒤 프루아

• 콜드 체인. 냉장 또는 냉동식품을 상하지 않

도록 안전하고 위생적으로 운송, 취급, 보관하는 일련의 환경을 가리킨다. 이 규정을 위반할 경우 식품은 세균 증식의 위험이 있어 소비할 수 없게 된다. 반드시 알아 두어야 할 점은 차가운 온도라고 해서 세균이 완전히 파괴되는 것은 아니라는 것이다. 미생물은 주변 온도가 적당히 올라가면 다시 활동을 시작한다.

CHAIR 셰르

• 살. 살코기. 생선이나 고기, 해산물 등의 살 부위.

CHALUMEAU 샬뤼모

• 토치. 열을 가해 그슬리거나, 설탕을 가열해 캐러멜라이즈하는 데 사용된다.
• 칵테일 서빙용 긴 빨대를 뜻하기도 한다.

CHANFAÏNA 샹파이나

• 양의 간을 튀긴 요리로 앙티유(Antilles)의 전통 음식이다. 양의 간을 슬라이스해 튀긴 다음, 튀긴 토마토, 으깬 마늘, 맵지 않은 고추 등을 곁들여 서빙한다.

CHANTILLY 샹티이
•크렘 샹티이는 기본적으로 휘핑한 생크림에 설탕과 바닐라 등의 향을 더한 것이다. 차갑고 달콤한 크렘 샹티이는 디저트의 장식 또는 마무리용으로 사용되거나 파티스리의 충전물로 넣기도 한다. 설탕을 넣지 않은 휘핑 크림은 에멀전 소스 등에 사용되기도 한다.

CHAPELER 샤플레
•빵 껍질 부분의 크러스트를 모두 잘라내다.

CHAPELET 샤플레
•여러 개의 소시지나 살라미가 줄줄이 연결된 것.

CHAPELURE 샤플뤼르
•빵가루. 마른 빵을 잘게 부수어 체에 곱게 내린 가루. 주로 튀김옷이나 그라탱 위에 얹는 용도로 사용된다.

CHARIOT D'ENFOURNEMENT 샤리오 당푸른느망
•베이킹 랙. 이동용 랙. 준비된 베이킹 시트를 층층이 최대한 많이 놓을 수 있는 바퀴 달린 이동용 랙. 오븐에 넣기 전과 오븐에서 굽고 난 후의 베이킹 시트를 한꺼번에 보관할 수 있다.

CHARMOULA 샤르물라
•샤물라 소스. 북아프리카 모로코, 알제리, 튀니지 등의 아랍 요리에 사용되는 새콤달콤하고 걸쭉한 소스. 주로 구운 고기 요리, 생선이나 해산물에 곁들이는 이 소스는 뭉근히 익힌 양파에 고춧가루와 향신료, 레몬즙, 식초, 마늘, 이탈리안 파슬리, 고수 등의 허브와 당근, 셀러리, 샬롯 등을 넣어 만든다.

CHASSEUR 샤쇠르
•사냥으로 잡은 동물의 고기를 베이스로 한 요리의 총칭.

•소, 송아지, 토끼 고기 소테 요리.
•소스 샤쇠르. 샤쇠르 요리에 곁들이는 와인과 버터로 만든 소스로 보통 에스파뇰 소스에 데미글라스를 넣어 만든다.

CHATEAUBRIAND 샤토브리앙
•샤토브리앙 안심 스테이크. 소고기 안심살을 약 3cm 두께로 썰어 구운 스테이크. 부위에 따라 더 두꺼운 두께로 잘라 구운 뒤 2인분으로 나누어 서빙하기도 한다. 소고기의 가장 연한 부위 중 하나인 안심의 가장 중앙(coeur) 부분을 사용하는 최고급 스테이크로 주로 베아르네즈 소스를 곁들여 먹는다.

CHÂTRER 샤트레
•민물가재(écrevisse)를 조리하기 전에 꼬리의 3장의 껍질 중 가운데 부분을 잡아당겨 등의 내장을 제거하다.

CHAUD 쇼
•더운, 뜨거운. 서빙 전 음식을 따뜻하게 보관하다(réserver, garder, maintenir, tenir au chaud).
•음식의 온도와 상관없이 특정 음식을 먹었을 때 미각을 느끼는 기관에서 감지하는 맵고 화끈한 감각.

CHAUD-FROID 쇼 프루아
•더운 음식으로 준비하여 차가운 음식으로 서빙하는 요리. 고기, 가금류, 생선, 수렵육 등의 다양한 부위를 익혀 식힌 다음 소스를 끼얹고 즐레(gelée)로 반짝이게 마무리하여 서빙한다.

CHAUFFANTE 쇼팡트
•파인 다이닝 레스토랑에서 행해지는 게리동 서비스용 카트. 바퀴 달린 작은 테이블에 요리를 놓고 손님 테이블 앞에서 직접 커팅하거나 조리해 서빙한다.
•테이블에서 음식을 데우거나 익히는 용도로

사용되는 전기레인지. 아시아식 레스토랑에서 종종 찾아 볼 수 있다.

CHAUFFE-PLAT 쇼프 플라
• 테이블 위에서 요리를 따뜻하게 유지하기 위해 사용하는 워머.

CHAUFFER 쇼페
(FAIRE, LAISSER, METTRE À)
• 열을 가하여 데우다.

CHAUFROITER 쇼프루아테
• 쇼 프루아를 장식하다. 쇼 프루아나 테린을 만들 때, 얇은 트러플 슬라이스나 과일, 허브 등으로 장식한 뒤 맑은 즐레(gelée claire)로 마무리하는 작업을 의미한다.

CHEMINÉE 슈미네
• 굴뚝이라는 뜻. 파트 푀유테로 감싸 만드는 파테 앙 크루트, 또는 투르트 등의 파이를 만들 때 쓰는 테크닉으로, 파이 뚜껑 중앙에 작은 구멍을 뚫어 오븐에서 익히는 동안 공기가 빠져나가게 하는 방법. 이 구멍에는 보통 유산지나 알루미늄 호일로 작은 원통을 만들어 꽂아 증기가 빠져 나오도록 하며, 오븐에서 완성된 이후 액체 즐레나 크림 등을 부어 넣는

용도로도 사용한다.
• 동그랗고 긴 원통형의 체로 소스를 거를 때 주로 사용된다. 원뿔체(chinois)와 비슷하다.

CHEMISE (EN) (앙) 슈미즈
• (마늘 등의) 껍질을 벗기지 않은 상태로 요리에 넣어 조리하기(ail en chemise). 감자를 껍질째 삶기(pommes de terre en chemise).
• 휘핑한 크림을 재료의 표면에 부어 전부 덮어주는 방법.
• 기름 바른 유산지로 싸서 재료를 익히는 조리법. 트러플(송로버섯)을 버터 바른 유산지에 싸서 오븐에 익히기(truffe en chemise).

CHEMISER / CHEMISAGE
슈미제 / 슈미자주 (아래 사진 참조)
• 틀의 바닥과 안쪽 벽에 반죽 시트, 즐레, 버터와 밀가루 등을 깔고 발라 대어주는 작업. 이렇게 바닥과 벽면을 깔아준 다음 다른 내용물을 그 위에 채워 넣는다.
• 또는 재료를 넣기 전에 용기 바닥과 옆면 벽에 유산지를 깔고 대어주는 것을 뜻하기도 한다.

CHEVALER 슈발레
• 얇게 썬 고기 조각 등을 조금씩 겹쳐가며 정렬하다.

용기 바닥에 유산지를 대어준다(chemiser).

CHEVREUIL 슈브뢰이유
• 노루. "그랑브뇌르(grand veneur)"라고도 불리는 털이 있는 수렵육의 하나로, 몸집이 큰 사냥감을 뜻하는 "브네종(venaison)"에 속한다. 등심살을 소테하여 소스 푸아브라드(sauce poivrade 또는 sauce grand veneur)를 곁들인다.

CHICON 시콩
• 엔다이브(앙디브 endive). 쌉싸름한 맛이 특징인 벨기에의 대표적 겨울 채소.

CHIFFONNADE 시포나드
• 양상추, 시금치, 수영 등의 잎채소를 가늘게 채 썬 것. 생으로 먹거나 주로 버터에 볶아 가니시로 쓴다.

CHINOIS 시누아
• 육수나 소스 등을 거를 때 사용하는 원뿔형의 체로 구멍의 굵기가 다양하다.

CHINOIS À PISTON
시누아 아 피스통
• 양을 조절하는 레버가 달린 깔대기 모양의 피스톤 분배기. 스테인리스 또는 플라스틱 재질로 되어 있으며, 작은 틀에 내용물을 일정하게 채우는 데 유용하다.

CHINOIS ÉTAMINE 시누아 에타민
• 아주 가는 망이 달린 원뿔체. 일반 원뿔체보다 육수, 소스 등의 내용물을 더 곱게 거를 때 사용한다.

CHINOISER 시누아제
• 원뿔체에 내리다. 육수나 소스 등의 건더기나 불순물을 체에 내려 거르다.

CHIQUETER 시크테
• 파트 푀유테 반죽으로 파이나 타르트를 굽기 전에 반죽의 가장자리를 빙 둘러가며 작은 칼로 살짝 칼집을 내주는 방법. 이렇게 해주면 오븐에서 구울 때 위로 더 잘 부풀어 오른다.

CHOCOLAT DE COUVERTURE
쇼콜라 드 쿠베르튀르
• 커버처 초콜릿. 카카오 버터 함량이 높은 초콜릿으로 템퍼링 과정을 거쳐 초콜릿 봉봉을 만들거나, 파티스리의 글라사주용으로 사용한다. 파티스리 또는 초콜릿 디저트를 만드는 기본 재료가 되는 커버처 초콜릿은 최소 31% 이상의 카카오 버터를 함유하고 있어야 한다.

CHORON 쇼롱
• 소스 쇼롱(sauce choron). 소스 베아르네즈에 토마토 퓌레를 혼합한 따뜻한 에멀전 소스.

CHUTE 쉬트
• 반죽을 쓰고 남은 것.

CICATRISER 시카트리제
• 【옛】 가리비 조개를 팬에서 색을 살짝 낸 다음, 버터에 겉을 바싹 익히다.

CINQ-ÉPICES 생크 에피스
• 오향. 중국 남부 또는 베트남 등지에서 구운 고기, 닭 등을 양념하거나 재울 때 자주 사용하는 향신료 믹스로 팔각, 계피, 정향, 회향, 산초를 넣어 만든다. 경우에 따라 카다멈, 생강 또는 감초를 넣기도 한다.

CIRER UNE PLAQUE 시레 윈 플라크
• 오븐에 익힐 재료를 올려놓는 베이킹 시트나 오븐 팬에 버터를 칠하다.

CISAILLE À VOLAILLE
시자이 아 볼라이
• 가금류 절단용 가위. 닭을 토막 낼 때 사용하는 날이 짧고 튼튼한 대형 가위.

CISEAUX À POISSON
시조 아 푸아송
• 생선용 가위. 생선 지느러미나 꼬리, 큰 가시뼈 등을 잘라내기 편한 생선 전용 가위로 날에 홈이 팬 것도 있다.

CISELER 시즐레 (아래 사진 참조)
• 가늘게 썰다. (수영 잎이나 쌈 채소 등을) 시포나드처럼 가늘게 썰다. 보통 칼을 사용하지만 경우에 따라 주방용 가위를 사용하기도 한다. 고등어 등의 통통한 모양의 생선 표면, 또는 앙두이예트 등에 깊지 않은 칼집을 낸다는 뜻으로도 쓰인다.
• 칼로 양파나 샬롯을 세로로 또 가로로 칼집을 깊게 낸 다음 아주 작은 크기의 큐브 모양으로 일정하게 썰다.

CITRONNER 시트로네
• 레몬즙을 넣다. 음식에 레몬즙을 넣어 조리하거나 마지막에 레몬즙을 뿌리다. 레몬은 아스코르빅 산을 함유하고 있어, 소스에 산미를 더하는 데 사용된다.
• 재료(셀러리악, 아티초크 살, 양송이버섯 등)의 표

차이브(서양 실파)를 잘게 썰고 있다(ciseler).

면에 반으로 자른 레몬을 문질러주다. 공기와 접촉하거나 혹은 익히는 도중 재료가 갈변하거나 산화하는 것을 방지해준다. 레몬은 과일의 산화를 막는 데 효과적이다.

CIVET 시베
• 주로 털이 있는 수렵육(야생토끼, 노루, 멧돼지 등)에 레드와인을 넣어 끓인 스튜의 일종으로 수렵육의 피(또는 기타 동물의 피)를 사용해 소스의 농도와 색을 낸다. 일반적으로 줄기양파(cives)와 라르동을 함께 넣어 끓인다. 그 밖에도 넓은 의미로 랍스터 등의 해산물이나 가금류의 내장을 이용한 스튜류를 통칭하기도 한다.

CLARIFIER / CLARIFICATION
클라리피에 / 클라리피카시옹
(다음 페이지 과정 설명 참조)
• 혼탁한 물질을 맑게 만들다. 주로 육수나 음료 등의 액체를 탁한 요소와 분리하는 과정을 가리킨다.
– 콩소메나 즐레용 육수 등을 맑게 만들다.
– 달걀흰자와 노른자를 분리하다.
– 버터를 젓지 않고 중탕으로 녹인 후 카제인과 유당을 분리해 맑은 정제 버터를 만들다.

CLOCHE 클로슈
• 요리를 담은 접시를 서빙하기 전 식지 않게 유지하기 위해 씌우는 반구형 종 모양의 뚜껑. 치즈를 위생적으로 보관하기 위해 플레이트 위에 덮는 둥근 유리 뚜껑.

CLOCHE À FUMER 클로슈 아 퓌메
• 음식을 훈연할 때 씌우는 종 모양의 유리 뚜껑.

CLOUTER 클루테
• 원뜻은 "못을 박다"라는 의미. 생 양파에 정

향을 박다. 정향을 꽂은 양파는 육수나 국물 요리에 넣어 향을 내는 데 사용한다.
• 푸아그라에 작은 막대 모양으로 자른 트러플(송로버섯)을 박다. 또는 박음용 막대핀(aiguille à piquer)을 사용해 고기나 생선살에 가는 막대 모양으로 자른 트러플이나 하몽, 안초비, 코르니숑 등을 찔러 박다.

COAGULANT VÉGÉTAL
코아귈랑 베제탈
• 식물성 응고제(cyprosine과 cardosine이라 불리는 활성 효소를 함유하고 있다). 솔나물, 무화과나무, 엉겅퀴과의 식물인 카르둔 꽃 등에 함유된 물질로 동물성 응고제인 레닛(rennet)을 대신하여 우유를 응고시키는 데 사용된다.

COCOTTE 코코트
• 전통적으로 무쇠로 만든 두꺼운 냄비나 솥. 양쪽에 손잡이가 달려 있고 꼭 맞게 밀폐되는 뚜껑이 있는 냄비로 주로 뭉근하게 오래 끓여야 하는 요리에 적합하다.
• 압력솥(Cocotte-Minute)을 지칭하기도 한다.
• 코코트 달걀(oeuf cocotte): 동그란 모양 또는 타원형의 작은 도기에 달걀을 깨 넣고 오븐에 넣어 중탕으로 익힌 것.
• 코코트 감자(pomme cocotte): 감자를 올리브 모양의 길쭉한 타원형으로 돌려 깎은 것.

COCOTTE (EN) (앙) 코코트
• 코코트 냄비 요리. 블랑케트 드 보(blanquette de veau), 포토푀(pot-au-feu) 등 클래식한 요리들이 주를 이룬다.

COLBERT (À LA) (아 라) 콜베르
• 튀긴 생선 요리. 생선(명태, 서대 등)의 등을 갈라 중앙 가시뼈를 제거한 뒤, 밀가루, 달걀, 빵가루를 묻혀 기름에 튀긴 것. 레몬을 곁들여 서빙한다.

COLLAGE / COLLER 콜라주 / 콜레

• 전통적인 와인 클라리피케이션. 와인에 거품 낸 달걀흰자 또는 생선의 아교질을 넣고 섞어 가만히 두면 불순물을 흡수하여 바닥에 가라 앉아 와인이 맑아진다. 이 과정을 마친 와인은 다른 용기로 조심스럽게 따라 옮긴다(soutirage).

• 차가운 요리 표면의 장식을 즐레를 이용하여 굳히는 방법(예: 벨뷔 연어 요리 saumon en Bellevue)(chaufroiter 참조).

COLLATION 콜라시옹

• 식사 사이에 먹는 치즈나 과일 등의 간단한 요깃거리. 간식. 본래는 카톨릭교에서 금식일에 먹던 가벼운 식사를 뜻한다.

COLLE ALIMENTAIRE 콜 알리망테르

• "식용 풀"이라는 뜻으로, 보통 파티스리에서는 달걀흰자(ovalbumine)를 단독으로 사용하거나 슈거파우더를 섞어서 풀처럼 사용한다.

• 일반 요리에서는 그 용도에 따라 젤라틴, 전분, 아라비아 고무 혹은 그냥 설탕을 사용하기도 한다.

COLLER À LA GÉLATINE 콜레 아 라 젤라틴

• 젤라틴을 찬물에 담가 말랑하게 한 다음 꼭 짜서 준비한 음식 혼합물에 녹여 넣어 농도 및 굳는 성질을 더하는 방법(예: 즐레 gelée, 바바루아 bavarois).

COLLIER 콜리에

• 소의 목심. 목둘레 살.

• 양의 목심. 살이 많고 맛있는 부위로 목살과 5개의 척추로 이루어져 있다. 돼지의 목심은 에신(échine)이라고 불린다.

COLORER 콜로레 (아래 사진 참조) (FAIRE, LAISSER, METTRE À)

• 색이 있는 천연 재료를 사용하여 음식의 색을 내다(콩소메, 소스, 크림, 반죽, 파티스리 등). 시금치즙, 비트즙, 캐러멜, 토마토 페이스트, 갑각류의 내장 등을 이용해 음식에 색을 낼 수 있다.

• 고기나 생선을 철판이나 그릴에 기름과 함께 넣고 센 불에서 캐러멜라이즈하듯이 열을 가해 겉면에 색을 내다(마이야르 반응).

COMESTIBLE 코메스티블

• 먹을 수 있는. 식용 가능한 것. 인간이 거부감이나 위험 없이 식용으로 섭취할 수 있는 것.

필레 미뇽(filet mignon) 안심을 소테팬에 지져 겉면에 색을 내는(colorer) 모습.

맑은 비프 콩소메 만들기

CLARIFICATION DU CONSOMMÉ DE BOEUF

비프 콩소메 4리터 분량

재료

소고기 육수 4리터(p. 40 참조)
지방이 적은 소 다짐육 100g
달걀흰자 ½개
당근 25g
리크(서양 대파) 녹색부분 25g
셀러리 1줄기
토마토 40g
토마토 페이스트 5g
처빌 ½단
얼음물
고운 소금
통후추

— 포커스 —

이 과정을 통해서,
보기에도 투명하고 깨끗하며
모든 불순물이 제거된
맑은 콩소메를 얻을 수 있다.
이 콩소메에 몇 가지 종류의 채소를
브뤼누아즈(brunoise)로 잘게 썰어 넣고,
채소로 만든 라비올리를 넣어주면 훌륭한
전채 요리로 손색이 없을 것이다.

• 1 •
모든 재료를 작업대에 준비한다.

• 4 •
재료를 잘 섞는다.

· 2 ·

달걀흰자와 다진 살코기를 혼합한다.

· 3 ·

처빌과 통후추를 제외한 모든 향신재료를 넣는다.

· 5 ·

게 식혀 표면에 굳은 소고기 육수의 기름을
조심스럽게 제거한다.

· 6 ·

국물을 맑게 해줄 혼합물을
차가운 육수에 넣는다.

· 7 ·

달걀흰자가 냄비 바닥에 눌러 붙지 않도록,
주걱으로 계속 저어 조심스럽게 섞어주면서
약한 불로 가열한다.

· 8 ·

혼합물이 하얗게 변하기 시작하면
젓기를 멈춘다.

· 11 ·

콩소메에 소금으로 간을 한다.

· 12 ·

면포를 씌운 원뿔체에
처빌과 통후추 으깬 것을 넣는다.

· 9 ·
맨 처음 끓어오르기 시작하면,
뜬 표면 가운데에 국자로 구멍을 만들어준다.

· 10 ·
작은 국자를 이용해 가운데 구멍으로 국물을 떠서
표면 전체에 계속 부어주며 끓인다(약30분).

· 13 ·
콩소메 국물이 혼탁해질 우려가 있으니
표면에 굳어 떠 있는 혼합물 층을 건드리지 말고,
국물을 휘젓지 않도록 주의하면서
스럽게 국자로 국물을 떠 허브와 후추가 담긴
거름체에 천천히 부어 걸러준다.

· 14 ·
맑은 콩소메가 완성된 모습.

COMPOTER 콩포테
• 양파 등의 재료를 오븐이나 불 위에서 뚜껑을 닫고 약한 불로 은근히 가열해 퓌레, 콩포트, 마멀레이드와 같은 농도가 되도록 익힌 것.

COMPOTIER 콩포티에
• 콤포트나 과일 등을 담는 크고 우묵한 용기. 주로 도자기나 유리로 된 것이 많으며 중앙에 다리가 있는 높은 형태이다.

CONCASSER 콩카세 (아래 사진 참조)
• 껍질을 벗기고 씨를 뺀 토마토의 살을 일정한 크기로 작게 썰다.
• 정육의 뼈나 생선의 가시를 토막내 작은 조각으로 자르다.
• 굵직하게 다지거나 분쇄하다(파슬리, 처빌, 타라곤 등).

CONCENTRÉ 콩상트레
• 요리를 만들면서 나오는 농축된 풍미. 또는 음식의 수분을 증발시켜 얻은 농축 성분, 농축액 등을 총칭한다.
• 고체형 부이용 큐브. 요리에 간편하게 사용할 수 있도록 만든 건조 농축 육수(aide culi-naire, bouillon déshydraté 참조).
• 다양한 재료의 육수를 농축한 글레이즈(réduction à glace). 요리의 국물이나 소스 또는 수프 등에 넣으면 고기, 닭, 생선 및 갑각류의 농축된 풍미를 더해준다.
• 연유, 농축우유, 당유(lait concentré): 우유를 저온살균한 다음 유지방 함량을 조절하고, 진공상태에서 수분을 증발시켜 농축하는 과정을 마친 것. 이 우유는 응고(응어리나 뭉침 현상)를 막기 위해 안정제(스태빌라이저)와 혼합되며, 많은 양의 자당 시럽(사카로스)을 첨가해 단맛을 낸다.

CONCHAGE 콩샤주
• 콘칭(conching). 초콜릿 제조 과정의 하나. 초콜릿은 카카오나무 원두로부터 만들어지며 카카오 열매는 연 2회 재배된다. 초콜릿을 만들기 위해서는 우선 카카오 열매에서 원두를 분리(écabossage)한 다음 발효(fermentation), 건조(séchage), 로스팅(torréfaction), 빻기(broyage) 등의 여러 과정을 거쳐야 한다. 빻기 과정을 통해 카카오는 가루로 변신하게 되고 여기에 우유, 설탕, 카카오 버터 등을 첨가한다. 가장 마지막 단계로 초콜릿 반죽을 오랜 시간 저어

토마토 콩카세(concassée de tomate).

C

주는 콘칭(conchage) 과정을 거치는데, 이를
통해 입자가 미세해져 더욱 부드럽고 매끄러
운 질감의 초콜릿이 만들어진다. 또한 서로 섞
이며 마찰되면서 산화가 일어나 맛과 향도 훨
씬 좋아진다.

CONCHER 콩셰

• 콘칭하다. 초콜릿 제조 과정의 하나로 카카
오 반죽을 오랜 시간 저어 더욱 균일하고 매
끈한 텍스처로 만드는 것.

CONCHEUSE 콩쇠즈

• 초콜릿을 녹여 젓는 과정에서 사용하는 커
다란 용기.

CONCRÈTE 콩크레트

• 원재료의 발향 성분이 용매의 작용으로 녹
아 추출된 다음 굳어서 생기는 물질.

CONDIMENT 콩디망

• 양념. 음식에 첨가하거나 곁들여 그 본연의
풍미를 더 높이고 요리의 특징을 살려주는 양
념 및 부재료. 콩디망의 정의는 매우 방대하
여, 양념, 스파이스, 향신재료, 소스 및 이미
조리된 과일 처트니 등을 모두 통칭하고, 여
기에는 식사 중에 음식에 첨가하는 테이블 위
의 모든 양념류도 포함된다. 입맛을 돋우고 음
식의 소화를 도울 뿐 아니라 보존의 역할도
하는 이것은 향신재료에 속한다고 볼 수 있으
며 주로 식물성 또는 미네랄 성분이 대부분이
다. 주요 양념으로는 마늘, 파, 차이브(서양 실
파), 샬롯, 리크(서양 대파), 양파, 홀스래디시(서
양고추냉이), 소금, 설탕, 식초, 베르쥐(verjus: 익
지 않은 포도의 즙으로 신맛이 강하다), 버터, 오일,
아샤르(achard: 죽순이나 양배추 등의 채소를 식초
에 절인 피클), 코르니숑(cornichon: 작은 오이 피
클), 케이퍼, 머스터드, 피카릴리(piccalilly: 인도
의 향신료를 넣은 야채 절임), 피클 등이 있다.

CONDIMENTER 콩디망테

• 간을 하다. 양념을 하다. 음식에 맛을 더하기
위해 양념을 첨가하다(마늘, 양파, 향신료 등).

CONFIRE 콩피르

• 당과류에 설탕을 씌우거나 시럽에 담가 보
존성을 높이다.
• 각종 채소나 과일을 설탕, 알코올, 식초에 저
장하다.
• 거위나 오리, 돼지 등을 자체에서 나온 기름
으로 은근한 불에 오랜 시간 익히다.

CONFIT 콩피

• 프랑스 남서부의 전통 요리로 거위, 오리 또
는 칠면조 등의 가금류나 일반 고기를 자체의
기름을 넣고 천천히 오래 익혀 저장성을 높인
음식이다.
• 과일 콩피. 로마인들은 이미 과일을 꿀에 절
여 저장하는 등 콩피의 기술을 터득하고 있었
다. 오늘날 압트(Apt)나 코트 다쥐르(Côte
d'Azur)에서는 과일 콩피를 특산물로 내세우
고 있는데, 코르시카(Corse)의 세드라 레몬 콩
피, 루이 14세 시절부터 알려진 아르데슈
(Ardèche)의 마롱 글라세 또한 유명하다. 니오
르(Niort)의 케이크에 얹는 체리 콩피, 안젤리
카(당귀) 콩피는 대표적인 클래식 메뉴다. 한
편 알자스 지방에서는 독특하게도 순무 콩피
를 만들어 먹기도 한다.

CONFITURIER 콩피튀리에

• 잼, 마멀레이드, 콩포트를 끓여 만들거나 또
는 폴렌타를 익힐 때 쓰는 냄비(과거에는 주로
구리로 된 것을 사용했다). 바신 아 콩피튀르
(bassine à confiture)라고도 한다.
• 병입한 잼을 보관해두는 찬장을 뜻하기도
한다.

CONGÉLATEUR 콩젤라퇴르

• 냉동고. 쉬르젤라퇴르(surgélateur)라고도 하며 영하 18℃의 온도에서 식품을 급속 냉동, 보관한다.

CONGELÉ 콩즐레

• 냉동한. 냉동 제품. 주로 신선식품과 차별화할 때 사용된다.

CONGELER / CONGÉLATION 콩즐레 / 콩젤라시옹

• 냉동은 일반적으로 두께가 있는 재료의 온도를 낮추는 것을 말한다(큰 닭, 고깃덩어리, 빵, 익힌 과일, 채소, 치즈 등). 이때 음식의 온도는 영하18℃에서 영하26℃에 이른다. 식품을 냉동하면 재료 안의 수분의 활동을 정지시켜 주어(mise au dur "미조뒤르-단단하게 함") 보존성이 높아진다.

CONSERVATEUR 콩세르바퇴르

• 방부제. 보존제. 식품의 변질을 방지하기 위한 첨가제.
• 천연 보존제: 레몬, 식초 등.
• 인공 보존제(방부제): 살균제, 무수아황산, 유황을 포함한 보존제, 아황산염, 질산염, 아질산염 등.

CONSERVATEUR À GLACE OU GLAÇONS
콩세르바퇴르 아 글라스, 글라송

• 아이스크림 또는 얼음 저장용기를 가리키며 온도는 영하 15℃~영하23℃로 유지된다.

CONSERVATION 콩세르바시옹

• 보존. 상하기 쉬운 음식을 일정기간 동안 안전하게 먹을 수 있도록 보관하는 방법. 음식의 보존은 기본적으로 세균이나 효소의 활동과 번식을 억제, 둔화하여 식품의 변질을

막는 것이며, 그 방법은 다양하다(같은 식재료라도 경우에 따라 다양한 보존원칙이 적용되기도 한다).
- 차갑게 보관하는 방법: 냉장(세균 번식의 속도를 늦춰준다), 냉동 또는 급속 냉동(세균 번식의 속도를 현저히 늦춰주거나 아주 중단시킨다).
- 온도를 높여주는 방법: 저온 살균(세균을 부분적으로 박멸시킨다), 초고온 살균(UHT: 세균을 완전히 없앤다).
- 산소를 차단하는 방법: 식품을 가열소독한 다음 밀폐용기에 보관하거나(appertisation), 진공 상태(sous-vide)등 세균이 번식할 수 없는 환경에 만들어 보관하는 방법.
- 수분을 차단하는 방법: 건조 또는 동결 건조 등 세균이 활동, 번식하기 매우 어려운 환경으로 만들어 보관하는 방법.
- 매질 환경을 변형해주는 방법: 염장, 훈연, 설탕 절임, 산성화, 알코올화(이들의 농도를 조절함으로서 미생물이나 세균의 활동을 둔화, 억제시키는 효과가 있다).
- 방사 요법: 이온 요법(ionisation)을 통해 세균의 일부분 또는 전체를 박멸한다.

CONSERVE 콩세르브

• 가열 살균한 다음 통조림으로 만들기. 또는 통조림 제품.
• 병(bocal)에 밀폐보관하기. 또는 병조림 제품.

CONSISTANCE 콩시스탕스

• 농도. 식품의 농도에 영향을 주는 요소는 다양하다. 재료를 익혀 원하는 결과를 얻기 위해서는 최적의 조리법을 선택해야 한다. 조리 중에는 여러 가지 화학작용이 일어난다. 콜라겐은 물러지고, 식물의 섬유질은 연해질 뿐 아니라 전분질은 호화현상(덱스트린화)이 일어난다. 이 모든 변화는 육안으로 확인할 수 있지만, 때로는 아주 미세해서 인식하지 못하는 특별한 현상으로 인해 농도나 질감의 변화가

C

생기는 경우도 있다.

CONSISTANCE (PRENDRE)
(프랑드르) 콩시스탕스

• 요리중인 재료 혼합물이 원하는 정도의 농도 및 텍스처를 띠기 시작하다.

CONSOMMÉ 콩소메 (아래 사진 참조)

• 콩소메는 육수의 일종으로 맑은 수프로 통용되고 있다. 채소, 고기 또는 닭을 베이스로 끓여낸 육수를 사용한다. 비프 콩소메(콩소메 브뤼누아즈consommé brunoise), 갑각류 콩소메(랍스터), 수렵육 콩소메(콩소메 디안느 consommé Diane), 생선 콩소메(콩소메 바텔consommé Vatel), 치킨 콩소메(콩소메 알렉상드라consommé Alexandra) 등이 있다.

• 콩소메 두블(consommé double): 달걀흰자와 생고기살을 섞어 넣고 끓여 한 번 더 불순물을 제거하고 국물을 맑게 한 것.

• 콩소메 제르미니(consommé Germiny): 달걀 노른자와 크림을 넣어 리에종한 것.

• 콩소메 생플(consommé simple): 일반 육수(bouillon marmite) 또는 포토푀 육수.

CONTISER 콩티제

• 생선 필레나 닭, 고기 등을 익히기 전에 칼집을 낸 다음 트러플(송로버섯)이나 기타 재료를 끼워 넣다. 또는 닭 껍질과 살 사이에 얇게 썬 트러플을 끼워 넣는 조리법.

CONVECTION 콩벡시옹

• 컨벡션. 컨벡션 오븐(four à convection)은 대류열을 이용한 전기 오븐으로 음식물을 빠른 시간에 골고루 익힐 수 있다. 타르트나 케이크를 구울 때 적합하다.

COQUE (À LA) (아 라) 코크

• 달걀을 끓는 물에 넣어 3분간 익힌 반숙. 껍질째 에그 홀더에 서빙해 숟가락으로 떠먹는다.

COQUETIER 코크티에

• 에그 홀더. 달걀 반숙을 떠먹을 수 있도록 받치는 용기.

COQUETIÈRE 코크티에르

• 자동 달걀 반숙기. 전기로 달걀을 익히는 소형 가전제품.

콩소메(consommé).

COQUILLEUR À BEURRE
코키외르 아 뵈르
• 버터를 동그랗게 말아 조개 모양처럼 긁어내는 톱니가 있는 칼의 일종.

CORAIL 코라이
• 가재, 랍스터의 녹색 내장 부분으로 익히면 주황색으로 변한다. 소스의 리에종(농후제)로 사용하기도 한다. 또한 가리비 조개나 성게의 주황색 내장(생식소)을 지칭하기도 한다.

CORDE (SUR) (쉬르) 코르드
• 지중해에서 굴, 홍합을 밧줄에 붙여 바다에서 양식하는 방식.

CORDÉE (EN), CORDE (À LA)
(앙) 코르데 또는 (아 라) 코르드
• 주의를 기울이지 않고 만들어 찐득하고 끈적이는 질감이 된 퓌레의 상태. 또는 수분을 충분히 흡수하지 않아 너무 농도가 되직한 반죽.

CORDON 코르동
• 끈, 줄이란 뜻. 코르동 드 소스(cordon de sauce)는 플레이팅할 때 요리를 중심으로 주변에 소스를 가늘게 빙 둘러주는 것을 말한다.

CORNE 코른
• 스크래퍼. 약간의 탄력이 있는 손바닥만 한 크기로 타원형 또는 반달 모양을 한 주방도구. 반죽, 크림이나 기타 혼합물을 용기에서 깔끔하게 긁어낼 때 사용한다. 과거에는 동물의 뿔 재질로 만들었으나, 최근엔 플라스틱 제품을 많이 쓴다(corner 참조).

CORNER 코르네
• 스크래퍼를 사용하여 용기에 남은 재료를 알뜰하게 긁어내 최대한 낭비를 줄이다.
• 용기나 틀의 가장자리를 말끔히 긁어낼 때도 사용되는데, 그 목적은 조금씩 남아 붙어 있는 반죽이 익히는 도중 용기나 틀 안에서 익어 불필요한 곳에 크러스트가 생기는 것을 방지하기 위해서다.

CORNET 코르네
• 케이크 등의 파티스리를 장식할 때 크림이나 초콜릿을 가늘게 짤 수 있도록 유산지로 작게 만든 원뿔 모양. 미니 짤주머니 대용으로 쓰인다.

CORPS (DONNER DU)
(도네 뒤) 코르
• 농도를 되직하게 만들다.
• 발효 반죽을 치대어 탄력성을 주다.
• 풍미를 더하다.
• 요리를 더욱 기름지게 만들다.

CORPS GRAS 코르 그라
• 지방, 기름.
– 동물성 지방: 버터(소젖), 라드(돼지기름), 소기름 등.
– 식물성 지방: 상온에서 액체 상태인 기름(올리브유, 낙화생유, 카놀라유, 옥수수유 등), 상온에서 고체 상태인 기름(코코넛오일, 팜유, 팜 커널 오일 등).
– 혼합 지방: 마가린(동물성과 식물성의 혼합).

CORRIGER 코리제
• 고쳐서 바로잡다. 새로운 재료를 첨가해 맛이나 질감을 조절하여 맞추다.

CORROMPRE LA PÂTE
코롱프르 라 파트
• 【옛】파티스리에서 쓰이는 용어로 반죽을 손으로 끊어 여러 덩어리로 나눈 다음 다시 한데 모아 반죽하는 것을 뜻한다.

CORSER 코르세
• 소금, 스파이스 또는 향료를 더 넣어 간과 풍미를 더 높이다. 재료를 익힌 국물 농축액 등을 더 첨가해 소스의 농도와 맛을 더 깊고 풍부하게 만들다.
• 반죽을 오래 치대어 쫀득한 식감을 더하다. 밀가루를 더해 더욱 밀도가 높은 반죽을 만들다.

CÔTELETTE 코틀레트
• 정육의 갈빗대에 붙은 살 부위. 양갈비(côtelette d'agneau)는 목부위에 가까운 윗갈비(côtelette découverte), 중간 갈비(côtelettes premières et secondes), 아랫갈비(côtelettes filet)로 이루어져 있다. 갈빗대를 매끈하게 손질해 손잡이처럼 함께 서빙한다.

CÔTOYER 코투아예
• 닭이나 고기를 오븐에 구울 때, 양면이 고르게 색을 내며 익도록 중간에 뒤집어주다.

COUCHER 쿠셰
• 파티스리의 반죽이나 크림, 또는 요리의 소 혼합물을 짤주머니에 넣고 일정한 모양과 양으로 짜다. 슈 페이스트리, 레이디핑거 비스킷(biscuit à la cuillère), 머랭, 폼 뒤셰스(pomme Duchesse) 등을 만들 때 베이킹시트에 짤주머니로 균일하게 짜 놓는다.

COUENNE 쿠안
• 돼지껍데기. 지방을 잘라낸 돼지 껍질.

COULAGE 쿨라주
• 오드 쿨라주(eau de coulage): 제빵용어로 빵 반죽할 때 밀가루에 넣는 물을 뜻한다.

COULER 쿨레
• 육수 등의 액체를 면포나 체에 내려 거르다.
• 파테 앙 크루트를 오븐에서 꺼내 식힌 후, 증기가 빠져 나가도록 만들어 놓은 구멍으로 향신료 등으로 간을 맞춘 따뜻한 즐레를 부어 넣다. 굽는 동안 파테 내부에 생긴 공백이 즐레로 채워져 굳으면, 파테의 모양이 더 잘 잡히고 썰기도 좋다.

COUP DE FEU 쿠 드 푀
• 본래는 "발포"라는 뜻을 가진 군대 용어로, 주방에서는 손을 뗄 수 없을 정도로 가장 바쁠 때를 의미한다.
• 음식을 오븐에서 너무 오래 구워 딱딱해진 상태, 색이 검게 탄 상태, 탄 맛과 냄새가 나는 경우를 뜻한다.

COUPE-LANIÈRES JAPONAIS 쿠프 라니에르 자포네
• 스파게티 야채 커터기, 나선형 커터기. 당근과 같이 비교적 단단한 채소나 과일을 넣고 돌려 국수처럼 가늘고 긴 채로 써는 주방도구.

COUPE-ŒUF 쿠프 외프
• 에그 슬라이서. 완숙으로 익힌 달걀을 동그랗게 슬라이스하거나 세로로 등분하는 도구.

COUPE-PÂTE 쿠프 파트
• 파티스리용 스크래퍼. 스테인리스로 된 넓적한 날에 손잡이가 달린 도구로 주로 반죽을 나누어 등분하는 데 사용되며 "라클루아르(racloir)"라고도 부른다.

COUPE-POMME 쿠프 폼
• 사과 커팅기, 애플 슬라이서. 사과를 세로로 등분해 자르는 도구.

COUPER 쿠페

• 자르다. 썰다. 동의어로는 시즐레(ciseler), 데 타이에(détailler), 아라제(araser), 에갈리제 (égaliser), 타이예(tailler), 트랑셰(trancher), 데 비테(débiter), 콩카세(concasser) 등이 있다.

COUPE-RADIS 쿠프 라디

• 래디시 커터. 래디시를 손쉽게 꽃 모양으로 잘라주는 도구.

COUPERET 쿠프레

• 클리버 나이프. 날이 직사각형으로 넓고 두 꺼운 칼로 뼈를 토막치는 데 주로 사용한다. 쾨이유(feuille) 또는 쿠토 파트(couteau pattes) 라고도 부른다.

COURONNE (DRESSER EN)
(드레세 앙) 쿠론

• 요리를 서빙용 플레이트에 담을 때 가운데 를 비워두고 왕관 모양으로 빙 둘러 놓는 방 식. 또는 사바랭 몰드에 재료를 넣어 익힌 다 음 둥글게 플레이팅하는 방식을 뜻한다. 중앙 에는 다른 음식을 채워 넣는다.

• 양갈비의 살이 바깥쪽으로 나오도록 하여 왕 관 모양으로 둥글게 돌려 실로 묶어 굽는 방법.

COURT-BOUILLON
쿠르 부이용 (아래 사진 참조)

• 생선이나 갑각류 해산물을 데칠 때 사용하 는 익힘물. 물에 화이트와인(또는 식초), 당근, 양파와 부케가르니 등의 향신재료를 넣어 만 든다. 흰색 내장류를 삶아 익힐 때도 사용된다.

• 시중에서 판매되는 건조 고형 큐브로 된 쿠 르부이용까지 포함함 지칭하기도 한다.

COURT-MOUILLEMENT (CUIRE À)
(퀴르 아) 쿠르 무이유망

• 생선 필레(또는 토막 낸 생선살)를 생선용 플레 이트나 바트에 놓고 자작하게 국물을 잡아 오 븐에 익히는 방법. 버터를 바른 바트에 잘게 썬 샬롯을 깔고 생선을 놓는다. 소금과 후추로 간 을 한 다음 화이트와인과 생선 육수를 자작하 게 부어 익힌다. 이렇게 익힌 생선의 즙은 화이 트와인 소스를 만드는 데 사용된다.

COUSCOUS 쿠스쿠스

• 듀럼밀 세몰리나를 베이스로 한 알제리, 모 로코, 튀니지의 전통 아랍 요리. 세몰리나를 증기에 쪄서 국물과 함께 서빙하며 다양한 채 소와 고기 등을 곁들인다. 최근에는 요리 테 크닉의 명칭으로도 통용되며, 일반 쿠스쿠스

채소 육수 쿠르부이용(court-bouillon)에 레몬 껍질 제스트를 넣어 마무리하고 있는 모습.

이외에도 "쿠스쿠스 스타일(en couscous, à la façon couscous)"의 레시피가 많이 등장한다.
• 일반적으로 세몰리나(semoule) 알갱이를 총칭한다.

COUSCOUSSIER 쿠스쿠시에
• 쿠스쿠스용 전용 찜기. 물을 끓이는 아랫 냄비에 찜기로 된 윗부분을 끼워 얹어 쓸 수 있도록 2단으로 연결된 형태로, 뚜껑이 있다.

COUTEAU 쿠토
• 칼, 나이프.
– 새먼 나이프. 날에 올록볼록 홈이 있는 연어용 칼(couteau alvéolé 쿠토 알베올레): 가늘고 긴 날의 이 칼은 주로 훈제 연어를 얇게 슬라이스하는 데 사용한다.
– 부처스 나이프(couteau de boucher 쿠토 드 부셰): 주로 고기의 뼈와 살을 자르거나 두드리는 용도의 칼로 날이 넓적하고 클리버 나이프를 지칭한다.
– 셰프 나이프(couteau de chef 쿠토 드 셰프): 날의 길이가 20~30cm인 다목적용 기본 칼.
– 톱니형 날이 달린 칼(couteau cranté 쿠토 크랑테): 과일이나 채소를 톱니 모양으로 자를 때 사용한다.
– 보닝 나이프(couteau à désosser 쿠토 아 데조세): 고기의 뼈를 발라내는 칼로 날의 길이가 짧다(13cm).
– 쿠토 에맹쇠르(couteau éminceur): 셰프 나이프를 지칭하며, 길고 튼튼한 날을 갖고 있다. 다목적 썰기용으로 두루 쓰이는 칼이다.
– 생선용 필레 나이프(couteau filet de sole 쿠토 필레 드 솔): 생선의 필레를 뜨거나 얇게 자르는 데 편리하도록 날이 살짝 휘는 탄성을 가진 생선 전용 칼.
– 치즈 나이프(couteau à fromage 쿠토 아 프로마주): 치즈를 자르는 칼로 날의 끝이 휘어 올라가 있으며 칼끝은 두 개의 집게 모양을 하고

있다.
– 굴 전용 칼. 오이스터 나이프(couteau à huitres 쿠토 아 위트르): 굴 껍데기를 까는 전용 칼로 날이 짧고 날카롭지 않다. 랑세트(lancette)라고도 부른다.
– 햄 나이프(couteau à jambon, tranche lard 쿠토 아 장봉, 트랑슈 라르): 납작하고 넓은 슬라이스를 자를 때 사용한다(프로슈토 또는 훈제 햄 등).
– 페어링 나이프(couteau d'office 쿠토 도피스): 다목적용 소형 칼로 주방에서 기본적으로 갖추어야 하는 도구다. 과일이나 채소의 껍질 벗기기를 비롯하여 주방에서 필요한 모든 과정에 아주 유용하다.
– 자몽 나이프(couteau à pamplemousse 쿠토 아 팡플르무스): 칼날에 작은 톱니가 있으며, 시트러스 과일이나 멜론의 과육을 잘라낼 때 사용한다.
– 쿠토 아 세녜(couteau à saigner): 날 끝이 뾰족하고 단단한 기본 칼로 날의 길이는 17cm짜리가 가장 많이 쓰인다.
– 빵 나이프(couteau scie, couteau à pain 쿠토 시, 쿠토 아 팽): 햄 또는 식빵 등 넓은 단면의 음식을 자르는 데 편리한 칼로 톱니 날로 되어 있다. 파인애플을 써는 데도 효과적이며, 이 칼은 절대 갈지 않는다.
– 태국 나이프, 채소 조각도(couteau thai): 전통적 조각칼과 비슷한 형태로 채소를 아주 정교하게 모양 내 조각할 때 사용한다.
이 밖에도 껍질을 벗기는 전용 칼(couteau à peler, épulcheur), 피자용 칼(couteau à pizza), 모양을 내어 돌려깎기에 적합한 샤토 나이프(couteau à tourner), 칼집을 내어 벌려주는 칼(fendeur), 버터 나이프(tartineur), 생선 전문가용 칼(couteau de poissonnier), 초벌작업용 조각칼(ébauchoir), 테이블용 나이프(couteau de table), 스테이크 나이프(couteau steak), 사과 속 제거용 칼(vide-pommes) 등 용도에 따라 다양한 종류가 있다.

COUVERCLE 쿠베르클
• 뚜껑. 냄비나 기타 주방용 용기의 뚜껑을 가리키며, 재료를 익히는 도중 밖으로 튀거나 수분이 증발하는 것을 막아준다. 일반적으로 손잡이가 달린 납작한 형태이지만, 경우에 따라 둥글고 우묵한 모양도 있는데 이는 조리중 생기는 수분을 다시 용기 안으로 모아 떨어지게 하는 효과가 있다.

COUVERT 쿠베르
• 손님이 사용하도록 테이블에 놓이는 모든 집기(접시, 와인 잔과 물잔, 포크, 나이프, 스푼 등의 커틀러리)를 총칭하는 말.
• 레스토랑에서는 손님의 인원수를 뜻하기도 한다.

COUVERT (CUIRE À) (퀴르 아) 쿠베르
• 소스의 향과 수분이 날아가지 않도록 요리를 익힐 때 용기의 뚜껑을 덮고 끓이는 방법.

COUVERTURE 쿠베르튀르
• 커버처 초콜릿. 카카오 버터가 풍부한 양질의 초콜릿으로 다양한 파티스리에 사용된다. 파티스리에 초콜릿을 씌울 때 사용하거나 몰드에 넣어 다양한 모양의 초콜릿 봉봉을 만든다.

• 【옛】크림에 향을 더하기 위해 넣는 재료 (couverture de saveur).

COUVRIR 쿠브리르 (아래 사진 참조)
• 용기에 뚜껑을 씌우다.

CRAPODINE (EN) (앙) 크라포딘
• 비둘기, 메추리 또는 닭을 반으로 갈라 넓게 벌린 후 납작하게 눌러 조리하는 방법.

CRÉCY (À LA) (아 라) 크레시
• 일반적으로 당근이 들어간 요리나 당근이 함께 서빙되는 요리를 가리키며, 주로 당근 퓌레 형태로 많이 사용된다. 크레시는 프랑스 북부 피카르디 지방의 도시이며 당근 재배로 유명하다.
• 잘게 썬(brunoise) 당근을 넣어 만든 감자, 당근 파르망티에.

CRÈME 크렘
• 크림 수프나 블루테는 흰색 송아지 육수, 닭 육수 또는 생선 육수를 베이스로 하고 여기에 흰색 루(roux blanc)나 쌀 크림 또는 옥수수 크림 등을 넣어 농도를 맞춘 것이다. 최종 리에종 재료로는 생크림이나 달걀노른자, 블루테 크림이 사용된다(걸쭉한 농도의 리에종).

냄비 뚜껑을 닫고(couvrir) 조개를 익혀 껍질이 벌어지게 한다.

C

• 유제품으로서의 크림은 다양한 종류로 구분된다. 풀 크림(crème entière), 저지방 크림(demi-écrémée), 더블 크림(double-crème), 마스카르포네(mascarpone), 비멸균 생우유 크림(crème crue), 저온 살균한 우유 크림(pasteurisée), 초고온 살균 우유 크림(UHT) 등이 있다.

CRÈME AIGRE OU ACIDE
크렘 에그르, 크렘 아시드

• 러시아의 스미탄 크림(crème smitane) 혹은 영국의 사워 크림(sour cream)을 프랑스어로는 크렘 에그르 또는 크렘 아시드(모두 신맛의 크림이라는 뜻)라고 하는데, 이는 보관상의 어려움으로 흔히 상점에서 구하기 쉽지 않다. 전통적으로 청어, 속을 채운 양배추 말이나 슈크루트(choucroute)에 곁들여 먹는다. 어떤 이들은 롤몹스(rollmops: 식초, 와인 및 향신료에 절인 청어에 양파, 오이 피클을 넣고 감싼 독일 요리)에 곁들이거나, 블리니(blinis: 밀가루와 메밀가루를 넣고 얇게 부친 러시아식 팬케이크)에 발라 먹기도 하며, 레몬을 뿌려 산미를 더한다.

CRÈME ANGLAISE
크렘 앙글레즈 (다음 페이지 과정 설명 참조)

• 커스터드 크림. 달걀노른자, 설탕, 우유, 바닐라를 혼합해 82℃까지 익혀 만든 크림으로 전분은 들어가지 않으며, 그 농도는 숟가락으로 떴을 때 뒷면에 흐르지 않고 묻는 정도가 되어야한다. 바닐라 향이 나는 이 크림은 아이스크림의 베이스가 되며 다양한 디저트에 사용된다.

CRÈME AU BEURRE 크렘 오 뵈르

• 버터 크림. 버터, 설탕, 달걀에 향을 넣고 혼합한 진한 농도의 에멀전 크림. 좋은 질의 버터와 신선한 달걀을 사용하는 것이 관건이다. 케이크 시트 사이에 발라 넣거나 표면을 씌운다. 모카케이크가 대표적이다.

CRÈME D'AMANDE
크렘 다망드 (p.76 과정 설명 참조)

• 아몬드 크림. 버터, 설탕, 아몬드 가루, 달걀을 동량으로 넣고 차갑게 혼합해 만든 크림. 럼으로 향을 더하기도 하는 이 크림은 파이 등의 반죽 속을 채워 넣는 용도로 쓰인다(예: 갈레트 데 루아 galette des rois, 피티비에 pithiviers, 타르트 부르달루 tarte bourdaloue).

CRÈME FLEURETTE 크렘 플뢰레트

• 휘핑 크림(초고온 살균 액체 크림)은 유지방 함량 12~30%이며 생크림(crème fraîche)과 비슷한 용도로 쓰인다.

CRÈME FOUETTÉE 크렘 푸에테

• 휘핑하여 크렘 샹티이(crème Chantilly)를 만드는 데 사용되는 크림, 또는 휘핑한 크림. 자당 15%와 인공 향료, 안정제 및 우유에서 추출한 질소질 유기물(protides)이 첨가되어 있다. 가스 스프레이 타입으로 눌러 짜 사용하는 휩드 크림(whipped cream)도 이 종류의 하나인데, 여기에는 안정제(스태빌라이저)가 거의 들어 있지 않다.

CRÈME FRAÎCHE 크렘 프레슈

• 생크림. 유지방 함유량이 30~40%인 프레시 크림. "크렘 프레슈"라는 명칭은 비멸균 생크림 또는 저온 살균한(pasteurisé) 크림이라는 의미를 내포하고 있다. 일반 고온살균한(stérilisé) 크림에는 이 이름을 붙일 수 없다. 또한 크렘 프레슈는 언제나 저온 살균한 당일 내에 포장된다. 가장 유명한 것은 이지니(Isigny)의 생크림으로 AOC(원산지 명칭 보호) 인증을 받았다. 모든 크렘 프레슈의 장점은 거품기로 휘저어 거품을 올리기 적합하다는 점이며, 공기를 불어넣어 줌으로써 부피를 늘릴 수 있게 된다(foisonnement 참조).

크렘 앙글레즈

CRÈME ANGLAISE

커스터드 크림 500g 분량

재료

끓는 우유 340g
달걀노른자 75g
설탕 100g
바닐라 빈 줄기 ½개

도구

믹싱볼
거품기
소스팬

• 1 •

믹싱볼에 설탕과 달걀노른자를 넣고
혼합물이 흰색이 될 때까지
거품기로 힘껏 저어 섞는다.

• 3 •

혼합물을 우유를 끓인 냄비에 다시 붓는다

· 2 ·

끓는 우유를 조금만 부어 잘 섞는다.

· 4 ·

불 위에서 나무 주걱으로 잘 저으며 섞는다
(vanner 참조. p. 276).

· 5 ·

주걱에 묻힌 후 손가락으로 긁었을 때 흐르지 않고
그대로 자국이 남는 농도(à la nappe 참조 p. 190)가
될 때까지(83~85℃) 저으며 익힌 다음,
재빨리 얼음 위에서 식힌다
(크림을 볼에 옮겨 붓고 볼을 얼음 위에 놓아 식힌다).

크렘 다망드

CRÈME D'AMANDE

아몬드 크림 500g 분량

재료

설탕 125g
상온의 포마드 버터 125g
아몬드 가루 125g
달걀 125g
바닐라 빈 또는 럼 4g

도구

전동 스탠드 믹서 + 휩(거품기)

· 1 ·
믹서의 볼에 설탕과
상온에서 부드러워진 포마드 버터를 넣는다

· 4 ·
냉장고에서 미리 꺼내 상온에 둔(25~30℃) 달걀
조금씩 넣어준다.

• 2 •
바닐라 빈을 넣어 섞는다.

• 3 •
아몬드 가루를 넣어 섞는다.

• 5 •
를 붓고 믹서기를 돌려 혼합물을 잘 섞어준다.

• 6 •
완성된 크림은 밝은 색을 띤
가벼운 에멀전 상태가 되어야 한다.

CRÈME LÉGÈRE 크렘 레제르
• 라이트 크림. 저지방 크림. 유지방 함량이
12% 이하인 크림을 뜻하며, 농도에 따라 걸쭉
한 것과 액상인 것, 살균 방식에 따라 저온 살
균 또는 고온 살균한 것 등이 있다.

CRÈME PÂTISSIÈRE
크렘 파티시에르 (다음 페이지 과정 설명 참조)
• 크렘 파티시에르는 달걀, 설탕, 밀가루나 커
스터드 분말, 그리고 우유를 베이스로 만드는
걸쭉한 농도의 커스터드 크림이다. 100℃까
지 끓여 익힌 이 크림은 농도가 진하고 부드
러우며 주로 타르트 바닥에 채우거나, 케이크
또는 프티 푸르 등에 사용된다.

CRÈMER 크레메
• 설탕과 상온의 포마드 버터를 혼합하다.
"크레메 아 라 푀이유(crémer à la feuille)"는 전
동 스탠드 믹서에 나뭇잎 모양의 플랫비터
(feuille)를 장착하고 재료를 혼합해 크림화한
다는 뜻이다.

CRÊPIÈRE 크레피에르
• 크레프를 굽는 납작한 팬(galettière 참조). 테
이블에 직접 놓고 사용할 수 있는 전기나 가
스를 이용한 크레프 팬도 있다.

CRÉPINAGE 크레피나주
• 크레핀으로 감싸기.

CRÉPINE 크레핀
• 정육용 동물의 위장을 덮어 둘러싸고 있는
기름진 막. 쿠아프(coiffe), 투알레트(toilette),
페리투안(péritoine)으로도 불리며, 일반적으
로 돼지의 크레핀을 많이 사용한다.

CRÉPINETTE 크레피네트
• 돼지, 양, 송아지고기 다짐육 등을 크레핀으
로 감싸 납작한 소시지처럼 만드는 요리.

CRÉPINETTE (EN) (양) 크레피네트
• 양, 송아지, 돼지 등의 크레핀으로 소 재료를
감싸 소시지처럼 만드는 요리. 샤랑트 마리팀
(Charente-Maritime) 지방에서는 종종 굴과 곁
들여 먹기도 한다.

CREVER (FAIRE) (페르) 크르베
• 쌀의 전분기를 제거하기 위해 찬물을 붓고
끓여, 끓기 시작하면 바로 건진다(faire crever
le riz).
• 라이스 푸딩(riz au lait)을 만들 때 흔히 사용하
는 방법으로, 쌀을 끓는 물에 2~3분 담가 전분
을 제거한 다음 푸딩을 만들면 더 효과적이다.

CRIBLER 크리블레
• 선별하다. 고르다. 체에 거르다. 마른 콩류나
견과류를 굵은 체에 걸러 크기별로 구분하는
방법.

CRISTALLISER 크리스탈리제
• 초콜릿이나 가나슈를 상온에 두어 굳히다.
• 과일이나 당과류에 설탕을 묻히거나 설탕 시
럽 등을 입히다(déguiser 참조).

CROMESQUIS 크로메스키
• 밀가루, 달걀, 빵가루를 입혀 겉은 바삭하고
속은 말랑하게 튀긴 작은 크로켓.
1980년대에 셰프 마크 므노(Marc Meneau)가
이 레시피를 응용하여 푸아그라, 트러플 즙,
포트와인으로 만든 소에 튀김옷을 세 번 입
힌 뒤 튀겨서 뜨겁게 서빙하였다. 입안에서 터
지는 맛이 일품이었으며 이는 마치 크리스마
스 초콜릿과도 같았다. 최근엔 고기, 치즈, 채
소, 생선 등 다양한 재료를 사용하여 만든다.

CROQUE AU SEL (À LA)
(아 라) 크로크 오 셀
• 토마토 등의 생채소에 소금으로만 간해서 먹는 방법.

CROSSE 크로스
• 소나 송아지의 도가니. 돼지 뒷다리로 만든 하몽이나 햄의 발쪽에 가까운 부위를 지칭한다.

CROUSTADE 크루스타드
• 빵 조각이나 크러스트를 버터나 기름에 튀긴 것.
• 크루스타드. 파트 푀유테 등의 반죽에 소를 넣지 않고 크러스트만 구운 것. 그 안에 생선, 고기 등 다양한 소를 넣어 더운 오르되브르로 서빙한다.

CROUSTADINE 크루스타딘
• 푀유타주 등 남은 반죽 조각으로 만든 미니 크루스타드.

CROÛTE (EN) (앙) 크루트
• 파테 앙 크루트(pâté en croûte): 파테를 파트 푀유테나 파트 브리제로 감싸서 오븐에 구운 샤퀴트리 요리.
• 소고기 안심, 필레 미뇽, 연어 등을 페이스트리 등의 반죽으로 감싸 굽는 조리법.

CROÛTE DE SEL (EN)
(앙) 크루트 드 셀
• 농어, 도미 등의 생선을 굵은 소금으로 감싸 덮어 익히는 조리법. 닭이나 셀러리악 등의 채소를 통째로 익히는 데 이 조리법을 사용하기도 한다.

CROÛTÉ 크루테
• 표면에 크러스트가 형성된 상태.

CROÛTER / CROUTÂGE
크루테 / 크루타주
• 준비한 혼합물을 상온에 휴지시켜 표면을 건조시키다, 굳히다(예: 마카롱).
• 공기 접촉으로 산화되어 표면이 굳어지는 현상.

CROÛTONNER 크루토네
• 수프나 요리 등에 크루통을 얹다.

CRU (À) (아) 크뤼
• 익히지 않은 날것 상태. 예를 들어 생닭을 토막 낼 때 "데쿠페 아 크뤼(découper à cru)"라고 한다.

CRUCHE 크뤼슈
• 전통적으로 토기로 만든 물병이나 물 단지를 뜻하며, 카라프(carafe)라고도 한다.

CRUDITÉS 크뤼디테
• 오르되브르로 서빙하는 생채소(예: 채 썬 당근, 채소 스틱 등).

CUBE (EN) (앙) 퀴브
• 채소 등의 식재료를 정육면체 모양으로 자른 것(mirepoix, macédoine, brunoise 참조).

CUIDITÉS 퀴디테
• 익힌 채소 오르되브르(예: 아티초크)

CUILLÈRE (À LA) (아 라) 퀴예르
• 비스퀴 아 라 퀴예르: 비스퀴 퀴예르라고도 부르며 설탕을 뿌린 길쭉한 모양의 과자를 가리킨다(boudoir). 특히 샤를로트(charlotte)를 만들 때 많이 사용한다.
• 아주 오랜 시간 푹 익혀서 스푼(cuillère)만으로도 잘라 먹을 수 있을 정도로 연한 고기를 일컬을 때 쓰는 말.

크렘
파티시에르

CRÈME PÂTISSIÈRE

크렘 파티시에르 500g 분량

재료

달걀 120g
설탕 60g
커스터드 분말 또는 옥수수 전분 30g
끓는 우유 300g

도구

거품기
키친랩
소스팬, 작은 냄비
믹싱볼

· 1 ·
달걀과 설탕을 볼에 넣는다.

· 4 ·
혼합물을 냄비에 다시 붓는다.

· 6 ·
1~2분간 끓이면서 계속 세게 저어준다.

· 7 ·
크림이 매끈하고 되직한 농도가 되어야 한ㄷ

· 2 ·

을이 흰색이 될 때까지 거품기로 잘 저어 섞는다.
커스터드 분말을 넣는다.

· 3 ·

끓는 우유를 혼합물에 조금만 부어 잘 섞는다.

· 5 ·

거품기로 잘 섞으면서 가열한다.

— 포 커 스 —

익힐 때 계속해서 잘 저어 섞어주어야
크림이 타지 않는다.

· 8 ·

겨 담고 랩을 크림의 표면에 밀착시켜 덮은 후,
냉장고에 넣어 식힌다.

CUILLÈRE (OU CUILLER)
퀴예르
• 스푼. 숟가락. 용도에 따라 수프용 스푼, 티스
푼, 모카 스푼, 디저트용 스푼, 스튜용 스푼, 소
스용 스푼 등 그 종류가 다양하다.

CUILLÈRE À POMME
(OU CUILLÈRE PARISIENNE
OU CUILLÈRE À BOULE
PARISIENNE
OU CUILLÈRE À RACINE)
퀴예르 아 폼 (아래 사진 참조)
• 멜론 볼러. 채소나 과일 등의 살을 동그란 볼
모양으로 도려내는 도구. 채소나 과일의 살 또
는 껍질을 잘라내 동그란 무늬를 낼 때도 사
용한다.

CUILLÈRE À POT 퀴예르 아 포
• 냄비용 숟가락이라는 뜻으로 국자를 의미
한다.

CUILLERÉE 퀴예레
• 한 스푼만큼의 분량(테이블스푼, 또는 티스푼).

CUIRE 퀴르
(FAIRE, LASSER, METTRE À)
(FAIRE CUIRE 익히다
LASSER CUIRE 익도록 놔두다
METTRE À 익히기 시작하다)
• 익히다. 끓여 익히다. 음식을 익히는 방법은
매우 다양하다.
− 퀴르 아 랑글레즈(cuire à l'anglaise): 끓는 물
에 익히기. 소금을 넣은 끓는 물에 재료를 익
히는 방법(anglaise 참조).
−퀴르 아 바스 탕페라튀르(cuire à basse tempé-
rature): 저온에서 익히기. 퀴송 리브르(cuisson
libre)라고도 한다(cuire sous-vide 참조).
− 퀴르 아 블랑(cuire à blanc): 타르트 크러스트
에 속 내용물을 넣지 않고, 유산지를 깐 다음 콩
이나 베이킹용 누름돌을 얹어 미리 굽는 방법.
− 퀴르 아 라 클로크(cuire à la cloque): 약한 불
에 아주 약하게 끓이는 방법(bouillon 참조).
− 퀴르 아 라 퀴예르(cuire à la cuillère): 오랜 시
간 천천히 익혀 스푼만을 사용해서 고기를 잘
라 먹을 수 있을 정도로 연하게 조리하는 방
법(예: 오븐에서 7시간 익힌 양 뒷다리 요리 gigot de
7 heures)(cuillère(à la) 참조).
− 퀴르 아 레투페 또는 레튀베(cuire à l'étouffée,
à l'étuvée): 뚜껑을 닫고 찌듯이 익히는 방법
(étouffée 참조).

멜론 볼러(cuillère à pomme)를 사용하여 주키니 호박을 동글게 도려내는 모습.

– 퀴르 아 퓌 뉘(cuire à feu nu): 직화로 익히는 방법. 불꽃의 열에 직접 구워 익힌다.

– 퀴르 오 푸르(cuire au four): 오븐에 익히는 방법.

– 퀴르 아 라 구트 도(cuire à la goutte d'eau): 【옛】 물방울이 생길 때까지 익힌다는 의미의 이 방법은 과거에 생선을 익힐 때 사용하던 표현으로 생선살 위에 구슬 모양의 흰색 흔적이 나타날 때까지 익힌다는 뜻이다.

– 퀴르 아 그랑드 프리튀르(cuire à grande friture): 뜨거운 기름에 넣어 튀기기.

– 퀴르 오 그라(cuire au gras): 기름을 넣고 익히기.

– 퀴르 오 매그르(cuire au maigre): 기름을 최소화하여 익히기. 예를 들어 생선 필레에 버터를 아주 조금만 넣고 오븐에 굽기.

– 퀴르 아 라 나주(cuire à la nage): 생선이나 랍스터 등 갑각류의 해산물을 쿠르부이용(court-bouillon)에 넣어 익히는 조리법.

– 퀴르 아 라 나프(cuire à la nappe): 크림이나 소스 등을 소스팬에서 계속 저어주면서 가열해, 주걱으로 떠올렸을 때 흐르지 않고 묻어 있는 농도가 될 때까지 익히는 방법. 주걱에 묻은 소스를 손가락으로 긁었을 때 그대로 자국이 남는 상태가 되어야 한다.

– 퀴르 아 섹(cuire à sec): 설탕에 물을 섞지 않고 가열해 캐러멜을 만드는 방법.

– 퀴르 수비드(cuire sous vide): 재료를 진공포장 비닐에 넣고 수비드 기계를 사용해 설정해 놓은 저온에서 조리하는 방법.

– 퀴르 오 토르숑(cuire au torchon): 토르숑은 행주를 뜻하는 단어로, 재료를 깨끗한 행주나 면포에 싸서 그대로 액체에 넣어 익힌 뒤 꺼내는 조리법을 말한다.

CUISEUR VAPEUR 퀴죄르 바푀르
• 전기 스팀기. 증기를 이용해 찌는 가전제품으로 비타민 파괴를 최소화하면서 채소를 아삭하게 찌거나, 고기를 연하게 익힐 수 있다.

CUISSON 퀴송
(CUIRE의 여러 가지 익히는 방법 참조)
• 음식을 익히는 행위. 혹은 익은 상태, 익힘 정도.
• 재료를 익혀서 나온 즙이나 액체를 지칭할 때도 쓰인다. 예를 들어 버섯에 물과 레몬즙 소금, 버터를 넣고 익혀 나온 즙을 퀴송 아 블랑 데 샹피뇽(cuisson à blanc des champignons)이라고 한다.

CUISSON SUR COFFRE
퀴송 쉬르 코프르
• 가금류의 흉곽(coffre) 쪽이 아래로 가도록 하여 익히거나 서빙하는 방법. 흉곽은 가슴 안심살, 용골뼈, 갈비뼈와 껍질이 포함된 부분이다.

CUIVRE 퀴브르
• 구리로 된 소스팬이나 냄비류를 총칭하는 단어로 안쪽은 주로 스테인리스나 주석 코팅이 되어 있다. 손잡이가 무쇠나 스테인리스로 된 것들도 종종 눈에 띈다.

CUL-DE-POULE 퀴드풀
• 반구형으로 밑이 둥근 스테인리스 볼. 달걀 흰자나 크림을 휘핑하여 거품을 내거나 마요

네즈 등의 소스를 혼합할 때 많이 사용된다.

CULOTTÉ 퀼로테
• 재료가 거무스름하게 탄 것을 의미하며, 브륄레(brûlé)와 같은 뜻이다. 탄 음식 또는 타서 음식이 눌어붙은 냄비를 모두 지칭한다.

CURETTE À CRUSTACÉS
퀴레트 아 크뤼스타세
• 게살 포크. 게 또는 랍스터 등 갑각류 해산물의 살을 발라내기 위한 길고 뾰족한 도구.

CURRY 퀴리
• 커리. 카레. 이 단어의 어원은 카리(kari, cari)이며 오랫동안 뭉근히 끓인 라구(ragoût) 또는 스튜를 의미한다.

• 프랑스에서 커리가루는 마른 붉은 고추, 코리앤더 씨, 큐민 씨, 머스터드 씨, 검은 통후추, 호로파(fenugrec 약용으로 쓰이는 콩과 식물). 신선한 커리 잎(Kaloupilé 나무 잎), 그리고 강황이 들어간 향신료 믹스를 말한다. 하지만 인도 요리에서의 커리는 수많은 조합의 믹스가 존재하며, 훌륭한 인도 요리사는 우선 향신료를 잘 혼합할 줄 알아야 한다고 흔히들 이야기한다.

CUTTER-ÉMULSIONNEUR
퀴테르 에뮐시오뇌르
• 푸드 프로세서. 채소 분쇄기 등의 기능이 있는 로보쿠프(robot-coupe)와 비슷하며 플라스틱 또는 스테인리스로 된 믹싱볼이 장착되어 있다. 재료를 넣고 갈아서 혼합하는 데 유용하게 쓰인다.

DALLES 달
• 【옛】 생선의 머리와 꼬리 사이의 몸통 살 부분을 토막낸 것.

DARIOLE 다리올
• 플랑(flan)이나 작은 케이크 등을 만드는 몰드, 또는 그 틀에 익힌 음식.

DARNE 다른
• 날생선을 가시의 방향과 직각으로 자른 둥근 토막.

DARTOIS 다르투아
• 두 장의 긴 직사각형 퍼유타주 반죽 사이에 달콤하거나 짭짤한 소를 채워 넣은 것으로, 오르되브르로 서빙되거나 또는 파티스리에서 사용된다.

DAUBE 도브
• 고기나 닭, 생선, 채소 등을 넣고 스튜처럼 끓이는 조리법(cuire en daube).
• 도브는 다른 설명이 없으면 일반적으로 와인을 넣은 소고기 스튜를 뜻한다. 프랑스 남부의 대표적인 요리로 남불 오크어로는 가르디앙(gardian)이라고 불린다.

DAUBIÈRE 도비에르
• 도브를 끓이는 용기. 토기, 무쇠나 구리로 된 직사각형 모양으로, 깊이가 있으며 가장자리가 살짝 올라간 뚜껑이 있다. 오랜 시간 뭉근히 익히는 요리에 많이 사용한다.

DÉ (EN) (앙) 데
• 주사위 모양. 큐브 모양. 깍둑썰기. 채소를 써는 방법 중 하나.

DÉBARDER 데바르데
• 닭이나 고기를 익힐 때 겉을 감쌌던 얇은 라드 비계(barde)를 제거하다.

DÉBARRASSER 데바라세
• 만들어 놓은 준비 재료, 또는 혼합물 등을 식히거나 잠시 보관할 목적으로 바트나 볼에 옮겨놓다.
• 치우다. 사용한 주방도구를 정리하다(débarrasser une mise en place).
• 식사한 테이블의 그릇을 치우다(débarrasser une table, desservir).

DÉBITER 데비테
• 썰다, 자르다. 양의 부위를 따라 자르다(débiter un agneau).
• 닭을 가위로 작게 자르다(débiter une volaille).
• 일반적으로 큐브 형태나 동그란 모양 등으로 자른다는 뜻으로 쓰인다.

DÉBRIDER 데브리데
• 닭이나 수렵육 조류 등을 실로 묶어 조리한 후, 묶었던 실을 풀어 제거하다.

DÉBROCHER 데브로셰
• 고기 등을 꿰어 익힌 꼬챙이를 제거하다.

DÉCANTER 데캉테
• 조리를 한 후 향신용으로 넣었던 부케가르니 등의 재료를 건져내다.
• 버터를 녹일 때 뜨는 거품과 유당을 제거하여 맑은 정제 버터만 따라내다.
• 스튜 등의 국물이 있는 요리에서 건더기 고기를 건져두다.
• 와인을 디캔팅하다(décanter un vin). 올드 빈티지 와인에 생긴 불순물을 제거하기 위하여 가라앉힌 후 디캔터에 따라 분리하다. 제조한

지 얼마 안 된 어린 와인의 향을 살리기 위하여 디캔터에 옮겨 브리딩(aération)하기도 한다.

DÉCERCLER 데세르클레
• 파티스리에서 타르트 등의 원형틀이나 무스링을 제거하다.

DÉCHARNER 데샤르네
• 고기나 닭의 뼈, 껍질에 붙은 살을 떼어내다. 혹은 생선의 가시 뼈에 붙은 살을 떼어내다.

DÉCOCTION 데콕시옹
• 달이기. 향신용 식물, 채소, 육류 등을 물에 넣고 필요한 풍미나 성질을 끌어내기 위해 끓여 달인다.

DÉCONGELER 데콩즐레
• 얼리기 이전의 상태로 해동하다.

DÉCOQUILLER
데코키예 (아래 사진 참조)
• 조개류의 껍데기를 벗기다.

DÉCORTIQUER 데코르티케
• 갑각류의 껍데기를 까다. 견과류의 단단한 껍데기를 제거하다. 과일 껍질을 벗긴다는 의미까지 넓게 사용되기도 한다.

DÉCOUENNER 데쿠아네
• 돼지고기나 햄의 라드 껍질 부분을 잘라내다.

DÉCOUPER 데쿠페
• 썰다, 자르다. débiter. tailler.

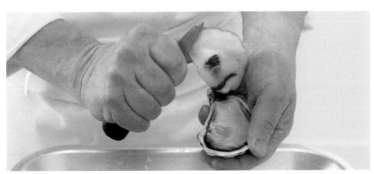

굴의 껍데기를 까는 모습(décoquiller une huître).

DÉCOUPOIR 데쿠푸아르

• 다양한 크기와 모양의 커팅 틀(emporte pièce 참조). 일반 요리나 파티스리의 반죽 장식 등에 필요한 모양을 찍어내는 데 유용하다.

DÉCOURONNER 데쿠로네

• 과일의 꼭지가 달린 윗부분을 잘라내다. 멜론 등을 자를 때 윗부분을 이렇게 미리 잘라낸다.

DÉCOUVERT (CUIRE À)
(퀴르) 아 데쿠베르

• 뚜껑을 닫지 않은 상태로 끓이다, 익히다.

DÉCOUVRIR 데쿠브리르

• 냄비 등의 뚜껑을 열다.

DÉCROÛTER 데크루테

• 빵이나 치즈 등의 크러스트, 외피를 잘라내다.

DÉCUIRE 데퀴르

• 시럽이나 잼, 또는 캐러멜 등을 끓일 때 물이나 다른 액체를 넣어 온도를 낮추고 농도를 희석해주다.
• 캐러멜을 끓이다가 크림을 넣어 더 이상 익는 것을 중단시킨다.

DÉFIBRER 데피브레

• 채소의 섬유질을 제거하다.

DÉFICELER 데피슬레

• 로스트 치킨이나 고기를 묶었던 주방용 실을 풀어 제거하다.

DÉFIÉLER 데피엘레

• 닭 간의 녹색이 도는 부분을 잘라내다.

DÉFIGER 데피제

• 굳은 재료를 녹여 액체화하다.

DÉFOURNER 데푸르네

• 오븐에서 꺼내다. 반대말은 앙푸르네 (enfourner: 오븐에 넣다).

DÉGAZER 데가제

• 가스를 빼다. 1차 발효로 부푼 반죽을 다시 눌러 공기가 빠져나가게 한다.

DÉGERMER 데제르메

• 마늘 싹을 제거하다. 마늘을 반으로 잘라 그 안에 있는 싹을 제거한다.

DÉGLACER / DÉGLAÇAGE
데글라세 / 데글라사주

• 디글레이즈, 디글레이징. 조리 중에 팬에 눌어붙어 캐러멜라이즈화한 육즙에 액체(화이트와인, 레드와인, 코냑, 마데이라와인, 포트와인 또는 육수, 식초 등)를 넣고 불려 녹이는 것. 이를 활용해 소스를 만드는 데 사용한다.
• 퐁당(슈거 페이스트)의 표면에 굳은 설탕층의 얇은 막을 뜨거운 물로 녹이다.

DÉGORGER
(FAIRE, LAISSER, METTE À) /
DÉGORGEMENT
데고르제 / 데고르주망
- 고기나 생선을 찬물에 담가 두어 피 또는 불
순물을 제거하다.
- 오이, 양배추 등의 채소를 소금에 절여 수분
이 빠져나오게 하다. 식용 달팽이에 소금을 뿌
려 절여 점액질이 빠져나오게 하다.
- 루바브 등의 과일에 설탕을 뿌려 절여 수분
이 빠져나오게 하다.
- 조개류를 넉넉한 소금물에 몇 시간 담가두
어 해감시키다.
- 굴을 깔 때 맨 처음 흘러나오는 물을 제거
하다.

DÉGOURDIR (FAIRE, METTRE À)
데구르디르
- 사용하기 적합한 텍스처나 온도를 만들기 위
해 재료를 냉장고에서 미리 꺼내 상온에 두다.
예를 들어 파트 퓌유테 반죽을 미리 꺼내두
어 접어 밀기 좋게 적당히 말랑한 상태로 만
들어 둔다거나, 발효 반죽(브리오슈, 사바랭 등)
을 만들기 위한 재료들을 미리 상온에 내놓
는 준비과정을 말한다. 상온으로 만든다는 뜻
으로 탕페레(tempérer)라고도 하고, 지방을 포
함한 재료의 경우는 아수피르(assoupir)라고
도 한다.

DÉGOÛT 데구
- 거부감. 먹고 싶지 않음.
- 【옛】꼬치에 고기를 꿰어 구울 때 밑에 받친
로스팅팬으로 떨어지는 육즙 또는 기름.

DÉGRAISSER 데그레세
- 육수나 소스의 표면에 뜨는 기름을 국자로
건져내다.

- 고기의 기름을 떼어내다.
- 【옛】팬에 눌어붙어 캐러멜화된 설탕에 끓
는 물을 넣어 녹이다. 과거에 사용되던 용어
로 오늘날에는 이 같은 과정을 데글라세
(déglacer)라고 한다.

DÉGRAISSIS 데그레시
- 【옛】포토푀 또는 스튜 등에서 건져내는 기
름. 고기를 팬에 지진 후 팬에 눌어 붙은 육즙
을 디글레이즈하기 전에 제거하는 기름.

DÉGUISER 데기제
- 변장하다. 모양을 변화시키다. 과일로 만든
당과류나 캔디, 캐러멜 등에 아몬드 페이스트
를 채워 넣거나, 색을 낸 퐁당 슈거(sucre
fondant 슈거 페이스트)로 입힌 것을 프뤼 데기
제(fruit déguisé)라고 한다.

DÉHOUSSER 데우세
- 닭의 모래주머니를 열어 그 안의 불순물을
제거하다.

DÉLAYER 델레예
- 음식에 액체를 넣고 차가운 상태에서 혼합
하거나 농도를 묽게 하다. 밀가루, 전분, 달걀
등의 재료에 물을 넣고 개어 섞다.

DÉLECTABLE 델렉타블르
- 아주 맛있는, 맛있는 음식.

DÉLICAT 델리카
• 맛있는 음식을 표현하는 말, 섬세하고 풍미가 있는 맛.

DÉLICIEUX 델리시유
• 아주 맛있는, 맛있는 음식. 좋은 풍미.

DÉLITER (SE) (스) 델리테
• 분해되다. 잘게 부스러지다(s'éffriter).
• 달걀흰자를 오래 두면 알부민이 분해되어(se déliter) 탄성을 잃는다.
• 채소의 살이 익히는 과정에서 약간 부스러지다.
• 냉동했다가 해동한 퓌유타주 반죽이 익히는 동안 쉽게 부서지다.

DEMI-DEUIL 드미 되이유
• 일반적으로 흰색과 검은색의 재료를 사용한 요리를 일컫는 용어. 갑각류 해산물이나 수란, 감자, 송아지 흉선, 국물에 익힌 닭 요리 등 흰색을 띠는 주재료에 검은색의 트러플을 첨가한 요리법이 주를 이루며 소스 쉬프렘을 곁들이기도 한다. 리옹의 드미 되이유 닭 요리 (poularde demi-deuil)는 이 조리법의 대표적 음식인데, 닭의 껍질과 살 사이로 얇은 트러플(송로버섯) 슬라이스를 집어넣고 닭 육수에 끓인다.

DEMI-GLACE
드미 글라스 (다음 페이지 과정 설명 참조)
• 데미글라스, 데미글라스 소스. 송아지나 소의 갈색 육수(fond brun)를 진하게 농축한 것으로 마치 젤화된 것 같은 걸쭉한 농도를 띤다.

DEMI-SEL 드미 셀
• 반가염. 반가염 버터(beurre demi-sel)는 소금 함량이 0.5~3%인 제품을 가리킨다. 또는 반염장 돼지고기(주로 앞다리살)를 뜻하며, 이를 프티 살레(petit salé)라고도 부른다.

DÉMOULER 데물레
• 몰드에서 꺼내다. 타르트 등의 파티스리류를 구워 익힌 후 틀에서 꺼내다.

DÉNERVER 데네르베
• 고기의 막이나 힘줄을 제거하다. 닭이나 칠면조의 힘줄을 제거하다. 주로 정육용 작은 칼을 이용한다.
• 푸아그라의 핏줄을 제거하다. 데베네 (déveiner)라고도 한다.

DÉNOYAUTER 데누아요테
• 씨 빼는 도구를 사용하여 과일의 살을 망가트리지 않고 씨를 빼내다(예: 체리).

DÉNOYAUTEUR 데누아요퇴르
• 체리나 올리브의 씨를 빼는 도구로 시중에서 쉽게 구할 수 있다. 이 도구가 없다면, 코르크 와인 마개에 클립을 구부려 펴 박아 넣은 다음 한쪽 클립 끝으로 체리 씨를 빼도 효과적이다.

DENT DE LOUP (COUPER EN)
(쿠페 앙) 당 드 루
• 레몬에 톱니 모양을 내어 자르는 기법. 이스토리에(historier)라고도 한다.
• 알자스 지방의 특산 구움 과자. 설탕, 버터, 밀가루, 달걀, 바닐라로 만든 반죽을 양끝이 뾰족하고 길쭉한 모양으로 구워낸 바삭한 비스킷.

DENT-DE LION 당 드 리옹
• 민들레 잎. 샐러드용 채소로 많이 사용하며 피상리(pissenlit)라고도 한다.

DENTELEURS 당틀뢰르
• 과일, 채소 또는 완숙 달걀에 톱니 모양을 내어 자를 때 사용하는 칼날이 V자 모양으로 된 도구.

DÉPECER 데페세
• 자르다, 분할하다, 해체하다. 정육을 발골하다. 정육용 고기를 부위별로 또는 덩어리별로 각각 알맞은 크기로 잘라 나누다.

DÉPIAUTER 데피오테
• 생선, 수렵육 또는 식물의 껍질을 벗기다.

DÉPOSER 데포제
• 놓다, 담다. 완성된 요리를 접시에 조심스럽게 담다.

DÉPOUILLE 데푸이
• 동물의 가죽이 벗겨지고 해체된 상태(예: 토끼)

DÉPOUILLER 데푸이예 (아래 사진 참조)
• 천천히 끓고 있는 음식의 표면에 떠오르는 거품 및 불순물을 국자나 거품국자로 걸어내다.

• 토끼, 야생토끼 등 털 있는 수렵육의 가죽 껍데기를 벗기다. 또는 장어의 가죽 껍질을 벗기다(écorcher). 햄의 껍질을 제거하다(découenner).

DERBY 데르비
• 풀라르드 데르비(poularde Derby): 닭의 몸통 안에 쌀, 푸아그라와 송로버섯을 넣어 익힌 요리. 포트와인에 익힌 송로버섯과 버터에 소테한 푸아그라, 포트와인으로 디글레이즈한 소스를 곁들여 서빙한다.

DÉROBER 데로베
• 깍지에서 꺼낸 파바콩(fève: 잠두콩)의 속껍질을 벗기다. 넓은 의미에서 껍질째 익힌 감자, 또는 끓는 물에 살짝 데친 토마토의 껍질을 벗긴다는 뜻으로도 사용된다.

DÉS 데
• 주사위 모양, 큐브 모양. 쿠페 앙 데(couper en dés)는 주사위 모양으로 썬다는 뜻이다.

육수를 농축하면서 계속 불순물을 걷어낸다(dépouiller).

송아지
데미글라스

DEMI-GLACE DE VEAU

데미글라스 500ml

재료
맑은 송아지 육수 5리터

도구
거름용 면포 또는 고운 원뿔체
각기 다른 크기의 소스팬 2개

· 1 ·

맑은 송아지 육수의 기름을 제거한다.

· 3 ·

계속해서 불순물을 건져주고,
졸아서 양이 줄어들면 소스팬을 작은 것으로 ㅂ

· 2 ·
물에 적신 주방용 브러시를 사용해
팬의 안쪽 벽을 잘 닦아주며 약한 불로 졸인다.

— 포커스 —

데미글라스는 스터핑이나 소스의 맛을 더욱
풍부하게 해준다.
또한 디아블 소스(sauce Diable)이나
페리괴 소스(sauce Périgeux) 와 같은
클래식 소스의 베이스가 되기도 한다.

* 스터핑(farce): 우리말로 채워넣는 충전물을
뜻한다. 달걀, 닭, 생선, 채소, 버섯 등의 내부에
채워넣는 소를 말한다.

· 4 ·
망에 면포를 얹고(또는 고운 원뿔체로)
소스를 걸러준다.

· 5 ·
걸쭉한 농도(nappante)가 된 데미글라스를
꾹 짜서 추출해낸다.

* 나팡트(nappante): 주걱에 묻은 소스를 손가락으로 긁었을
때 흐르지 않고 그 자국이 그대로 남아 있는 상태의 농도.

DÉSARÊTER 데자레테

• 날생선의 필레에서 가시를 핀셋으로 뽑아 제거하다(넙치, 가자미, 명태, 성대, 연어 등).

DESIGN ALIMENTAIRE OU DESIGN CULINAIRE
디자인 알리망테르, 디자인 퀼리네르

• 디자인은 우리 사회의 방향을 제시하고 활력을 불어넣으며 정체성을 확보해주는 데 영향을 미치는 중요한 촉매 역할을 한다. 1999년부터 낭트 아틀랑티크 디자인 학교(École de design Nantes Atlantique)에서 식문화에도 디자인의 개념(design alimentaire)을 도입하였고, 렝스에 세워진 최초의 아트 디자인 전문 교육기관인 에콜 쉬페리외르 다르 에 디자인(ESAD)에서는 마크 브레티요(Marc Brétillot)의 추진 하에 미식에 관한 디자인(design culinaire) 교육도 이루어지고 있다.

DÉSOSSER 데조세

• 정육이나 닭, 수렵육의 뼈를 제거하다. 날것 또는 익힌 상태에서 뼈를 발라내는 작업.

DESSALER / DESSALAGE (DESSALAISON, DESSALEMENT)
데살레 / 데살라주

• 소금에 저장한 음식의 소금기를 빼다. 끓는 물에 라르동(lardon: 염장 돼지 삼겹살, 염장 베이컨을 잘게 자른 것)을 넣고 몇 초간 데쳐 소금기를 제거한다. 또는 염장대구(morue)나 반염장 돼지고기(petit salé) 덩어리를 찬물에 담그고 중간중간 물을 갈아주며 소금기를 뺀다.

DESSÉCHER 데세셰

• 말리다, 건조시키다, 수분을 날리다. 슈 페이스트리(pâte à choux)를 약한 불에서 나무 주걱으로 계속 저어 익히며 수분을 증발시키다.
• 음식의 수분을 제거하기 위하여 센 불에서 세게 저어주다. 감자 퓌레에 우유나 버터를 넣기 전에 약한 불에 올리고 나무 주걱으로 저으면서 수분을 날려주다.
• 낮은 온도로 설정한 오븐에 넣어 건조시키다.

DESSERT 데세르

• 식사의 마지막 코스인 디저트를 의미하며, 주로 단맛이 있는 것을 서빙한다. 옛날에는 "이쉬(issue: 식사의 끝이라는 의미)"라고 불리기도 했으며, 오늘날에는 크림, 우유, 달걀 등을 이용한 케이크나 푸딩류, 과일 또는 과일을 베이스로한 디저트, 반죽을 만들어 구운 파티스리류, 아이스크림 등 그 종류가 다양하고 광범위하다. 치즈 코스를 포함하기도 한다.

DESSERTE 데세르트

• 남은 음식. 익힌 고기, 닭, 생선 등을 서빙하고 남은 것으로, 보관했다가 다른 레시피에 활용할 수 있다.
• 일단 식탁에 올라갔다가 치운 음식. 손님이 그 음식을 손을 댄 것의 유무와 상관없이 일단 테이블에 서빙되었던 음식을 말한다.
• 남은 음식을 치워 정리하는 테이블.

DESSICCATION 데시카시옹
• 건조, 제습. 데지드라타시옹(déshydratation)과 동의어.

DÉTAILLER 데타이예
• 자르다, 썰다. 고기, 생선, 채소, 과일 등을 요리에 따라 큐브 모양, 둥근 슬라이스 등 원하는 모양으로 썰다.
• 모양내어 자르다. 파티스리 반죽을 밀어 평평하게 만든 다음 칼이나 커팅 틀을 사용하여 원하는 모양으로 자르다.

DÉTALONNER 데탈로네
• 뼈가 붙은 소 립아이 등의 정육을 구입할 때 척추신경절 또는 척추뼈의 일부를 제거하는 작업을 말한다.
• 돼지 갈비의 척추뼈를 잘라내는 작업으로, 이는 조리 후 커팅을 쉽게 해준다.

DÉTENDRE 데탕드르
• 소스나 수프와 같은 음식이나 혼합물에 육수 등의 액체를 첨가하여 농도를 더 묽게 만들다.

DÉTOURER 데투레
• 형태를 만들다. 반죽을 잘라 원하는 모양을 만들다.

DÉTREMPE 데트랑프
• 파트 퓌유테를 만드는 준비작업으로 밀가루, 물, 소금을 섞어 미리 반죽하는 것. 일반적으로 버터, 우유, 달걀 등의 다른 재료를 넣기 전에 물과 밀가루만을 먼저 혼합해 밀가루에 수분이 흡수되도록 하는 반죽을 뜻한다.

DÉTREMPÉ 데트랑페
• 습기를 많이 머금은, 물기가 많은, 젖은 상태. 재료에 수분이 충분히 있는 상태.

DÉTREMPER 데트랑페
• 밀가루에 물을 더해 손으로 섞어 반죽하다 (détremper une pâte).

DÉVEINER 데베네
• 새우 등 갑각류의 내장을 제거하다.
• 푸아그라의 핏줄을 제거하다. 데네르베 (dénerver)라고도 한다.

DÉVELOPPER 데블로페
• 반죽을 발효시켜 부풀게 하다.
• 케이크나 페이스트리를 구울 때 반죽이 부풀어 올라 부피가 커지는 현상(monter)을 말한다.

DIABLE 디아블
• 디아블 소스(sauce diable)는 전통적으로 샬롯, 식초와 굵게 부순 통후추를 기본 재료로 만든 것으로 닭이나 양고기에 주로 곁들인다. 이 용어는 때때로 다양한 재료와 향신료를 넣은 갈색 소스를 우회적으로 지칭하기도 한다.
• 박스나 바구니 등 무거운 물건을 운반할 때 사용되는 바퀴 달린 손수레.

DIABLE (À LA) (아 라) 디아블
• 돼지, 닭, 생선, 갑각류 해산물, 내장 등의 재료를 잘라 간을 한 뒤, 머스터드를 바르고 크레핀으로 감싸거나 빵가루를 입혀 지져 익히는 조리법으로, 매콤한 소스를 곁들여 서빙한다.

DIANE (SAUCE) (소스) 디안
• 디안 소스(sauce Diane)는 전통적으로 수렵육에 곁들이는 것으로, 주재료를 마리네이드 했던 양념 액체와 수렵육 육수 또는 갈색 육수를 혼합한 뒤 졸여서 농축시켜 체에 거른 후 크림을 넣은 것이다.

DIAPASON 디아파종
• 카빙 포크(carving fork). 긴 꼬챙이가 둘 달린 모양의 포크로, 고기를 썰 때 지탱해주거나 고깃덩어리를 찔러 옮길 때 사용하는 주방도구. 음악에서 쓰이는 도구로 음의 울림을 결정하는 소리굽쇠인 디아파종과 모양이 비슷한 것에 착안해 같은 이름이 붙었다.

DIÉTÉTIQUE 디에테티크
• 건강에 이로운 식품 섭취 및 위생, 식이요법 등을 통칭하는 용어. 식이요법이란 비단 살을 빼기 위한 저열량 식단만을 의미하지 않는다. 각 개인마다 필요한 최적의 음식을 제시하는 것이 중요하다. 그렇기 때문에, 경우에 따라서는 특정 식품군의 양을 일부러 줄일 수도 있고, 반대로 이것이 체내에서 결핍된 경우는 그 섭취를 늘리도록 식단을 짜야 한다. 글루텐이나 기타 식품 성분에 대한 알러지 반응, 무기질의 과잉 섭취나 결핍 등에 기인하여 환자의 몸에서 일어나는 각종 불균형이나 이상 현상을 분석한 검사 결과를 보면, 식이요법의 계획과 시행이 단지 의료적인 방법에만 국한되어 이루어질 수 없음을 잘 알 수 있다.

DIFFUSEUR DE CHALEUR 디퓌죄르 드 샬뢰르
• 가스레인지용 불판의 일종으로, 도기류 그릇 등 열에 약한 용기를 보호하기 위해 가스 불 위에 직접 올려놓을 수 있는, 손잡이가 달린 원형 금속 판.

DIFFUSION 디퓌지옹
• 흩어짐, 퍼짐, 확산의 의미로, 공기 중에 냄새가 퍼져나가는 현상.

DILUER 딜뤼에
• 액체를 첨가해 농도를 희석시키다.

DISSOUDRE 디수드르 (FAIRE, LAISSER, METTRE À)
• 고체의 물질이 액체에 녹아 해체되다(예: 물을 설탕에 녹이다).

DISTAVORE 디스타보르
• 식재료가 어디서 재배되어 왔는지 원산지에 대해 무관심하거나 개의치 않는 소비자. 반대 개념으로 근거리 지역 생산 식재료를 소비하는 로커보어(locavore)가 있다(locavorisme 참조).

DODINE 도딘
• 발로틴(ballottine)과 동의어. 닭, 꿩, 뿔닭 등의 가금류에 과일, 견과류 등의 소를 채워 만든 요리.
• 로스트한 닭에서 나온 육즙을 와인이나 베르쥐, 식초, 우유 등으로 디글레이즈하여 만든 소스.
• 【옛】 가금류의 기름에 양파를 넣고 만들어 밀가루와 우유로 리에종한 소스.

DOGGY BAG 도기 백
• 손님이 남긴 음식을 포장해갈 수 있도록 준비한 박스나 봉투. 영미권이나 아시아에서 최근 몇 년간 많이 행해지고 있고, 음식물 낭비를 방지하자는 목소리가 높아지면서 최근에는 프랑스에서도 많이 볼 수 있는 현상이다.

DOMINANTE 도미낭트
• 한 요리에서 다른 재료들보다 더 강하게 느껴지는 풍미 또는 특정한 향.

DONNER DU CORPS 도네 뒤 코르
• 음식에 풍미를 더하기 위해 간이나 양념을 하다.
• 파티스리 용어로는 브리오슈 등의 발효 반죽을 치대어 쫄깃함을 더한다는 의미.
• 반죽의 글루텐을 활성화시키다.

DORER 도레
(FAIRE, LAISSER, METTRE À)
• 달걀물을 바르다. 빵이나 페이스트리를 오븐에 넣어 굽기 전 표면이 노릇하고 윤기 나게 구워지도록 달걀(또는 달걀노른자)을 풀어 붓으로 발라주는 방법.
• 고기를 버터나 올리브오일에 지져 노릇하게 색을 내주다.

DORMANT (OU SURTOUT)
도르망 (또는 쉬르투)
•【옛】큰 쟁반에 꽃이나 과일을 놓아 식탁 중앙을 장식하는 센터 피스.

DOROIR (À SUCRE)
도루아르(아 쉬크르)
• 설탕이나 슈거파우더를 뿌릴 수 있도록 구멍이 나 있는 통(poudreuse, poudrette 참조).
• 과자나 페이스트리 등에 달걀물을 바르는 솔(pinceau doroir).

DORURE 도뤼르
• 달걀물. 달걀물 바르기. 파티스리에서 쓰이는 용어로 달걀노른자를 풀어서 파티스리 반죽이나 과자 등을 오븐에 넣어 굽기 전에 발라주는 작업. 구웠을 때 표면이 노릇하고 윤기가 난다(dorer 참조).

DOSEUR 도죄르
• 계량용 도구를 총칭하는 용어. 계량컵, 푸드 프로세서용 볼(계량 눈금이 표시되어 있다). 계량 눈금이 표시된 깔때기 모양의 피스톤 분배기, 계량 스푼, 스파게티 계량기 등 그 종류가 다양하다.

DOUBLER 두블레
• 아주 맑은 더블 콩소메를 만들기 위하여 육수를 클라리피에(불순물을 제거하고 맑게)하다.
• 같은 과정을 두 번 반복하다.
• 파트 푀유테의 접어 밀기 과정으로, 3겹 접기 대신 4겹으로 접는 더블 폴딩(tour double)을 뜻한다.
• 소스 등의 농도를 조절하기 위하여 더블 리에종하다(doubler la liaison). 밀가루를 첨가한 후 다시 졸이는 방법을 뜻한다.
• 가자미를 구울 때 타서 색이 너무 진하게 나는 것을 방지하기 위하여 오븐팬을 위 아래 이중으로 덮어주는 것을 뜻한다.

DOUÇÂTRE 두사트르
• 들척지근한 맛이나 향이 나는. 일반 단맛에 비하면 약한 강도.

DOUCEREUX 두스뢰
• 들척지근한, 들큰한. 밍밍하고 들큰한 맛. 그리 좋은 맛을 표현하는 어휘는 아니다.

DOUCEUR 두쇠르
• 감미로움, 부드러움. 온화하고 기분 좋은 느낌을 주는 맛을 표현한다.
•【옛】옛날에는 단맛이 나는 과자 등의 소소한 간식거리를 뜻했다.

DOUILLE 두이유

• (짤주머니용) 깍지. 다양한 크기와 모양의 플라스틱 또는 금속 소재의 원뿔형 깍지로, 짤주머니에 끼워 사용한다. 크림 등을 짜서 장식하는 데 많이 쓰이며, 녹이 슬 염려 없는 플라스틱 재질로 된 깍지가 위생적으로 사용하기에 더 편리하다.

DOUX 두

• 달콤하고 부드러운 기분 좋은 맛을 지칭하며, 신맛, 강한 맛, 자극적인 맛 등과 반대의 개념이다.

DRAGÉE 드라제

• 당과류의 일종으로 아몬드 등의 견과류에 설탕 코팅을 입힌 단단하고 매끄러운 표면의 작은 사탕과자. 베르됭(Verdun)이나 브장송(Besançon) 등지의 전통 드라제는 언제나 종교 행사에 등장했다. 이는 고대 이교에 기원을 둔 풍습이었을 것으로 추정되고, 카톨릭 전통문화에 등장한 것은 10세기 경이며 르네상스 시대에 널리 유행하여 특별한 종교 행사 때 드라제를 서로 주고 받았다. 오늘날에도 세례식이나 결혼식 때 많이 선물하는 이 달콤한 사탕과자는 주로 몽타르지(Montargie), 올레롱(Oléron), 에그페르스(Aigueperse)의 프랄린과 아이(Aï), 페라뒤엘(Ferraduel), 페라뉴(Ferragnes)산 아몬드나 아몬드 루아얄(amandes royales 크기가 굵은 특상품 아몬드)을 사용하여 만든다.

DRESSER 드레세

• 플레이팅하다. 서빙용 플레이트 또는 개인 서빙용 접시에 준비한 요리나 파티스리를 조화롭게 담다.
• 파티스리의 반죽이나 혼합물, 크림 등을 틀에 채워 넣거나, 짤주머니를 이용하여 베이킹 시트에 짜놓다.

DUMPLING 덤플링

• 동그란 모양으로 빚은 반죽(단맛, 또는 짭짤한 맛)을 시럽이나 육수 등에 넣어 삶거나 증기에 찐다. 속을 채워 넣은 만두도 포함되고, 튀긴 종류도 있다.

DURCIR 뒤르시르
(FAIRE, LAISSER, METTRE À)

• 차가운 온도로 굳혀 단단하게 하다(refroidir).

DUXELLES 뒥셀

• 전통적으로 뒥셀은 양송이버섯과 샬롯 또는 양파를 잘게 다져 수분이 없어지도록 버터에 볶아서 만들며, 레시피에 따라 스터핑(속을 채우는 소 재료), 가니시, 소스 등에 다양하게 사용된다(à la duxelles). 경우에 따라 가지 등의 다른 채소를 다져 만든 것에 뒥셀이라는 이름을 붙이기도 한다(예: 가지 뒥셀 duxelles d'aubergine. 이는 가지 캐비아caviar d'aubergine와 혼동되기도 한다).

DUXELLES (À LA) (아 라) 뒥셀

• 뒥셀을 넣어 만드는 조리법(예: 뒥셀을 넣은 아티초크 요리 fonds d'artichauts à la duxelles).

E

EAU 오

• 물. 추출액(extrait)의 의미로도 쓰인다. 로즈
워터(eau de rose)나 오렌지 블러섬 워터(eau de
fleur d'oranger)가 대표적이며 요리나 디저트에
향을 더할 때 사용된다.

EAU DE COULAGE 오 드 쿨라주

• 빵 반죽을 할 때 밀가루에 넣는 물을 뜻한
다. 빵이 제대로 발효되어 부풀고 최상의 풍
미를 내기 위해서는 반죽을 시작할 때부터 그
온도가 매우 중요하다. 이때 넣는 물(eau de
coulage)의 온도는 몇 가지 기본 온도 수치에
따라 결정된다.

EAU DE SOURCE 오 드 수르스

• 천연 샘물. 해당 지역 행정기관의 허가 하에
시판용으로 공급할 수 있다. 무기질 함량에
따라 다양하게 분류되며, 지하에서 추출하는
샘물로 식용으로 안전하다.

EAU DE VÉGÉTATION
오 드 베제타시옹

• 채소나 과일을 소금 또는 설탕에 절였을 때
빠져 나오는 수분을 뜻한다.

EAU MINÉRALE NATURELLE
오 미네랄 나튀렐

• 천연 광천수. 천연 샘에서 추출하는 물로 몸
에 이로운 무기질이 더 많이 함유된 생수를
뜻한다. 수원으로 지정된 곳은 보호되며 보건
부의 승인을 취득해야 판매할 수 있다. 지하
의 샘에서 추출하는 광천수는 칼슘, 마그네슘
등의 무기질이 풍부하며, 일반 천연 샘물보다
가격대가 높다.

EAU POTABLE 오 포타블

• 식용 가능한 물. 강, 호수 등 다양한 수원에
서 오는 물을 처리하여 식용 가능하도록 한
것. 수돗물 또는 식용 음료대의 물 등이 포함
된다.

EAU RENDUE POTABLE
PAR TRAITEMENT
오 랑뒤 포타블 파르 트레트망

• 다양한 수원의 물을 처리하여 마실 수 있도
록 한 것. 흔하지는 않지만 수돗물을 병입한
것도 공급되고 있다.

ÉBARBER 에바르베

• 생선의 지느러미나 조개류의 불필요한 부분
을 가위로 잘라 제거하다.
• 납작한 생선을 익힌 후 가장자리에 있는 가
시를 제거하다.
• 수란의 가장자리 너덜너덜한 흰자 부분을
깔끔히 잘라 다듬다.
• 타르트 또는 초콜릿의 가장자리 부분을 깔
끔히 잘라 정리하다.

ÉBARBEUR 에바르뵈르

• 세라믹 칼의 날을 가는 도구.
• 생선의 지느러미를 제거할 때 사용하는 가
위를 지칭하는 용어로도 쓰인다.

ÉBAUCHOIR 에보슈아르
• 파티스리나 콩피즈리(당과류 제조)에서 모양을
내기 위해 사용하는 조각칼, 끌 등의 소도구.

ÉBOUILLANTER 에부이앙테
• 끓는 물에 재료를 담가 익히다. 채소를 끓는
물에 담가 데치는 것(blanchir un légume)과 같
은 의미.

ÉBULLITION 에뷜리시옹
(AMENER À, PORTER À)
• 끓는 상태. 끓이다. 액체에 열을 가해 거품이
날 정도로 끓이다(물의 경우 100℃).

ÉCAILLER 에카이예 (아래 사진 참조)
• 생선의 비늘을 제거하다. 굴 전용 나이프를
사용하여 두 개의 껍데기를 벌려 까서 굴의
살을 발라내다.

ÉCAILLEUR À POISSONS
에카이외르 아 푸아송
• 주방에서 조개류 또는 갑각류 등 해산물의
껍질을 까고 손질하는 사람.
• 생선의 비늘을 긁어 제거하는 도구.

ÉCALER / ÉCALAGE 에칼레 / 에칼라주
• 완숙 또는 반숙으로 익힌 달걀의 껍질을 벗
기다. 달걀 껍질 벗기기.

ÉCHAUDAGE 에쇼다주
• 뜨거운 물에 담그기. 재료의 성질에 따라 끓
는 물에 몇 분간 넣어 소독해 씻거나, 털을 제
거하거나 껍질을 벗기는 방법. 동물의 위나 창
자 등을 끓는 물에 담가 점막을 깨끗하게 제
거하는 작업.

ÉCHAUDER 에쇼데
• 뜨거운 물에 담그다. 채소를 끓는 물에 잠깐
넣으면 껍질을 벗기기 쉽다. 닭발을 뜨거운 물
(60~80℃)에 15초 정도 담갔다 꺼낸 후 행주
로 껍질을 벗기면 잘 벗겨진다.
• 정육용 고기의 창자, 내장 등을 끓는 물에 담
가 점막질이나 불순물을 깨끗이 제거하다.

비늘 제거기(écailleur)로 생선의 비늘을 긁어내고 있다(écailler).

ÉCHINE 에신
• 돼지 목심의 윗부분(cervicales).

ÉCLAIRCIR 에클레르시르
• 소스에 물, 우유, 육수 등을 조금 넣어 맛을 순화하다.

ÉCLISSE 에클리스
• 말린 과일류, 견과류를 작은 막대 모양으로 자르기.

ÉCONOME 에코놈
• 감자 필러. 채소나 과일의 껍질을 벗기는 도구. 에퓔쉐르(éplucheur)라고도 한다.

ÉCORCER 에코르세
• (과실의) 껍질을 벗기다.

ÉCORCHER 에코르셰
• 장어, 붕장어의 껍질을 벗기다. 생선의 머리 둘레에 칼집을 낸 다음 껍질을 꼬리까지 한 번에 잡아당겨 벗기다(dépouiller 참조).

ÉCOSSER 에코세
• 완두콩, 강낭콩 등을 깍지에서 분리해 꺼내다.

ÉCRASER 에크라제
• 찧다, 부수다, 으깨다. (절구 공이로) 찧다. 잘게 부수다.

ÉCRÉMÉ 에크레메
• 레 에크레메(lait écrémé): 저지방 우유. 무지방 우유. 오늘날 저지방 또는 무지방 우유는 표준화된 기계적 방법을 사용하여 지방 세포를 균열시켜 감소시킨 것을 말한다. 이것은 가당 연유나 저온 살균 우유만 제외하고, 모든 우유가 공통적으로 거치는 공정이다.

ÉCRÉMER 에크레메
• 유크림을 제거하다. 우유에서 크림을 분리하다. 소에서 갓 짠 그대로의 비멸균 생우유(lait-cru)에서 크림을 분리하다.

ÉCROÛTER 에크루테
• 빵이나 치즈의 크러스트, 외피를 잘라내다.

ÉCUME 에퀌
• 음식물 표면에 뜨는 불순물 거품.
• 가볍게 음식에 얹거나 뿌리는 에멀전 거품 소스.

ÉCUMER 에퀴메
• 거품국자나 국자 또는 스푼을 사용하여, 끓고 있는 액체 표면에 뜨는 거품을 제거하다 (dépouiller 참조).

ÉCUMOIRE 에퀴무아르
• 망 국자, 거품국자. 육수 또는 국물 요리를 끓일 때 거품을 건지거나, 건더기를 건질 때 사용하는 구멍 뚫린 납작한 국자 또는 망으로 된 국자.

ÉDULCORANT 에뒬코랑
• 사카린, 아스파탐 등의 인공 감미료.
• 꿀, 메이플 시럽 등 단맛을 더해주는 천연 감미료.

ÉDULCORER 에뒬코레
• 음식에 감미료를 넣어 달게 만들다.
• 액체를 첨가해 농도를 희석한다는 의미로도
쓰인다.

EFFEUILLÉ 에푀이예
• 허브나 채소의 잎을 하나하나 떼어낸 상태,
대구 등의 생선을 익힌 후 가시를 제거하고 살
을 결대로 뜯어 놓은 상태, 혹은 익힌 고기의
살을 가늘게 찢어 놓은 상태를 뜻한다
(effilocher, effilandrer 참조).

EFFEUILLER 에푀이예
• 과일, 채소, 허브(아티초크, 엔다이브, 처빌 등)
의 잎을 하나하나 떼어놓다. 익힌 생선을 결
대로 뜯어 놓다. 익힌 고기의 살을 잘게 찢어
놓다.

EFFILANDRER 에필랑드레
• 힘줄이 있거나 결대로 잘 찢어지는 고기 부
위(예: 소꼬리 살)의 살을 결대로 잘게 찢다.
• 채소 줄기의 섬유질을 제거하다(셀러리 줄기,
카르둔, 루바브). 에필레(effiler)와 동의어.

EFFILÉE 에필레
• "실의 올을 풀다"라는 뜻으로 그린빈스 콩깍
지의 양끝을 손으로 잘라 다듬으며 섬유질을
제거한다는 의미로 쓰인다. 또한 닭 가슴살을
가늘게 찢거나 아몬드, 피스타치오 등을 얇게
저미는 것을 의미하며, 닭의 간, 염통, 모래주
머니와 간을 그대로 안에 둔 채 다른 내장만
을 빼낸 상태를 볼라이유 에필레(volaille effilée)
라고도 한다(habiller 참조).

EFFILER 에필레
• 잘 드는 페어링 나이프(couteau d'office 참조)
를 사용하여 아몬드나 피스타치오를 길이 방
향으로 아주 얇게 저며 썰다.
• 그린빈스의 섬유질 실을 제거하다.

EFFILOCHÉ(E) 에필로셰
• 고기의 살을 결대로 가늘게 찢은 것(소꼬리
살 등).

EFFILOCHER 에필로셰
• 힘줄이 있는 살코기를 결대로 가늘게 찢다.

EFFLUVE 에플뤼브
• 향의 발산. 향이 즉각적으로 퍼져나가는 현
상. 또는 악취의 발산.

ÉGOUTTER 에구테
• 물기를 빼다. 건지다. 채소, 과일을 씻거나 데
치거나 찬물에 식힌 후 체 또는 망에 건져 물
기를 빼주다(blanchir, rafraîchir 참조).

ÉGOUTTOIR 에구투아르
• 식기건조대. 설거지한 그릇의 물기를 제거하
기 위한 주방용품.

ÉGRAPPER / ÉGRAPPAGE
에그라페 / 에그라파주
• 포도, 대추야자, 레드커런트 등의 과일 알갱
이를 줄기에서 떼어내다.

ÉGRENER (OU ÉGRAINER)
에그르네 (에그레네)
• 줄기에 달려 있는 과일(포도, 레드커런트 등)의
알갱이를 떼어놓다. 밀의 이삭 낱알을 떼다.
완두콩을 깍지에서 알알이 꺼내다(완두콩의
경우는 écosser가 가장 적합한 용어다).

• 크럼블 반죽의 알갱이 같은 질감을 만들 때
도 사용되는 용어다.
• 우유에 이스트를 넣어 천천히 녹일 때도 에
그르네라고 한다(예: 쿠아망 반죽할 때).

ÉGRUGEOIR 에그뤼주아르
• 【옛】소금이나 설탕을 빻는(égruger) 절구 공이.

ÉGRUGER 에그뤼제
• 소금이나 설탕을 곱게 빻아 가루로 만들다.

ÉMANATION 에마나시옹
• 냄새의 발산. 음식물의 향. 냄새가 공중에 발
산되는 현상.
• 생선을 훈연할 때 발생하는 냄새를 지칭하기
도 한다.

EMBALLER 앙발레
• 키친랩으로 잘 싸서 밀폐해 보관하다.
• 육수 등에 넣어 익히기 위한 목적으로 크레
핀(또는 기타 얇은 재료)으로 재료를 감싸거나
(예: 발로틴), 또는 토르숑(torchon 면포나 행주)
에 싸다(예: 푸아그라).
• 샤퀴트리에서는 파테 등을 만드는 틀에 재
료를 채워 넣는 것을 뜻하기도 한다.

EMBAUMER 앙보메
• 기분 좋은 향을 내다. 좋은 향을 입히다.

EMBEURRÉE 앙뵈레
• 팬에 버터를 녹인 후 채소 등의 재료를 볶아
내는 조리법(예:embeurrée de choux 버터에 볶은
양배추).

EMBOSSAGE / EMBOSSER (TERME DE CHARCUTERIE)
앙보사주 / 앙보세
• 샤퀴트리 용어. 깔대기(entonnoir) 또는 소시
지 충진기(embossoir)를 이용하여 창자(천연 또
는 인공 케이싱) 안에 소시지용 고기 소를 집어
넣는 작업.

EMBROCHER 앙브로셰
• 닭이나 고기 조각을 구이용 꼬챙이에 끼우다.

ÉMIETTER (ÉMIER) 에미에테 (에미에)
• 익힌 생선이나 빵, 비스킷 등을 작은 입자
(miettes)로 부수다.

ÉMINCÉ 에맹세
• 고기나 채소를 얇게 썬 것.
• 【옛】얇게 저민 고기를 넣고 끓인 스튜의
일종.

ÉMINCER 에맹세
• 채소, 과일, 고기 등을 일정한 두께로 얇게
저며 썰다. 칼을 이용해서 썰거나 만돌린 슬
라이서를 사용하기도 한다.

ÉMONDER 에몽데

• 아몬드, 헤이즐넛 또는 피스타치오 등 견과류의 껍질을 벗기다. 또는 토마토를 끓는 물에 담갔다가 찬물에 식힌 후 껍질을 벗기다. 몽데(monder)라고도 한다.

EMPOIS 앙푸아

• 녹말풀. 전분에 뜨거운 액체를 넣으면 끈적끈적한 풀 상태가 된다.

EMPORTE-COEUR 앙포르트 쾨르

• 손잡이가 달린 작은 하트 모양의 길쭉한 커팅 도구. 과일이나 채소를 모양 내 자를 수 있다.

EMPORTE-PIÈCE 앙포르트 피에스

• 반죽을 원하는 모양으로 자를 수 있는 다양한 종류의 커팅 틀. 파티스리나 요리에서 꼭 필요한 도구로 과일, 채소 등의 껍질에 모양을 내 조각하거나 다양한 모양으로 자르는 데도 사용할 수 있다. 높이가 있는 원통형, 세로로 홈이 파인 모양(cannelé), 꽃 모양(marguerite),

짧은 이파리 모양(feuille courte), 길쭉한 모양 등 그 종류가 다양하다(découpoir 참조).

EMPORTE-PIECE JAPONAIS
앙포르트 피에스 자포네

• 일본식 초밥 모양 틀. 스마일 얼굴 모양으로 스시를 만들어 도시락을 준비하기도 한다. 일본에서 도시락에 넣을 밥을 만들기 위하여 사용하는 재미있고 다양한 모양의 초밥 틀.

EMPORTER 앙포르테

• 밀어 편 반죽을 커팅틀로 찍어 모양을 만들어 내다.
• 테이크 아웃, 포장주문을 뜻하는 말.

ÉMULSIFIANT 에뮐시피앙

• 유화제. 유성과 수성 물질이 잘 혼합되어 안정적으로 일체화하는 것을 돕는 식품 첨가제. 레시틴, 카라기난(해조류 추출 다당류, 식품첨가물 E407) 등이 있다.

ÉMULSIFIER 에뮐시피에

• 유화하다. 에멀전화하다(émulsionner 참조).

ÉMULSIONNER / ÉMULSION
에뮐시오네 / 에뮐시옹

• 에멀전화하다. 유화하다. 유화. 유화란 물과 기름처럼 금방 잘 섞이지 않는 두 액체의 한쪽이 기계적 작용을 통해 미세 입자가 되고 다른쪽 액체에 분산되어 유탁액(에멀전)을 만드는 현상을 뜻한다.

ENDUIRE 앙뒤르 (아래 사진 참조)
• 베이킹 시트, 파이 틀, 플레이트, 무스링 등의 도구에 버터, 즐레, 아이스크림 등을 한 켜 발라주다.
• 고기를 익힌 육즙으로 만든 소스를 고기 위에 뿌려 덮다.

ENFARINER 앙파리네
• 재료에 밀가루를 묻혀 씌우다.

ENFLAMMER 앙플라메
• 불을 붙이다. 플랑베(flamber)와 동의어. 음식에 리큐어나 와인을 조금 붓고 불을 붙여 잡내와 알코올을 날려 보내고 좋은 향만 남겨 풍미를 더하는 방법.

ENFOURNER 앙푸르네
• 익힐 재료를 오븐에 넣다.

ENROBER 앙로베
• 소스나 글라사주 등 다소 농도가 있는 액체를 주재료에 넉넉히 뿌리거나 재료를 액체에 담가 완전히 코팅해주는 방법(초콜릿, 퐁당 슈거, 설탕 등).

ENSACHER 앙사셰
• 냉동 지퍼백 또는 봉투 등에 넣다. 사셰 (sachet)는 봉투나 주머니를 뜻한다. 감자튀김을 원뿔형 종이 포장 케이스에 담을 때 쓰는 삽 모양의 주걱을 펠 아 앙사셰(pelle à ensacher)라고 부른다.

ENTÊTANT 앙테탕
• 머리가 아플 정도로 지독한 냄새, 증기, 향 등을 일컫는 말.

ENTIER 앙티에
• "전부, 전체"라는 뜻.
• 우유의 경우 레 앙티에(lait entier)는 전유(全乳 whole milk)를 뜻하며, 100ml 당 유지방 3.6g을 함유하고 있다.

바트 안에 유산지를 깔고(chemiser) 기름을 바르는(enduire) 모습.

• 달걀의 경우 외프 앙티에(oeuf entier)는 전란, 즉 노른자와 흰자를 모두 포함한 것을 뜻한다.

ENTONNER 앙토네

• 샤퀴트리 용어. 앙두이예트, 부댕, 소시지 등을 만들 때 창자에 소를 집어넣는 작업(embossage / embosser 참조).

ENTONNOIR OU EMBOSSOIR 앙토누아르 , 앙보수아르

• 깔때기. 밑이 좁은 원뿔 모양으로, 액체를 입구가 작은 용기 등에 따를 때 사용하는 도구.

ENTRECÔTE 앙트르코트

• 소의 꽃등심. 5~10번 갈비뼈에 붙은 등심. 뼈를 제거한 상태의 꽃등심살로 그 양에 따라 싱글(180g)과 더블(360g)로 서빙되기도 한다. 기름이 고루 분포되어 마블링 상태가 좋아 스테이크용으로 선호되는 부위이며, 보통 1.5cm 이상 되어야 고기의 풍미를 제대로 느낄 수 있다. 꽃등심살은 본갈비와 아랫등심, 채끝등심에 연결되어 있으며, 립아이라고도 불리는 이 부위는 소의 갈빗대의 중앙 부분에 해당한다.

ENTRÉE 앙트레

• 식사를 시작하는 플레이트로 코스 메뉴 중 메인 요리 앞에 나오는 전채 요리 즉 애피타이저를 말한다(과거에는 오르되브르를 포함하기도 했다). 21세기에 들어와서는 코스의 구성이나 식사 전체 흐름에서 그 경계가 모호해지는 경향을 띤다.

ENTREMETS 앙트르메

• 【옛】중세시대에 왕궁에서 식사의 코스 사이에 광대와 악사들이 선보였던 공연을 뜻한다.

• 【옛】19세기에는 로스트 요리가 끝나고 디저트가 나오기 전 서빙되던 가벼운 음식을 지칭했다.

• 오늘날 앙트르메는 우유, 크림을 베이스로 하여 만든 디저트로 비스퀴 사이에 크림을 넣고 만든 케이크류를 뜻하며, 때로는 디저트를 대신하여 통용된다.

• 앙트르메티에(entremétier)는 주방 구성원 중에 채소류의 가니시를 주로 담당하는 요리사를 가리킨다.

ÉPAISSIR (FAIRE, LAISSER) 에페시르

• 농도를 진하게 만들다. 소스에 밀가루를 넣어 농도를 되직하게 만들거나 시럽의 설탕 농도를 진하게 만든다.

• 육수, 우유 또는 시럽은 끓여 익히는 동안 농도가 농축된다.

• 질감의 밀도를 높인다는 일반적인 뜻으로 통용된다.

ÉPAISSISSANT 에페시상

• 소스 등의 농도를 되직하게 만드는 보조제, 첨가제. 농후 보조식품(첨가루, 밀가루, 옥수수 전분, 젤라틴, 타피오카 등).

ÉPAULE 에폴

• 어깨. 정육의 앞다리 윗부분. 양의 어깨살(épaule d'agneau) 부위는 뼈와 함께 통째로 익히거나(견갑골은 제거), 뼈를 발라낸 후 말아서 로스트한다. 여기에 소를 채워 넣기도 한다.

ÉPÉPINER 에페피네

• 씨를 빼다. 뾰족한 칼끝, 코르크 마개에 꽂은 클립, 성냥개비나 이쑤시개 등을 사용하여 포도, 레드커런트, 블랙베리(오디) 등의 베리류 또는 레몬이나 오렌지와 같은 시트러스류 과일의 씨를 제거하다. 특히 아주 알갱이가 작은 레트커런트의 씨는 거위 깃털을 사용해 빼낼 수 있으며, 유전자 변형으로 씨 없이 재배되기도 한다.

ÉPICÉ 에피세

• 특유의 향 또는 맛이 나는. 향신료의 맛과 향이 나는.

ÉPICER 에피세

• 요리에 향신료를 넣다. 향을 첨가하다.

ÉPICES 에피스

• 독특한 향 또는 맵거나 자극적인 맛을 내는 식물성 향신료를 총칭하며 주로 이국적인 재료들이 많다. 계피, 큐민, 강황, 커리, 생강, 정향, 메이스(육두구 껍질), 육두구(넛멕), 파프리카, 필리필리, 하바네로 고추, 카옌 페퍼, 올스파이스, 후추, 라스엘 하누트, 사프란 등 그 종류가 매우 다양하다.

ÉPIGRAMME 에피그람

• 【옛】양의 등심살로 만든 흰색 스튜.
• 양의 어깨 아래에서 가슴살 쪽에 이르는 부위(poitrine)를 에피그람이라고 한다. 이 부위를 흰색 육수에 삶은 뒤 눌러서 슬라이스한 다음, 밀가루, 달걀, 빵가루를 묻혀 버터에 튀기듯이 지져낸 요리.

ÉPLUCHER 에플뤼셰

• 채소, 과일 등의 먹을 수 없는 부분을 깎아내다. 잘라내다.
• 껍질을 벗기다. 경우에 따라 먹을 수 있는 껍질도 포함된다.

ÉPLUCHEUR 에플뤼셰르

• 감자 필러(économe)와 같이 채소의 껍질을 벗기는 주방도구.

ÉPLUCHEUSE 에플뤼쇠즈

• 감자 등 채소의 껍질을 까는 도구로 중간에 칸막이와 같은 내부용기가 있어 여기에 채소가 마찰되어 껍질이 벗겨진다. 식당의 주방 등 대량으로 감자의 껍질을 깔 때는 전기 껍질 제거기를 사용한다. 조개를 씻거나 샐러드의 물기를 빼는 스피너 건조기로도 사용 가능하다.

ÉPONGER 에퐁제

• 재료의 물기를 제거하다. 예를 들어 감자를 기름에 튀기기 전 물기를 꼼꼼히 닦아 제거해주는 작업.
• 냄비에 재료를 끓이는 동안, 물에 적신 브러시나 면포로 냄비의 안쪽 벽면을 조심스럽게 닦아주다.

ÉQUARRIR 에카리르

• 파티스리: 원하는 모양을 내기 위하여 반죽의 가장자리를 잘라내다.

• 감자를 정사각형 면으로 자른다. 예를 들어 가는 막대 모양(allumette)이나 굵은 막대 모양(pont-neuf)으로 자를 때 정사각면의 모양을 살려서 자른다.

• 정육 용어로는 동물을 해체하다, 고기를 부위별로 자르다는 뜻.

ÉQUEUTER 에쾨테

• 과일이나 채소의 줄기 끝을 다듬다.

ESCALOPE 에스칼로프

• 고기(주로 송아지)의 살을 크고 넓적하게 자른 것.

ESCALOPER 에스칼로페 (아래 사진 참조)

• 고기, 생선, 채소, 가리비 조개 등의 살을 너무 두껍지 않은 두께로 어슷하게 자르다.

ESPAGNOLE 에스파뇰

• 에스파뇰 소스. 다양한 소스의 베이스가 되는 모체 소스의 하나로 갈색 송아지 육수, 갈색 루, 토마토 페이스트와 각종 향신채소를 넣어 만든다.

ESSENCE 에상스 (다음 페이지 사진 참조)

• 과일이나 향신료 등의 에센스 오일을 증류하거나(비터 아몬드, 계피, 레몬, 오렌지, 장미 등), 재료를 물에 우려내거나 끓여 얻은 액체를 졸이는 방법(수렵육 등의 뼈를 끓인 육수, 처빌 등의 허브, 버섯, 생선 뼈 육수 등), 또는 재료를 와인이나 식초에 오래 담가 재우는 방식(마늘, 안초비, 양파, 송로버섯 등) 등을 통해 얻은 진한 농축액, 에센스를 가리킨다. 음식에 넣어 향을 내거나 본 재료의 향에 더욱 깊은 맛을 더하는 데 사용된다. 아주 소량만을 넣는다(huile essentielle 참조).

ESSORER 에소레

• 채소의 물기를 털어 제거하다. 과거에 채소를 털어 면포로 물기를 제거했던 방법과는 달리 요즘은 채소 탈수기에 넣고 돌려 샐러드용 상추 등의 물기를 제거한다.

양송이버섯을 어슷하게 자르는 모습(escaloper).

버섯 농축액

ESSENCE DE CHAMPIGNONS

농축액 100ml

재료

버섯 500g (양송이, 포치니, 모렐, 표고, 지롤, 느타리, 뿔나팔버섯 등)
레몬즙(선택 사항) 1개분
물
소금

도구

거름체
면포
뚜껑이 있는 팬

· 1 ·
여러 가지 버섯을 작업대에 준비한다.

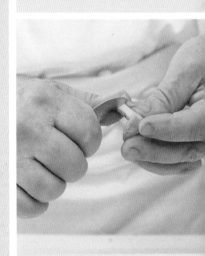

· 4 ·
지롤버섯(girolle, 꾀꼬리버섯)을
깨끗이 닦고 다듬는다.

· 2 ·

포치니버섯의 밑동을 잘라 다듬는다.

· 3 ·

버섯을 물에 담그지 말고,
물에 적신 브러시로 살살 문질러 닦아준다.

· 5 ·

양송이버섯의 껍질을 벗긴다.

· 6 ·

버섯을 얇게 저며 자른다.

· 7 ·

차가운 팬에 버섯을 모두 넣는다.

· 8 ·

천천히 데워 버섯에서 수분이 나오도록 한

— 포 커 스 —

농축액의 양은 버섯의 신선도,
종류별 특성, 그리고 본래 함유하고 있는
수분의 양에 따라 달라진다.
그렇기 때문에 최적의 결과를 얻기 위해서는
아주 신선한 버섯을 선택하는 것이 좋다.
즙을 짜고 남은 버섯은 다져서
뒥셀(duxelles) 등의 소를 만들거나
아페리티프용 스낵 재료로
사용할 수 있다.

· 11 ·

면포를 꼭 짜서 농축액을 추출한다.
버섯 건더기는 보관했다가 다른 용도로 활용

• 9 •

름체에 걸러 국물 대부분을 받아 놓는다.

• 10 •

거른 버섯 건더기를 면포를 씌운 체에 넣는다.

• 12 •

축액을 깨끗한 면포에 한 번 더 거른다.

• 13 •

버섯 농축액이 완성된 모습.

ESTOUFFADE (ÉTOUFFADE)
에스투파드 (에투파드)
• 뚜껑을 덮고 찌듯이 익히기. 찜 요리(cuire à l'étouffée 참조).

ÉTALER 에탈레
• 반죽을 원하는 두께로 밀어 펴다. 또는 잼 등을 빵에 발라 펴다.

ÉTAMINE 에타민 (아래 사진 참조)
• 본래는 말총이나 가는 철사로 만든 부드럽고 얇은 직조물을 뜻하며, 음식의 국물을 거르는 데 사용한다. 옛날에는 쇼스(chausse 천으로 된 깔대기)라고도 불렸으며, 플란넬이나 펠트와 같은 천으로 만들어 썼다. 현재는 망 간격이 아주 가는 원뿔체(chinois étamine)를 총칭한다.

ÉTAMINER 에타미네
• 고운 면포나 체에 거르다.

ÉTEINDRE 에탱드르
• 원뜻은 불을 끈다는 의미. 루(roux)가 원하는 정도로 딱 알맞게 익었을 때 액체를 넣어 더 이상 색이 짙어지지 않게 하다.

ÉTENDRE 에탕드르
• 반죽을 밀대로 밀어 원하는 두께로 펴다 (abaisser, étirer 참조).

ÉTÊTER 에테테
• (새우 등의) 머리를 떼다.

ÉTIRER 에티레
• 반죽을 밀대로 밀다. abaisser, étaler와 동의어.
• 반죽을 아주 얇게 밀어 늘여서 구운 후에 거의 반투명에 가까울 정도로 얇고 바삭하게 만들다.
• 글루텐을 활성화하다.

소스를 고운 면포(étamine)에 거르는 모습.

ÉTOFFER 에토페
• 레시피에 푸아그라와 같은 재료를 추가해 진하고 깊은 풍미를 더하고 고급스럽게 만들다.

ÉTOUFFÉE (CUIRE À L')
(퀴르 아) 에투페
• 냄비에 묵직한 뚜껑을 덮는 등의 방법으로 완전히 밀폐시켜 찌듯이 익히는 조리법. cuire à l'estouffade 또는 cuire à l'étuvée와 동의어.

ÉTUVAGE 에튀바주
• 식재료나 음식을 보온기(étuve)에 넣어 데우다(습기가 있는 것과 건조한 타입이 있다).

ÉTUVÉE (CUIRE À L') (퀴르 아) 에튀베
• 음식을 뚜껑을 닫고 쪄서 익히다. 찜 요리. cuire à l'étouffée와 동의어.

ÉTUVER 에튀베
(FAIRE, LAISSER, METTRE À)
• 채소 등의 재료에서 나온 수분에 익히거나 아주 소량의 버터나 기름을 넣고 뚜껑을 닫은 채로 찌듯이 뭉근히 익히다. 저수분조리하다.

ÉVAPORER (FAIRE, LAISSER)
에바포레
• 수분을 증발시켜 국물을 졸이다.

ÉVENTER 에방테
(FAIRE, LAISSER, METTRE À)
• 냄새를 날려 보내다.

ÉVIDER 에비데 (아래 사진 참조)
• 속을 비우다. 애플 코어러(apple corer)를 사용하여 사과의 속과 씨를 빼내다.
• 피망, 토마토, 큰 사이즈의 버섯 등에 스터핑을 채워 넣기 위해 속을 파내다.

양송이버섯을 모양내어 돌려 깎은 뒤 속을 파내는 모습(tourné et évidé).

ÉVISCÉRER 에비세레 (아래 사진 참조)
• 정육, 가금류, 생선, 수렵육 등의 내장을 제거하다.

EXAUSTEUR DE GOÛT
엑조스퇴르 드 구
• 요리에 맛과 풍미를 끌어올리거나 더하기 위해 넣는 맛 증진제, 향미증진제. 글루탐산, 구아닐산, 이노신산, 젖산, 염화칼륨 등의 식품 첨가제를 예로 들 수 있다.

EXPRIMER 엑스프리메
• (레몬 등의) 수분을 짜 내다. 재료를 눌러 짜 수분이나 즙을 추출해내다. 시금치 등의 채소를 데친 후 꾹 짜서 수분을 제거하다. 다진 버섯 뒥셀을 볶기 전에 수분을 꼭 짜낸다.

EXSUDAT 엑쒸다
• 고기나 뼈, 기름 덩어리나 눌어붙은 육즙 등을 익힐 때 자연적으로 방울방울 나오는 액체.

EXTRAIRE 엑스트레르
• 레몬을 눌러 즙이 나오게 하다, 즙을 짜내다.

EXTRAIT 엑스트레
• 고기 엑스트렉트(extrait de viande): 농축 육즙. 진한 맛을 내는 고형 큐브 등이 있으며, 맛을 내는 보조 재료로 사용한다(aide culinaire concentré 참조).
• 바닐라 엑스트렉트(extrait de vanille): 바닐라 에센스를 떠올리기 쉬우나 이 둘은 추출 방식에 차이가 있다. 엑스트렉트는 바닐라 빈 원재료의 침용(macération), 분쇄(broyage)를 통해 만들고, 에센스는 증류(distillation)를 통해 얻을 수 있다.

EXTRUDÉ 엑스트뤼데
• 가벼운 아페리티프용 퍼프 과자로, 찍어낸 스티로폼과 같은 모양을 하고 있다(칩 종류의 스낵, 플레이크, 뻥튀기 과자 등). 이 과자는 균일한 반죽을 뜨거운 열로 부풀게 하여 만든다.

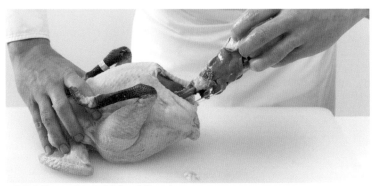

닭의 내장(viscères)을 한 덩어리로 빼내는 모습.

F

FAÇONNER 파소네
• 각종 반죽이나 아몬드 페이스트 등 말랑말랑 재료를 손으로 또는 틀과 같은 도구를 이용하여 원하는 모양으로 만들다. 성형하다.

FADE 파드
• 싱거운, 무미의. 맛이 밋밋하고 싱거우며 입안에 자극이 될 만한 그 어떤 풍미도 결핍된 상태.

FAGOT 파고
• 그린빈스 등의 채소를 단으로 묶은 것, 또는 그 상태로 조리한 것. 보통 끝을 잘라 다듬어 사용한다.

FAISANDAGE 프장다주
• 사냥한 고기를 숙성하기. 보통 2~5일간 서늘한 곳에서 숙성하면 고기가 훨씬 연해질 뿐 아니라 특유의 풍미가 생긴다. 옛날에는 모르티피카시옹(mortification)이라고도 불렀다.

FAISANDÉE (VIANDE)
(비앙드) 프장데
• 숙성을 거친 수렵육.
• 냄새를 맡아보았을 때 더 이상 식용으로 소비할 수 없다고 판단되는 상태의 고기를 뜻하기도 한다. 부패한 고기.

FAISANDER 프장데
• 수렵육을 며칠간 숙성시켜 육질을 연하게 할 뿐 아니라 특유의 향을 더 강하게 하다.

FAISANDER (SE) (스) 프장데
• 사냥한 고기가 비위생적인 저장으로 인해 변질되다.

FAIT 페
• 과일이 딱 알맞게 익은 상태를 말한다.
• 숙성이 많이 된 치즈를 지칭하기도 한다.

FAITOUT (FAIT-TOUT) 페투
• 육수를 내거나 스튜 등의 국물 요리, 또는 찜 요리 등에 적합한 중간 정도 높이의 다목적용 큰 냄비. 보통 스테인리스 또는 무쇠로 된 것이 많고, 양쪽에 손잡이가 달려 있으며 뚜껑이 있다.

FAITOUT À PÂTES (FAIT-TOUT À PÂTES)
페투 아 파트
• 파스타 전용 냄비. 파스타를 건지기 쉽도록 구멍이 있는 망과 한 세트로 이루어져 있으며 퀴파트(cuit-pâtes), 퀴죄르 아 파트(cuiseur à pâtes)라고도 한다. 한편, 리소토용 전용 냄비(faitout à risotto)도 있다.

FALSIFIER 팔시피에
• 섞어서 변화시키다. 변질시키다, 맛을 가리기 위해 특정재료를 넣어 바꾸다. 향신료가 이런 목적으로 종종 사용된다. 옛날에는 팔시피카시옹(falsification 섞기)의 동의어로 소피스티카시옹(sophistication 섞기)이 쓰였다.

FANÉ 파네
• 수분이 부족해 시들거나 마른 상태.

FANES 판
• 채소에 붙은 잎. 무나 당근의 잎, 무청 등을 뜻한다. 채소 수프 등에 사용하면 좋다.

FARCE 파르스
• 스터핑. 고기나 생선, 채소 등을 다져 양념해 만든 소를 뜻한다. 닭 등의 가금류를 비롯해 고기, 채소, 달걀 등의 속을 채워 조리하는 레

시피에서 사용되는 스터핑 재료(예: 소를 채운 칠면조 구이, 양 어깨요리, 오이 등). 그 밖에도 소시지의 스터핑이나 테린, 파테 등을 만드는 혼합재료를 뜻한다.

FARCIR 파르시르 (아래 사진 참조)
• 소를 넣어 채우다. 고기, 닭, 수렵육, 생선, 채소에 잘게 다진 혼합물, 퓌레 등 다양한 소 재료를 넣어 채우는 조리법. 대부분 익히기 전에 소를 채운 후 조리한다.

FARDER 파르데
• 아몬드 페이스트나 쉬크르 수플레(sucre soufflé 설탕에 공기를 주입해 부풀려 공처럼 만드는 설탕공예 테크닉)로 만든 작품 위에 붓이나 분무기로 색을 입히다.

FARINER (ENFARINER)
파리네 (앙파리네)
• 밀가루를 뿌리다, 밀가루로 덮어씌우다. 생선 또는 고기 에스칼로프 등의 재료를 익히기 전에 밀가루에 굴려 묻히다.
• 밀가루, 달걀, 빵가루의 튀김옷을 입히는 과정(paner à l'anglaise) 중 밀가루 입히기.
• 익힐 재료를 넣기 전에 용기, 몰드 등에 미리 밀가루를 뿌려 입히다. 파티스리 작업대 위에 밀가루를 뿌리다.

FATIGUER 파티게
• 샐러드를 골고루 섞다, 버무리다(fatiguer une salade).
• 고기를 연하게 하다(fatiguer une viande).
• 반죽의 양에 비해 효모를 충분히 넣지 않다 (fatiguer le levain).

FAUX-FILET 포 필레
• 채끝. 쇠고기 등심의 맨 끝 아래쪽 부위로 안심과 맞닿아 있다. 콩트르 필레(contre-filet)라고도 한다.

FAVORITE 파보리트
• 그린빈스를 사용하여 만든 요리.

FENDRE 팡드르
• (생선이나 고기에) 칼집을 넣어 살짝 벌리다. 여기에 버터 또는 라드를 넣어 익히면 살이 익는 동안 건조해지는 것을 막을 수 있다.

FERMENTATION SUR POOLISH
페르망타시옹 쉬르 풀리쉬
• 풀리쉬 발효. 밀가루와 이스트, 물을 넣고, 질척해질 때까지 발효시켜 반죽에 투입하는 방법. 물의 양에 비해 밀가루 비율이 더 낮아 반죽이 질어지며, 기공이 있는 빵을 만드는 데 사용되는 제빵 테크닉이다.

버섯 뒥셀로 소를 채운(farci) 토끼 허리등심살.

FERRER 페레

• 불에 굽는 고기나 생선 등의 재료에 탄 듯한 불 맛을 더하기 위해 강한 그릴 자국을 낸다. 너무 뜨거운 그릴에 올려 검은 자국이 나도록 구워 재료에서 탄 맛이 나다.

• 파티스리의 바닥을 태우다.

FESTONNER 페스토네

• 서빙용 플레이트 가장자리를 화려하게 장식하다. 여러 가지 모양을 낸 젤리, 기름에 튀긴 크루통, 골이 패인 모양으로 썬 레몬 등 다양한 재료로 장식할 수 있고, 줄 모양의 꽃 장식을 화려하게 더하기도 한다.

FETTUCINE 페투치네

• 폭 1cm의 넓적한 파스타 면.

• 이 파스타 모양으로 길고 넓적하게 썬 채소를 뜻하기도 한다.

FEUILLANTINE 푀이양틴

• 아주 얇고 바삭한 페이스트리를 총칭하는 말.

• 아주 얇은 레이스 크레프 과자(crèpe dentelle)와 초콜릿으로 만든 바삭한 파티스리.

FEUILLE 푀이유

• 전동 믹서의 플랫비터 핀. 전동 스탠드 믹서의 핀 중 하나로 나뭇잎 모양으로 생겼으며 주로 크림처럼 부드러운 재료를 혼합하는 데 사용한다.

FEUILLE À FENDRE 푀이유 아 팡드르

• 뼈 절단용 나이프. 정육 전문가가 주로 사용하는 도끼처럼 생긴 큰 칼로, 날이 두껍고 무거우며 뼈나 관절 등을 자를 때 사용된다.

FEUILLE DE BRICK 푀이유 드 브릭

• 브릭 페이스트리. 밀가루와 고운 밀 세몰리나로 만든 아주 얇은 페이스트리 반죽. 북아프리카 지방의 요리나 페이스트리에 주로 사용된다.

FEUILLE DE CUISSON 푀이유 드 퀴송

• 오븐용 실리콘 패드.

• 주방용 유산지.

FEUILLE DE GÉLATINE 푀이유 드 젤라틴

• 판 젤라틴. 콜라겐 성분으로 만들어졌으며 액체 상태의 음식을 겔화하는(gélifier) 데 사용된다.

FEUILLE GUITARE 푀이유 기타르

• 초콜릿용으로 주로 쓰이는 얇은 폴리에틸렌 판. 초콜릿을 놓고 굳힌 후, 쉽게 떼어낼 수 있으며, 접촉했던 면이 매끈하게 반짝이는 효과도 얻을 수 있다(guitare 참조).

FEUILLET 푀이예

• 소의 부산물 중 하나로 제4위인 막창 또는 홍창을 뜻한다. 참고로 제1위인 양은 팡스(panse), 제2위인 벌집양은 보네(bonnet), 제3위인 천엽은 카이예트(caillette)라고 한다.

FEUILLETAGE 푀유타주

• 파트 푀유테(또는 투레tourée)를 말하며 반죽 사이에 버터를 넣고, 접고 밀어 펴기를 반복하여 여러 겹의 잎사귀 같은 층이 생기는 페이스트리이다. 퍼프 페이스트리.

FEUILLETAGE INVERSE
뫼유타주 앵베르스
• 거꾸로 만드는 뫼유타주라는 뜻으로 전통적인 반죽과는 반대로 버터 반죽 안에 페이스트리 기본 반죽(détrempe)을 넣고 밀어 펴고 접기를 반복하는 방법이다. 오븐에 구울 때 일반 뫼유타주보다 더 바삭하게 잘 부푼다.

FEUILLETER 뫼유테
• 파트 뫼유테를 만들다.
• 반죽에 버터를 발라 여러 겹으로 접어 켜켜이 보이게 굽다.

FEUX 푀
• 불, 가스불(feux-gaz). 화력을 이용한 모든 조리가 가능하다(볶기, 지지기, 끓이기 등).

FICELER 피슬레 (아래 사진 참조)
• 로스트용 치킨(또는 고기 안심)의 모양을 잡아주기 위하여 주방용 실로 둘러싸 묶어주다.

FICELLE (CUIRE À LA)
(퀴르 아 라) 피셀
• 실로 묶어 익히다. 전통적인 샤퀴트리의 하나인 앙두이예트 아 라 피셀(andouillette à la

ficelle)은 창자에 소를 채워 넣은(embossage) 다음, 실로 묶어 길게 늘어트린 채 익힌다.
• 소고기 안심을 끈으로 묶은 뒤, 소 육수나 국물 요리에 넣어 익힌다.
• 또한 햄을 끈으로 묶어서 화덕, 훈연 장치 또는 로스팅 장치 위에 매달아 익히기도 한다.

FICHE TECHENIQUE (FICHE RECETTE)
피슈 테크니크 (피슈 르세트)
• 레시피 카드. 재료 및 분량, 비용 등의 리스트와 만드는 법이 적힌 표.

FIEL 피엘
• 담즙. 닭의 담즙으로, 손질할 때 제거해야 한다.

FIGER 피제 (FAIRE, LAISSER, METTRE À)
• 온도가 낮아져 굳다. 식혀서 굳히다.
• 굳히다, 얼리다, 냉동하다, 농도를 되게 하다. 응고시키다, 엉겨서 덩어리지게 하다, 모양을 고정시키다, 겔화하다 등의 의미로 통용된다 (동의어: durcir, congeler, glacer, épaissir, cailler, coaguler, fixer, geler).

안심 덩어리인 필레 미뇽을 주방용 실로 묶어(ficelé) 로스팅 준비를 마친 모습.

FILET 필레

• 액체를 가늘게 적은 양으로 뿌리는 것을 뜻한다. 또는 채소나 버섯 등의 재료를 물에 담그지 않고 조금씩 흐르는 물에 헹군다는 의미로도 쓰인다.

• 생선의 필레는 살만 잘라낸 긴 덩어리, 닭의 필레는 가슴살을 길게 잘라낸 것, 송아지, 또는 돼지의 필레(필레 미뇽)는 안심 부위를 가리킨다.

• 소의 필레는 아주 연한 살 부위인 안심이다. 조리하기 전에 라드를 끼워 박아 넣기도 한다. 일반적으로 일인당 150g을 서빙하며, 안심의 가운데 부분인 쾨르(coeur)를 스테이크용으로 많이 쓴다.

• 비프 웰링턴(filet de boeuf Wellington): 안심의 가운데 토막을 선택하여 기름을 제거한 다음 뜨거운 팬에서 표면에 골고루 색을 내며 시어링한다. 망에 얹어 식힌 다음 뒥셀과 다진 닭고기로 만든 혼합물로 잘 덮어준다. 바깥을 파트 푀유테로 감싼 뒤 오븐에 익힌다.

• 비프 스트로가노프(filets Strogonoff): 안심의 양 끝 부분을 길쭉한 모양으로 먹기 좋게 썰어 센 불에 볶은 뒤 조리한 것.

FILET MIGNON 필레 미뇽

• 돼지의 길쭉한 안심 부위.

FILETER 필르테

• 생선용 필레 나이프로 생선의 살을 잘라낸다. 손님의 테이블 앞에서 익힌 생선의 가시를 발라내고 살을 잘라내다.

• 경우에 따라 필레를 뜨다, 생선 지느러미를 다듬다, 손질하다, 가시를 바르다, 헹구다라는 일련의 준비작업을 모두 포함하여 지칭하기도 한다.

FILM ALIMENTAIRE 필름 알리망테르

• 주방용 랩. 키친랩. 음식의 공기 접촉을 막고 밀폐해 두기 위해 씌우는 인체에 무해한 투명한 비닐랩으로 그릇에 잘 붙는 성질이 있다.

FILMER 필르메

• 랩으로 식품을 덮다. 음식이 담긴 용기를 덮기 위해 랩을 씌우다. 음식이 공기와 접촉하는 것을 방지하기 위해서는 랩을 음식 표면에 밀착시켜 씌우기도 한다.

FILOPLUMES 필로플륌

• 닭 껍질 표면에 남아 있는 깃털 자국, 솜털. 닭을 조리하기 전에 토치로 이 잔털을 모두 그슬려 제거한다.

FILTRER 필트레

• 체나 망 등의 필터에 액체를 걸러 더 맑고 깨끗한 국물을 얻다(étaminer 참조).

FINE GUEULE 핀 괼

• 미식가, 식도락(gourmand, gourmet).

FINES HERBES 핀 제르브

• 허브류. 향신재료로 사용할 수 있는 파슬리, 차이브, 타라곤 등 다양한 종류의 허브.

F

FINIR 피니르

• 요리의 마지막 마무리를 하다. 서빙하기 전 필요하면 간을 조정하거나 양념을 더하는 등 최종점검을 하다.

FINITION 피니시옹

• 요리의 서빙을 위한 플레이팅의 최종 마무리 작업.

FIXER AU REPÈRE 픽세 오 르페르

• 밀가루, 물, 경우에 따라 달걀흰자를 섞어 반죽해 플레이트 위에 장식용 받침대를 만들어주다. 열을 가하여 이 반죽을 굳힌 뒤 사용한다.

• 봉하다(luter)의 의미로 쓰이기도 한다. 밀가루, 물, 경우에 따라 달걀흰자를 넣어 섞은 반죽을 긴 띠 모양으로 만들어 냄비의 뚜껑 가장자리를 잘 봉인해 붙인다. 냄비를 완전히 밀봉해 수분이 빠져나가지 않게 찌는 요리에 사용하는 방법이다(예: 알자스 지방의 찜 요리인 베코프 baeckeoffe).

FLAMBER (FAIRE)

(페르) 플랑베 (아래 사진 참조)

• 털을 뽑은 닭이나 수렵육 조류를 토치로 고루 그슬려, 남아 있는 잔털이나 깃털 자국 등을 제거하다.

• 뜨거운 음식에 오드비나 리큐어를 붓고 불을 붙이다. 음식의 잡내와 알코올 성분은 날아가고 술의 좋은 향을 더할 수 있다(예: 크레프, 바나나 등을 주로 플랑베한다).

• 【옛】 더 먹음직스러운 색을 내기 위해 뜨거운 라드 기름 방울을 고기 위에 떨어트려가며 굽는 방식을 뜻한다.

FLAMME 플람

• 가스레인지의 불꽃.

• 디저트나 음식을 플랑베해서 손님 앞에 서빙할 때 타오르는 불꽃.

FLANCHET 플랑셰

• 소, 송아지의 양지 부위. 치마살(bavette)과 붙어 있다.

FLANQUER 플랑케

• 고기나 닭 요리의 양쪽에 가니시를 놓아 서빙하다.

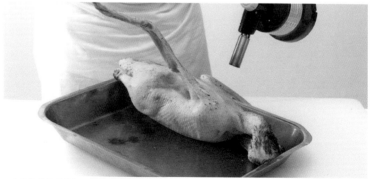

오리의 발과 껍질을 토치로 그슬려(flamber) 잔털이나 깃털의 흔적을 제거하는 모습.

FLAQUER 플라케
• 모양이 통통한 생선의 등 쪽을 갈라 가시를 제거하다.

FLEURER 플뢰레
• 반죽이 바닥에 붙는 것을 방지하기 위하여 대리석 작업대와 반죽에 밀가루를 얇게 흩뿌리다. 파티스리 틀에 밀가루를 바르다. 빵 표면에 밀가루 또는 호밀가루를 뿌리다.

FLEURONS 플뢰롱
• 얇게 민 파트 푀유테를 작은 초승달 모양의 틀로 잘라 만든 페이스트리. 파테 앙 크루트의 표면을 장식할 때 사용하거나, 달걀물을 발라 오븐에 구워 내 요리의 가니시로 사용하기도 한다.

FLEXIPAN 플렉시팡
• 플랙시팬. 주방용 도구 및 소품 전문 브랜드명. 특히 다양한 실리콘 몰드 제품으로 유명하다.

FLOCAGE / FLOQUER
플로카주 / 플로케
• 초콜릿이나 케이크 표면에 벨벳처럼 부드럽고 개성 있는 효과를 주기 위해 스프레이건을 사용하여 색소나 펄을 분사한다.

FLOCULATION 플로퀼라시옹
• 액체에서 뭉쳐 뜨는 불순물을 제거하다. 데캉타시옹(décantation)이라고도 한다.

FLORENTINE 플로랑틴
• 버터에 익힌 시금치 위에 생선, 고기, 달걀 등을 얹고 모르네 소스(sauce Mornay)를 뿌리는 요리.

FOISONNER 푸아조네
• 부풀다. 팽창하다. 액체 또는 고체 상태의 음식에 공기를 주입하다. 크림을 저어 원하는 정도의 볼륨감과 가벼움이 생길 때까지 거품을 내다.
• 기계를 사용해 아이스크림이나 소르베를 저어 섞어 내용물의 부피를 늘리다.

FONCER 퐁세
• 조리용 용기 바닥 또는 테린 틀에 돼지 껍데기 또는 당근, 양파 같은 향신재료를 깔다, 그 위에 재료를 넣고 익힌다.
• 파티스리용 몰드, 타르트 팬 등의 바닥과 안쪽 벽을 얇게 민 시트 반죽(파트 푀유테, 브리제, 사블레 등)으로 깔고 붙여주다.

FOND 퐁
• 타르트 등의 파티스리의 바닥이 되는 반죽. 크러스트(fond de pâtisserie).
• 육수, 스톡. 재료의 풍미와 영양소에 액체를 더해 끓인 농축 국물. 소스나 스튜, 브레이징 요리를 만들 때 사용한다.
• 서빙용 플레이트 위의 음식을 더 아름답게 하기 위해 바닥에 까는 장식을 뜻한다(le fond de plat). 색을 낸 젤리 등 다양한 재료로 플레이트의 바닥을 깔고, 그 위에 메인 요리를 얹는다.

FOND BLANC

퐁 블랑 (다음 페이지 과정 설명 참조)

• 흰색 육수. 화이트 스톡. 송아지, 닭, 소, 생선 (퓌메 fumet), 갑각류 해산물(fumet), 또는 채소 (부이용 bouillon)을 끓여 얻은 흰색 육수를 가리킨다.

FOND BRUN 퐁 브룅

• 갈색 육수, 브라운 스톡. 송아지, 닭, 수렵육, 오리, 비둘기, 양 등을 끓여 얻은 갈색 육수를 총칭한다.

FOND DE BRAISAGE 퐁 드 브레자주

• 재료를 센 불에 한 번 지진 후 국물을 자작하게 잡아 뭉근히 브레이징했을 때 생기는 소스를 뜻하며 전분 또는 이미 리에종된 농축 소스를 더해 농도를 맞춘다.

FOND DE CUISSON NON LIÉ

퐁 드 퀴송 농 리에

• 리에종하지 않은 요리 국물이나 소스. 닭 또는 송아지 흰색 육수, 맑은 갈색 육수, 생선이나 갑각류 해산물 육수 등 리에종(liaison 농후화, 농축화)하지 않은 베이스 육수는 고기, 생선, 채소 요리의 국물을 만들 때 사용한다. 또는 재료를 볶거나 지진 후 디글레이즈용 국물로 사용하여 소스를 만들 수 있다.

FOND DE POÊLAGE 퐁 드 푸알라주

• 재료를 팬 프라이한 다음 그 팬에 육수를 넣고 졸여 만든 소스.

FOND DE SAUCE LIÉ 퐁 드 소스 리에

• 데미글라스로 농도를 더한 갈색 소스나 이처럼 리에종한 송아지 육수는 고기, 채소 등을 익힐 때 베이스 국물로 넣거나, 팬에 재료를 익힌 후 넣어 소스를 만들 때 사용한다.

FONDRE 퐁드르
(FAIRE, LAISSER, METTRE À)

• 녹이다. 녹다. 불 위에서 직접 또는 중탕(bain-marie) 등의 방법으로 재료를 녹이다.

FONDS DE CASSEROLES

퐁 드 카스롤

• 냄비의 바닥이라는 뜻. 가정에서 일반적으로 사용하는 말로 식사를 마치고 남은 음식을 가리킨다.

• 냄비 바닥에 음식이 탄 자국이 남은 것을 지칭할 때 쓰이는 말.

FONDUE 퐁뒤

• 녹인 치즈와 화이트와인을 섞은 것에 꼬챙이에 끼운 빵조각을 찍어 먹는 사부아 지방의 음식(fondue savoyarde).

• 부르고뉴식 퐁뒤(fondue bourguinonne)는 뜨거운 기름에 소고기 조각을 담가 익혀 먹는다.

• 아시아식 퐁뒤인 샤브샤브는 소고기 등의 육류를 국물에 담가 익혀 먹는다.

• 도기로 된 용기에 초콜릿을 녹인 뒤 각종 과일을 찍어 먹는 초콜릿 퐁뒤도 있다.

• 채소가 완전히 흐물어질 정도로 익도록 뚜껑을 딮고 조리하는 방법. 리크(서양 대파)를 가늘게 채 썰어 뚜껑을 덮고 볶아낸 것을 퐁뒤 드 푸아로(fondue de poireaux)라고 한다.

흰색 닭 육수

FOND BLANC DE VOLAILLE

닭 육수(치킨스톡) 750ml

재료

닭의 자투리, 토막 낸 몸통 뼈 500g
또는 육수 내는 용도의 닭
찬물 750ml
굵은 소금
통후추
정향(클로브)
당근 50g
양파 50g
리크(서양 대파) 흰 부분 10g
셀러리 40g
부케가르니 ½개

도구

고운 원뿔체
깊지 않은 큰 냄비

— 포커스 —

닭 날개 대신 송아지 뼈,
기름기 없는 고기 자투리, 정강이 뼈,
뒷다리 또는 송아지 족 등을 사용해
같은 방법으로 끓이면 흰색 송아지
육수를 만들 수 있다.

· 1 ·
모든 재료를 작업대에 준비한다.

· 4 ·
부케가르니와 향신재료를 넣은 후 뚜껑을 덮고
약한 불로 35~40분 끓인다. 계속 거품을 건져

· 2 ·
자투리와 뼈를 반으로 토막 내어 냄비에 담고,
찬물을 부어 끓인다.

· 3 ·
맑고 깨끗한 육수를 얻기 위해서는
거품을 계속 건져낸다.

· 5 ·
포를 씌운 망이나 고운 원뿔체에 걸러준다.

· 6 ·
맑은 닭 육수가 완성된 모습.

FONTAINE 퐁텐
• 작업대 위에 쏟아 놓은 밀가루 한 가운데에 연못 모양으로 움푹 패게 만든 홈을 뜻한다. 여기에 반죽에 필요한 물 등의 액체 재료를 넣고 가장자리의 밀가루와 잘 혼합한다.

FOODING 푸딩
• 푸드(food)와 필링(feeling)의 합성어. 가스트로노미를 좀 더 민주적인 용어로 대치하고자 하는 의도로 알렉상드르 카마스(Alexandre Cammas)가 처음 도입한 개념이며, 2000년 창간한 레스토랑 및 미식 가이드의 이름이다. 그는 이러한 새로운 시도를 통해 화려하고 형식적인 음식문화에 치중하기보다는 좀 더 편하고 소박한 환경에서 각 개인 모두가 "잘 먹는 것"에 대한 진정한 가치와 개념을 재정립하게 함으로써 프랑스 가스트로노미의 이미지를 현대화하고자 했다.

FORMÉE 포르메
• 모양을 만든 반죽. 성형을 마친 반죽. 반죽을 밀어 펴기 전 둥그런 모양의 덩어리로 만들다. 빵 반죽을 틀에 넣기 전에 알맞은 모양으로 만들다. 재료를 익히기 전에 원하는 모양으로 만들다.

FOUET 푸에
• 거품기. 소스 등을 혼합해 에멀전화하거나 거품을 낼 때 사용하는 주방도구.

FOUET À BLANC D'ŒUFS 푸에 아 블랑 되
• 달걀흰자를 쳐서 거품을 올릴 때 사용하는 짧고 둥근 모양의 거품기로 비교적 가늘고 탄성이 있는 철사로 이루어져 있다. 전동 믹서기에 장착하는 와이어 휩을 가리키기도 하며, 푸에 아 블랑(fouet à blanc) 또는 푸에 발롱(fouet ballon)이라고 한다.

FOUET À SAUCE 푸에 아 소스
• 소스를 혼합해 에멀전화할 때 사용하는 거품기. 길쭉하고 비교적 단단한 재질의 철사로 만들어져 있으며 손잡이도 철제로 되어 있다.

FOUETTER 푸에테 (아래 사진 참조)
• 손 거품기 또는 전동 믹서에 장착한 거품기로 생크림, 달걀흰자 등의 재료를 세게 휘저어 거품을 올리거나, 재료를 균일하고 매끈하게 혼합하다.

재료를 넣고 거품기로 세게 저어 섞어(fouetter) 마요네즈 소스를 만드는 모습.

F

FOULER 풀레

• 압착하다. 소스나 혼합물을 체나 면포 등에 거르면서 꾹꾹 눌러 짜주다.

FOUR À CHARIOTS ROTATIFS
푸르 아 샤리오 로타티프

• 로테이팅 오븐, 랙 오븐. 주로 제과제빵업체에서 사용하는 대형 오븐으로 트롤리 형태의 베이킹 랙 1~2개를 통째로 넣을 수 있다.

FOUR À SOLE 푸르 아 솔

• 데크 오븐. 동시에 여러 가지 빵을 구울 수 있는 여러 개의 데크가 독립적으로 구성된 대형 오븐.

FOUR MIXTE À CONVECTION FORCÉE 푸르 믹스트 아 콩벡시옹 포르세

• 멀티 컨벡션 오븐. 하나의 오븐으로 대류 팬(à air pulsé) 기능, 스티머(à vapeur) 기능 또는 이 둘을 동시에 사용할 수 있는 기능이 있는 다목적용 컨벡션 오븐으로 각 요리마다의 특성에 따라 다양하게 정확하고 신속한 조리를 할 수 있다.

FOUR STATIQUE À CONVECTION NATURELLE
푸르 스타티크 아 콩벡시옹 나튀렐

• 일반 컨벡션 오븐으로 주로 가스레인지와 일체형으로 되어 있다. 로스트 요리과 그라탱 등에 적합하다.

FOURCHETTE 푸르셰트

• 포크. 고기용 생선용, 디저트용, 굴 전용 포크 등 그 종류가 용도에 따라 다양하다.

FOURCHETTE À CHOCOLAT
푸르셰트 아 쇼콜라

• 초콜릿용 디핑 포크. 템퍼링한 초콜릿에 재료를 담가 깔끔하게 코팅할 때 사용하는 도구. 브로슈 아 트랑페(broche à tremper)라고도 한다.

FOURCHETTE À GIBIER
푸르셰트 아 지비에

• 수렵육용 카빙 포크. 수렵육을 커팅할 때 지탱하는 용도로, 혹은 고기를 그릇에 옮길 때 사용한다.

FOURCHETTE DIAPASON
푸르셰트 디아파종

• 카빙 포크. 로스트한 고기를 자를 때 지탱용으로 사용한다(diapason 참조).

FOURCHETTE DU BRÉCHET
푸르셰트 뒤 브레셰

• 가금류의 흉곽 위쪽에 붙은 V자로 생긴 가는 뼈. 위시본(wishbone)이라고도 한다.

FOURCHETTE-CHEF 푸르셰트 셰프
• 카빙포크, 다이파종 포크(fourchette à diapason)와 비슷하며, 두 개의 꼬챙이가 약간 휜 모양이다.

FOURRER 푸레
• 채우다. 속을 채우다. 파티스리, 에클레어, 슈 등을 구운 후에 짤주머니나 스푼으로 크림 등의 내용물을 채워 넣다.

FRAGMENTER 프라그망테
• 잘게 분리하다. 작은 조각으로 나누다, 부수다(예: 크럼블).

FRAGRANCE 프라그랑스
• 냄새, 향. 일반적으로 맛있고 기분 좋은 향을 뜻한다.

FRAISER OU FRASER 프레제, 프라제
• 대리석 작업대에 반죽을 놓고 손바닥으로 눌러 밀면서 끊는 느낌으로 균일하게 섞다.

FRAPPER 프라페
• 급속하게 냉각시키다. 얼음에 채워 차갑게 하다. 준비한 음식을 얼음에 넣어 급속히 온도를 떨어뜨리다. 칵테일 셰이커에 얼음을 넣고 흔들어 차갑게 만들다.

FRASAGE 프라자주
• 밀가루와 물을 섞은 빵 반죽(pâte à pain).
• 빵 반죽을 치대는 처음 5분간의 작업.

FRÉMIR (FAIRE) (페르) 프레미르
• 액체를 끓는점보다 약간 낮은 온도로 유지하여 약하게 시머링하다.

FRÉMISSEMEMT 프레미스망
• 액체가 끓기 시작하는 상태. 시머링(simmering).

FRENEUSE 프레뇌즈
• 포타주의 일종. 순무(navet)와 감자 퓌레에 육수를 넣어 끓인 다음, 생크림으로 농도를 맞춘 크림 수프.

퐁뇌프 감자(Pommes Pont-Neuf 굵은 프렌치프라이)를 기름에 담가 튀기는 모습(frire).

FRIAND 프리앙
• 일반적으로 맛있는 음식, 입맛을 돋우는 기분 좋은 음식이라는 뜻으로 통용된다.
• 치즈나 햄, 다짐육 등의 소를 채워 오븐에 구운 작은 페이스트리 종류. 작은 미트 파이류. 주로 오르되브르로 서빙한다.

FRIANDISE 프리앙디즈
• 작은 크기의 달콤한 사탕, 과자류. 간식으로 즐기거나 커피와 차 등에 곁들여 먹는다. 식사가 끝난 후 서빙되는 작은 크기의 달콤한 과자류 등을 가리키기도 한다.

FRICASSÉE 프리카세
• 【옛】고기나 채소를 넣고 만든 스튜. 프리코(fricot)라고도 한다.
• 닭고기 또는 송아지 고기를 소테한 뒤, 방울양파와 버섯 등을 넣고 국물을 자작하게 잡아 익힌 음식. 익힌 국물을 졸여 크림으로 리에종해서 소스로 곁들이기도 한다.
• 양고기나 생선을 사용하여 프리카세를 만들기도 한다.

FRIRE (FAIRE, LAISSER) 프리르 (왼쪽 사진 참조)
• 튀기다. 높은 온도의 기름에 재료의 일부분 혹은 전체를 담가 튀기다.

FRISE-BEURRE 프리즈 뵈르
• 버터를 홈이 팬 모양으로 돌돌 말아 긁어내는 조개 모양으로 생긴 도구.

FRITEUSE 프리퇴즈
• 전기 튀김기. 뜨거운 기름에 재료를 넣어 튀겨내는 기구. 튀김망과 뚜껑이 있고 온도조절기가 있어서 일정한 온도로 기름을 유지하며 튀길 수 있다. 일반적으로 본체 중간에 열선이 내장되어 있고 인슐레이션으로 분리되어 있어 하면부는 뜨거워지지 않는다.

FRITOT 프리토
• 미리 간을 한 양념 등에 재워 놓은 재료에 튀김옷을 입혀 튀긴 것. 개구리 뒷다리, 굴, 홍합, 생선살, 내장 및 부산물, 채소 등 다양한 재료로 만들 수 있다.

FRITURE 프리튀르
• 버터, 라드 또는 뜨거운 기름에 튀긴 음식.
• 작은 생선을 튀긴 요리. 모둠 생선 프라이. 감자 등 다양한 재료의 튀김 요리.

FROMAGER 프로마제
• 치즈 전문가. 치즈 생산 종사자. 주방의 치즈 담당자 등 치즈와 관련된 직업에 종사하는 사람을 지칭한다.
• 치즈를 재료로 한 모든 레시피, 요리를 가리킨다(예: tourteau fromager 푸아투아의 특산 파티스리로 프레시 염소 치즈를 사용해 만든 촉촉한 케이크. 까맣게 탄 볼록한 한쪽 면이 특징이다).

FROTTER 프로테
• 문지르다. 마찰하다. 예를 들어 마늘을 빵에 문질러 향을 입히다.

— 테크닉 —

생선 육수

FUMET DE POISSON

육수 500ml

재료

지방이 적은 생선(넙치, 광어, 가자미류, 명태,
달고기 등)의 뼈와 자투리 살 300g
버터 20g
화이트와인, 레드와인 또는
누아이 프라트(Noilly Prat 프랑스산 베르무트)
50ml
통후추
샬롯 15g
셀러리 40g
리크(서양 대파) 흰 부분 40g
양파 40g
버섯 자투리(선택사항)
부케가르니 ½개
찬물 500ml

• 1 •
모든 재료를 작업대에 준비한다.

• 4 •
화이트와인으로 디글레이즈한다.

• 6 •
끓는 동안 계속 거품을 건진다.

· 2 ·

냄비에 버터를 녹여 거품이 일면,
생선뼈와 자투리 살을 넣어 볶는다.

· 3 ·

향신재료들을 넣어 함께 볶는다.

· 5 ·

재료가 잠길 정도로 찬물을 붓고,
약한 불로 35~40분 정도 끓인다.

도구

고운 원뿔체
중간 크기 냄비

· 7 ·

를 씌운 원뿔체에 맑은 생선 육수를 걸러낸다.

FRUITS DE MER 프뤼 드 메르
• 조개류, 갑각류, 연체류 등 해산물을 총칭하는 용어.
• 경우에 따라서는 조개류, 갑각류, 연체류뿐 아니라 일반 생선류도 포함하여 지칭한다.

FUMAGE 퓌마주 (퓌메종, 부카나주) (FUMAISON OU BOUCANAGE)
• 훈연, 훈제. 고기나 샤퀴트리, 생선 등에 연기를 씌워 훈연하는 방법. 특히 돼지고기(베이컨, 햄 등)나 샤퀴트리(앙두이유, 소시지, 살라미 등), 가금류나 사냥육 등을 보존하기 위한 방법으로 많이 사용되며, 훈연한 음식은 특유의 향을 띤다. 일반적으로 소금에 절인 후 훈연한다.

FUMÉ 퓌메
• 훈연을 거친 상태, 또는 훈제한 음식.
• 훈연의 향이 나는 음식.

FUMER 퓌메
• 훈제하다, 훈연하다(예: 연어를 훈제하다 fumer un saumon).

FUMET 퓌메 (이전 페이지 과정 설명 참조)
• 생선뼈나 갑각류 껍질 등을 끓여 얻은 육수. 소스를 만들거나 생선을 익힐 때 넣는 국물로 사용된다(예: 생선 육수 fumet de poisson).
• 와인의 향, 육향 등 후각을 자극하는 음식의 좋은 향을 지칭하는 단어로도 사용된다.

FUMOIR 퓌무아르
• 훈연기, 훈연장치 또는 훈연실을 뜻한다.

FUSIL DE BOUCHER (FUSIL DE CUISINE) 퓌지 드 부셰 (퓌지 드 퀴진)
• 칼 가는 도구. 긴 막대형으로 생긴 칼갈이로 둥근날 또는 넓적한 타원형의 날이 있다.

FUSILLI 푸질리
• 푸질리 파스타. 나선형으로 꼬인 쇼트 파스타의 일종.

G

GAINER 게네

• 【옛】음식의 질감을 알갱이처럼 거칠게 만든다. 그레네(grainer)와 동의어.

GALANTINE 갈랑틴

• 차갑게 먹는 샤퀴트리의 일종으로 수렵육, 토끼, 돼지, 송아지, 닭 등의 기름이 적은 고기 부위에 푸아그라, 피스타치오, 송로버섯 등의 부재료를 넣고 테린에 넣어 익혀 젤리화하여 만든다.

GALETTE 갈레트

• 메밀가루로 만든 브르타뉴 지방의 얇은 크레프의 일종으로, 햄, 치즈, 달걀 등의 짭짤한 재료를 얹어 먹는다.
• 동그랗고 납작한 모양의 과자. 달콤한 비스킷 과자류를 총칭하는 용어.

GALETTIÈRE 갈레티에르

• 크레프리(crêperie). 크레프를 부쳐내는 둥근 전기 플레이트. 또는 크레프 전문 판매점.

GAMME, CLASSIFICATION DES PRIMEURS 감, 클라시피카시옹 데 프리뫼르

• 분류 또는 등급을 나타낸다. 채소, 과일의 분류는 다음과 같이 할 수 있다.
1그룹(1ʳᵉ gamme): 가공하지 않은 신선한 상태의 과일이나 채소. 또는 기본 손질(씻기, 껍질 벗기기)을 거친 신선한 과일과 채소.
2그룹(2ᵉ gamme): 통조림, 병조림 등 채소나 과일을 열로 살균하여 밀폐된 용기에 저장한 것.
3그룹(3ᵉ gamme): 냉동 보관, 냉동 포장한 채소.
4그룹(4ᵉ gamme): 공장에서 대량으로 처리, 포장한 샐러드용 생채소, 또는 진공포장한 생채소.
5그룹(5ᵉ gamme): 채소를 익히거나 저온살균 처리한 다음 진공포장한 제품.

GANACHE 가나슈

• 가나슈는 초콜릿에 생크림과 버터, 우유 등을 섞어 용도에 따라 경도를 조정한 초콜릿 크림이다. 봉봉 초콜릿, 트러플 초콜릿, 초콜릿 타르트나 케이크 및 다양한 초콜릿 과자 등에 사용된다.

GARAM MASSALA 가람 마살라

• 인도의 향신료 믹스. 주로 정향, 코리앤더, 계피, 카다멈, 큐민, 육두구(넛메), 호로파, 펜넬, 후추 등을 혼합하여 만든다. 향신료의 신선한 향을 강하게 내기 위해서는 사용하기 직전에 직접 섞어 갈아서 쓰는 것이 좋으며, 음식에 넣을 때는 마지막에 아주 소량만 넣는다.

GARNIR 가르니르

• 요리에 가니시를 곁들이다.
• 닭이나 칠면조 등의 가금류에 소를 채워 요리하다(volaille garnie, dinde garnie).
• 음식이 골고루 풍성하게 서빙된 접시를 말한다(assiette bien garnie).

GARNITURE 가르니튀르

• 요리의 주재료 이외에 함께 곁들여 나오는 가니시를 총칭한다.
• 고기나 닭, 생선 요리를 서빙용 플레이트에 낼 때 그 주위에 빙 둘러 곁들이는 가니시.
• 주재료 음식을 낼 때 함께 곁들여 서빙하되 다른 그릇에 따로 담아내는 음식.
• 퍼프 페이스트리 등으로 베이스를 만든 다음, 그 안에 채워 넣는 소를 지칭하기도 한다 (예: garniture de bouchée à la reine).

GARNITURE AROMATIQUE 가르니튀르 아로마티크

• 향신용 재료. 음식을 조리하기 전이나 익히는 중간에 넣는 다양한 향신재료. 이미 향신 재료를 더해 원하는 향미를 낸 육수를 요리

국물로 사용하면, 조리 시 다른 향신재료를
넣지 않아도 된다.

GARUM 가룸

• 고대 로마시대부터 즐겨 사용하던 발효 생선
소스. 중세의 요리에 빠져서는 안 되는 기본
양념이었던 가룸은 오늘날 아시아의 피시소
스인 느억맘(nuoc-mam)과 비슷한 것으로, 당
시에는 소금의 대용으로도 사용되었다. 소금
물에 절인 생선의 살과 내장을 햇빛에 오랜 시
간 두어 발효시킨 후 건조한 곳에 놓아두면
위로 맑은 즙이 뜨는데 이것이 바로 가룸이다.
대부분 병에 담아 판매하는데, 식초를 넣은
것(oenogarum), 물을 넣은 것(hydrogarum), 기
름을 넣은 것(oléogarum), 후추를 넣은 것
(garum piperatum) 등 종류도 매우 다양하다.
맛과 향이 아주 강한 가룸은 여러 요리 레시
피에 많이 사용될 뿐 아니라, 테이블 위에 두
는 양념이기도 하다.

GASTRIQUE 가스트리크

• 설탕과 식초를 캐러멜 농도로 농축한 후 물
이나 와인, 육수 등의 액체를 넣어 다시 졸인
것으로 새콤달콤한 소스(sauce aigre-douce)의
베이스로 사용된다(예: 오렌지 소스의 오리 요리
canard à l'orange).

GASTRONOMIE 가스트로노미

• 미식. 미식 문화를 총칭하는 말. 가스트로
노미라는 용어가 선보인 것은 그리 오래되
지 않았다. 19세기 초 조제프 베르슈(Joseph
Berchoux)라는 한 미식가에 의해서 처음 사용
된 이 용어는 어떤 이들에게는 파인 다이닝으
로, 또 다른 이들에게는 식재료의 질이나 조
리 기술까지 포함한 포괄적인 개념으로 인식
되고 있다. 아카데미 프랑세즈(Académie
française 프랑스의 국립 학술원)는 1835년 정식
으로 이 단어를 프랑스어 사전에 등재했다.

GASTRONOMISME 가스트로노미즘

• 소비자 입장에서의 식문화 정체성. 미식주의.
식재료, 조리도구 및 테이블 웨어, 조리하는 방
식, 테이블 세팅, 서빙, 파티 및 초대 등 전반적인
식문화에 관련된 선택과 기호도를 총칭한다.

GASTRO NORM (GN) 가스트로 노름

• 음식 문화에 관한 표준, 규격, 규범이라는 뜻
으로 주로 유럽 내 레스토랑 업장(단체 급식, 일
반 식당 포함)에서 사용하는 용기나 그릇 등의
집기 표준 사이즈를 가리킨다. 이러한 표준 규
정은 다양한 사이즈의 오븐에도 적용되며 그
에 따라 알맞은 규격의 바트나 조리 용기를 선
택할 수 있다. 이 규격은 현재 세계적으로 공
통적인 표준 사이즈로 통용된다.

GAUFRE 고프르

• 와플. 벌집 모양의 두 개의 팬으로 눌러 구
운 얇은 파티스리.

GAUFRETTE 고프레트

• 고프레트 감자(pomme de terre gaufrette): 만
돌린을 사용해 방향을 바꿔가며 벌집 모양의
망으로 얇게 썰어 튀긴 감자칩.

• 고프레트, 웨하스, 와플 과자. 가볍고 바삭한
얇은 과자인 고프레트는 일반적으로 대량생
산되며, 와플의 반죽과 비슷하지만 더 수분이
적어 바삭하다. 부채꼴 모양 또는 길게 만 형
태로 그 안에 잼이나 크림을 넣어 만든다. 아
이스크림의 콘도 고프레트 반죽으로 만든다.
이 과자는 게르만 영토에서 바베(wabe)라는
이름으로 처음 선보였고, 이것이 프랑스 혁명
기에 프랑스로 건너왔을 것이라고 하는 설도
있다. 하지만 크레프와 마찬가지로 중세부터
전해 내려오는 이 과자도 많은 유럽 음식들이
그러하듯이 벨기에, 독일, 프랑스의 제과 장인
들의 솜씨와 교류를 거쳐 탄생한 결과물이라
는 주장이 더 신빙성이 있다.

G

GAUFRIER 고프리에
• 와플 메이커.

GAVOTTE 가보트
• 레이스처럼 아주 얇고 바삭한 브르타뉴 지방의 특선 과자로, 이것을 부순 것을 푀이양틴(feuillantine)이라고 한다. 바삭한 질감을 더하는 재료로 케이크 등 파티스리에 사용하기도 한다.

GÉLATINE 젤라틴
• 얇은 판형, 혹은 가루 형태로 판매되는 무색, 무취의 젤라틴은 동물의 껍질 또는 뼈에서 추출한 콜라겐으로 만들어지며 음식을 젤화(gélifier, gélatiner, coller)하는 역할을 한다. 찬물에 불린 후 뜨거운 액체에 넣어 녹이거나, 중탕으로 녹여 사용한다. 젤라틴화 측정 단위를 나타내는 블룸(bloom)은 그 수치가 높을수록 더욱 단단한 형태로 굳는다.
• 즐레, 젤리를 지칭하는 일반적인 용어로도 사용된다.

GÉLIFIANT 젤리피앙
• 젤화제. 음식을 젤리처럼 굳히는 역할을 하는 젤라틴 또는 식물 성분인 우뭇가사리로 만든 한천, 펙틴, 알긴산 등의 물질을 말한다. 일반 음식이나 디저트에 젤화제를 첨가한 후 식히면 젤리처럼 굳는다.

GÉLIFICATION 젤리피카시옹
• 젤화. 젤리화. 녹말풀을 식히면 아밀로즈 입자가 재구성되어 수분은 발산하고 효소의 활동을 억제하는 결정화된 젤이 된다. 경우에 따라 물이 젤에서 분리되어 나오는 경우도 있는데 이를 이액현상(synérèse)이라고 한다(gélifié 참조).

GÉLIFIÉ 젤리피에
• 젤화 과정을 거쳐 젤리처럼 굳은 상태.
• 당과류(confiserie)에서 사용되는 용어. 19세기의 당과류 제조자들은 아카시아 수지 혼합물인 아라비카 고무에 설탕, 과일 추출물과 향료 등을 넣고 함께 끓여 만든 젤리로 큰 성공을 거두었다. 원재료의 가격이 너무 비쌌던 이 사탕은 이후 젤리 사탕에 그 자리를 내어주게 된다. 젤라틴을 넣어 쫄깃하고 말랑말랑한 식감을 내고, 식용 색소로 알록달록한 색깔을 낸 이 사탕은 어린아이들에게 많은 인기를 끌고 있다.

GÉNISSE 제니스
• 새끼를 낳지 않은 24~36개월 연령의 암소, 암송아지. 정육과 내장, 부산물의 우수한 품질로 인기가 많다.

GÉNOISE 제누아즈
• 제누아즈 또는 스펀지케이크 시트. 달걀을 풀어 중탕으로 설탕과 섞은 뒤, 밀가루와 버터 녹인 것을 혼합하여 구워낸 케이크 베이스. 리큐어, 오렌지 제스트 또는 바닐라를 넣어 향을 더하기도 한다. 제누아즈는 2~3단으로 잘라 시럽을 발라준 뒤 잼이나 크림 등을 채워 층층이 쌓는 케이크나 롤케이크의 베이스로 사용된다.

GÉOMÉTRIE 제오메트리
• 기하학, 모양, 형태라는 의미로, 요리에서 재료가 특징적으로 만들어내는 구조상의 형태를 가리킨다. 예를 들어 조리 목적과 미적 효과를 위해 다양한 모양으로 써는 방식 등이 모두 포함된다.

GÉSIER 제지에 (오른쪽 사진 참조)
• 닭 모래주머니, 닭똥집, 근위.

GHEE OU GHI 기

• 인도 요리에서 기름 대신 많이 쓰이는 정제 버터. 주로 물소 젖 버터로 만들며, 파티스리 뿐 아니라 다양한 퓌레, 쌀 요리 등에 두루 사용된다. 네팔 등지에서는 야크의 젖으로 만들기도 한다.

GIANDUJA 지앙두자

• 잔두야. 카카오, 설탕, 헤이즐넛을 곱게 갈아 혼합해 만든 페이스트.

GIBIER 지비에

• 수렵육, 사냥육. 사냥으로 잡은 야생 동물(털이 있는 것 혹은 깃털이 있는 것). 해당 동물을 사육해서 수렵육을 얻기도 한다.

GIGOT 지고

• 양의 넓적다리. 통째로 조리하거나, 또는 둔부 쪽 살(selle de gigot)을 잘라내고 요리한다 (gigot raccourci).

GIGUE 지그

• 노루, 사슴 등 털이 있는 덩치 큰 수렵육의 넓적다리(cuissot).

GÎTE À LA NOIX 지트 아 라 누아

• 소의 뒷 사태 넓적다리 살로 설깃살(우둔)과 보섭살(설도)을 포함하는 부위다.

GLAÇAGE 글라사주

• 아이싱(glacer 참조).

GLACE 글라스

• 고기나 닭, 또는 수렵육 등의 육수를 졸여 시럽 농도로 걸쭉하게 된 농축 육수를 뜻하는 조리용어. 졸여서 농축한 육즙 소스를 글라스 드 비앙드라고 한다(concentré 참조). 소스를 만들 때 베이스로 또는 마지막에 추가해 풍미를 진하게 만드는 용도로 사용한다.
• 파티스리 용어. 글라사주용 농축 흰색 설탕 시럽으로 설탕(또는 슈거파우더)에 달걀흰자를 넣고 거품기로 휘저어 섞은 것을 말한다.
• 글라스는 얼음을 뜻한다(glaçon과 동의어). 조리 시 재료를 식힐 때 사용한다.
• 아이스크림을 뜻한다. 일반적으로 셔벗(sorbet)과 아이스크림(crème glacée)을 모두 총칭한다.

닭의 모래주머니(gésier).

GLACE BLONDE 글라스 블롱드

• 생선 육수를 시럽 농도로 농축한 것으로 노
르스름한 빛깔을 띤다.

GLACER 글라세

• 음식 위에 농도가 있는 소스를 끼얹은 후, 화
덕이나 살라만더(salamandre) 브로일러에 넣
어 표면을 노릇하게 구워내는 방법(예: 소스를
얹은 가자미 요리 filet de sole bonne femme).

• 닭이나 고기를 팬에 지지거나 냄비에 브레이
징한 다음 그 익힌 소스를 재료의 표면에 끼
얹어 윤기 나게 해주다. 주로 뜨거운 오븐 입
구에서 따뜻하게 소스를 끼얹어준다(예: 송아
지 갈비구이 carré de veau poêlé).

• 재료에 퐁당 슈거, 초콜릿 또는 기타 글라사
주를 끼얹어 표면을 덮어주다.

• 케이크나 파티스리 표면에 퐁당 슈거를 발라
입히다.

• 재료를 익히고 난 후 마지막에 슈거파우더
나 시럽을 뿌려 윤기 나게 한 다음, 오븐에 넣
어 설탕이 캐러멜라이즈되도록 마무리하다
(예: 애플 프리터 beignets aux pommes).

• 얼음 위에 얹거나 얼음에 담가 차갑게 식히다.

• 방울양파나 모양을 내어 돌려 깎은 당근 등
의 채소에 물, 소금, 버터, 설탕을 넣고 윤기 나
게 익혀 글레이징하다.

GLACER 글라세
(FAIRE, LAISSER, METTRE À)

• 고기나 다른 재료 위에 쿨리 또는 소스를 펴
발라주다.

• 소스 등의 액체를 진한 농도가 되도록 졸이다.

• 과일 콩피(절임)를 설탕 시럽에 담가 반짝이
게 글레이즈하다.

• 액체 상태의 재료, 크림 또는 우유를 얼리다.

GLACER À BLANC 글라세 아 블랑

• 방울양파(oignons grelots) 등의 채소에 물과
설탕, 버터, 소금을 넣고 색이 나지 않고 윤기
나게 익히다.

GLACER À BRUN 글라세 아 브룅

• 채소에 소량의 물과 설탕을 넣고 겉면에 캐
러멜라이즈된 색이 나도록 약한 불로 익히다
(예: 동그란 순무).

GLACIÈRE 글라시에르

• 아이스박스.

• 전기 아이스크림(소르베) 메이커. sorbetière.

GLACIS 글라시

• 채소에서 나온 즙을 졸여 농축시킨 글레이
즈. 이 농축액은 소스, 퓌레, 수프나 에멀전 등
에 다양하게 사용된다.

• 초콜릿 또는 커피, 바닐라, 피스타치오 등 다
양한 향의 글라사주를 뜻하기도 한다(예: 에클
레르 위에 초콜릿으로 글라사주하기 등).

GLOUCESTER 글로스터

• 글로스터 소스. 진한 마요네즈에 사워크림
과 레몬즙을 넣고 잘 섞은 다음, 잘게 다진 펜
넬과 우스터 소스를 넣어 만드는 영국식 차가
운 소스. 주로 차가운 육류에 곁들여 먹는다.

GNOCCHI
뇨키 (다음 페이지 과정 설명 참조)
- 이탈리아식 뇨키(à l'italienne): 보통 감자와 밀가루로 반죽해 손가락 마디만 한 길이로 잘라 만든다.
- 로마식 뇨키(à la romaine): 폴렌타로 만든 반죽을 동글납작하게 찍어내 익힌 다음 소스(다양한 종류 가능)를 얹어 오븐에서 그라탱처럼 마무리한다.
- 파리식 뇨키(à la parisienne): 작은 원통형의 슈 페이스트리 반죽을 약하게 끓는 물에 데쳐 익힌 다음, 모르네 소스(sauce Mornay: 베샤멜소스에 달걀노른자와 치즈를 혼합한 것)를 얹어 그라탱처럼 오븐에서 구워낸다.

GODIVEAU 고디보
- 고기 완자. 곱게 다진 송아지 살코기와 기름을 치대어 반죽한 다음 크림, 달걀 그 밖의 각종 양념 재료를 섞어 간을 한 다음 미트볼처럼 동그란 모양이나 타원형의 크넬 모양으로 빚은 완자. 따뜻한 앙트레로 서빙하거나 또는 볼로방 파이 등의 소재료로 사용한다. 경우에 따라 닭고기나 생선살을 곱게 갈아 만들기도 한다.
- 앙두이유(andouille)를 뜻하기도 한다.

GOMMER 고메
- 아라비아 고무(arabic gum. 아카시아 나무 수지에서 추출)로 표면을 씌워주다(습기로부터 보호하고 표면을 반짝이게 하는 효과가 있다).

GONFLER 공플레
- 부풀다. 효모, 이스트를 넣은 빵 반죽이 발효하여(fermenter) 부풀어 오르는 것을 의미한다.
- 불리다. 건포도나 건자두(프룬)를 시럽이나 술에 담가 불리는 것을 뜻한다.

GORGE 고르주
- 소의 목구멍 살, 그중 납작한 흰색 살 부분(blanc de gorge)은 애호가들이 즐겨 찾는 부위다.
- 기름기가 아주 많은 돼지 목구멍 살은 테린이나 파테 등에 사용된다.

GOUGE 구즈
- 주방용 조각칼. 그 크기와 날의 모양에 따라 길쭉한 홈 파내기, V자 형태로 홈 파내기, 모양을 깎아내기 등의 다양한 조각을 할 수 있다. 날의 모양이 둥그렇게 굽은 것, 비스듬한 사선으로 된 것, 두 겹으로 된 것, 줄무늬 홈이 있는 것 등 종류가 다양하다. 장식용 얼음 조각뿐 아니라 과일이나 채소에 무늬를 내어 조각할 때도 사용된다.

GOUJONNETTE 구조네트
- 생선살 필레를 사선으로 길고 가늘게 자르는 방법. 주로 밀가루, 달걀, 빵가루를 묻혀 튀긴다.

GOULASCH 굴라슈
- 파프리카, 양파를 넣고 끓인 헝가리의 대표적 소고기 스튜 요리.

GOÛT 구
- 테이스트. 취향, 안목. 맛을 인식하는 감각.
- 음식의 맛, 풍미.

GOÛTER 구테
- 맛을 보다, 맛으로 그 풍미를 식별하다. 미각으로 인지하다.
- 오후에 먹는 간식을 뜻하기도 한다.

G

뇨키

GNOCCHI

6인분 기준

재료

감자(bintje 품종) 500g
밀가루 150g
(이탈리아산 00: 입자가 가장 고운 것)
달걀 1개
고운 소금 8g
넛멕(육두구)

도구

감자 그라인더

· 1 ·
감자는 씻어서 껍질째 찬물에 넣어 삶는다

· 4 ·
넛멕을 갈아 조금 넣는다.

· 7 ·
작업대 위에 밀가루를 뿌리고
반죽을 굴리며 길게 늘인다.

· 8 ·
일정한 크기로 자른다.

· 2 ·
익은 감자를 반으로 잘라, 숟가락으로
살을 긁어내 그라인더에 넣는다.

· 3 ·
가는 분쇄망을 끼운 그라인더에
감자 살을 넣고 돌려 간다.

· 5 ·
올리지 않은 상태에서 밀가루를 솔솔 뿌리며
넣어준 다음, 세게 저어 잘 섞는다.

· 6 ·
달걀을 넣고 다시 잘 혼합해
균일하고 매끈한 반죽을 만든다.

· 9 ·
을 이용해 바닥에 굴려 동그란 모양을 만든다.

· 10 ·
포크 뒷면에 대고 굴려 무늬를 내준다.

GOUTTE DE SANG (CUIRE À LA)
(퀴르 아 라) 구트 드 상
• 직역하면 "핏방울이 맺힐 정도"라는 뜻. 주로 콩팥 요리의 익힘 정도를 표현하는 용어이며 핑크빛(rosé)을 띤 상태로 서빙한다. 콩팥이 가장 알맞게 익은 정도를 가리키며 거의 레어(saignant)에 가까운 상태이다.
• 오리 등의 고기를 중불에 짧은 시간동안 익혀 살의 안쪽은 레어인 상태.

GRAINÉ 그래네
• 알갱이, 응어리가 뭉쳐진 상태. 너무 거품을 많이 올린 달걀흰자의 상태. 단단한 거품을 만든다고 거품기를 너무 오래 돌리면 특유의 부드럽고 가벼운 질감을 잃고 작은 응어리가 뭉쳐져 파티스리에 사용하기 부적합하다.

GRAINER 그래네
• 수분을 넣지 않고 설탕을 가열해 시럽이나 캐러멜을 만들 때 저어주면 설탕이 알갱이로 뭉쳐 결정화한다.

GRAISSER 그래세 (아래 사진 참조)
• 설탕을 끓여 시럽을 만들 때 덩어리가 뭉쳐 결정화(cristalliser, masser)되는 것을 막기 위하여 글루코즈 시럽 또는 주석산(crème de tartre, cream of tartar)을 첨가하다.
• 조리용 용기 안쪽에 기름을 바르다.

GRAISSERON 그래스롱
• 오리 리예트(rillettes de canard).

GRAND FROID 그랑 프루아
• 냉동실. 냉동고. 냉동고에 넣다(passer au grand froid).

GRANITÉ 그라니테
• 알갱이가 씹히도록 분쇄한 얼음에 시럽, 또는 쿨리를 넣어 만든 빙수와 비슷한 차가운 디저트.
• 과일 주스나 커피 등의 다양한 음료를 얼린 후 포크로 긁어 알갱이가 씹히도록 섞은 셔벗.

GRAS (AU) (오) 그라
• 기름을 넣어 익히는 조리법(cuisson au gras). 필라프 라이스 등 기름을 넣고 익히는 쌀 요리를 리 오 그라(riz au gras)라고 한다.

붓으로 팬 바닥에 정제 버터를 발라주는 모습(graisser).

GRAS DUR 그라 뒤르

• 돼지 등심 전체를 덮고 있는 비계층. 바르디에르(bardière)라고도 한다.

GRAS-DOUBLE (GRAS DOUBLE) 그라 두블

• 소의 위막. 위막으로 만든 요리. 특히 소의 네 개의 위중 제1위인 양을 가리킨다.

GRATIN 그라탱

• 【옛】너무 오래 익히거나 태워 음식이 냄비, 몰드 또는 팬 바닥에 눌어붙은 것을 뜻한다.
• 파스타, 감자 등의 그라탱 요리(cuit au gratin).
• 비스크, 수프 또는 쌀 요리를 오븐에 넣어 표면이 노릇하고 먹음직스럽게 구운 요리.

GRATINER 그라티네 (FAIRE, LAISSER, METTRE À)

• 요리 위에 치즈 간 것과 정제 버터 등을 뿌린 후 오븐 브로일러나 살라만더에 넣고 표면이 노릇하게 되도록 색을 내어 굽다.
• 빵가루와 정제 버터를 뿌려 굽다.
• 그라탱 요리를 만들다. 오븐에 그라탱을 굽다. 그라탱은 용기 그대로 직접 테이블에 서빙한다.

GRATTE-CUL 그라트 퀴

• 들장미 열매(cynorrhodon). 로즈힙. 들장미 나무(찔레나무)의 열매로 주로 잼을 만드는 데 사용한다.

GRATTER 그라테

• 긁다. 홍합의 껍질을 솔로 긁어 수염처럼 생긴 족사(byssus)와 껍질에 묻은 기생생물 따개비(balanes) 등을 깨끗이 제거하다.

GRAVLAX 그라블락스

• 그라블락스는 소금과 설탕, 딜에 절여 숙성한 연어로 스칸디나비아의 대표적 음식이다. 그라블락스 연어는 대부분 얇게 저미서 겨자 소스, 또는 그라블락스 소스, 빵, 삶은 감자 등을 곁들여 전채 요리로 먹는다.

GRÊLE 그렐

• 창자. 소장. 돼지의 창자를 깨끗이 씻고 기름을 제거한 후 소시지나 앙두이유를 만들 때 사용한다.

GREMOLATA 그레몰라타

• 파슬리와 다진 마늘, 레몬즙과 제스트를 혼합한 양념으로 이탈리아에서 전통적으로 오소부코 또는 파스타에 곁들여 먹는다(경우에 따라 안초비를 넣기도 한다).

GRENADIN 그르나댕

• 송아지 안심을 동그란 메다이용으로 자른 토막.

GRIL 그릴

• 홈이 팬 자국이 있거나 평평한 형태의 그릴팬. 가스레인지용 또는 전기 그릴팬, 숯불에 놓고 사용하는 팬 등이 있다. 뜨겁게 달군 후 재료를 얹어 굽는다.

GRILLADE 그리야드

• (그릴에) 구운 고기, 생선 등 구운 음식.
• 구이에 필요한 도구를 지칭하기도 한다.

GRILLAGE 그리아주

• 생선이나 고기를 그릴팬 또는 석쇠에 구울 때 생기는 격자무늬의 구운 자국.

GRILLE 그리유
• 파티스리용 원형 또는 직사각형의 그릴 망. 작은 다리가 달려 있어 식힘망으로도 사용가능하다.

GRILLÉ 그리예
• 그릴팬이나 석쇠에 구운.
• 일반적으로 구운 음식을 총칭.
• 벌집 모양으로 페이스트리 크러스트를 덮은 애플 파이(grillé aux pommes).

GRILLER 그리예
• 재료를 그릴 위에 얹어 직화로 굽다. 숯불이나 나뭇가지를 태운 장작불, 전기 그릴팬 또는 원적외선 기구를 사용하여 굽다. 복사열에 굽거나(바비큐) 직화로 구우면 재료의 부드럽고 연한 성질을 잘 보존할 수 있다.
• 아몬드 슬라이스 등 견과류를 오븐 팬에 한 켜로 펼쳐 놓고 오븐에 넣어 로스팅하다. 중간중간 골고루 흔들어 섞어주면서 살짝 노릇한 색이 날 때까지 굽는다.

GRISONNEMENT 그리존느망
• 허옇게 변함. 희끗희끗해짐. 식품이 공기 중에 노출되거나 산성 물질에 의하여 산화되는 현상.

GRUMEAU 그뤼모
• 묽은 크레프 반죽이나 소스 등에서 우유가 몽글몽글 엉겨 생기는 작은 입자, 옹어리.

GUÉDOUFLE 게두플
• 기름과 식초를 넣는 두 개의 병이 합쳐진 쌍둥이 병. 하나의 병에 식초와 기름을 각각 넣을 수 있게 고안되었으며, 따르는 입구가 각각 따로 분리되어 있다. 올리브오일과 발사믹 식초를 한꺼번에 넣을 수 있도록 둘로 분리된 하나의 병.

GUILLOTINE À FOIE GRAS 기요틴 아 푸아그라
• 푸아그라를 깔끔하게 자를 수 있도록 고안된 도구. 가는 철끈이 받침대 위에 붙어 있어, 위에서 아래로 푸아그라를 절단할 수 있다.

GUITARE 기타르
• 캐러멜, 초콜릿, 가나슈 등을 일정한 정사각형, 직사각형 또는 마름모 모양으로 깔끔하게 자를 수 있도록 마치 기타줄 같은 가는 철사가 장착된 절단 기구.
• 초콜릿을 놓고 식혀 굳히는 얇은 폴리에틸렌 비닐 종이판(feuille de guitare). 떼어낸 초콜릿의 표면을 윤기 나게 마무리해준다.

GUSTATIF 귀스타티프
• 미각과 관련이 있는.
• 맛의 느낌을 전달하는.

GUSTATION 귀스타시옹
• 맛을 느끼는 신경감각기관을 통한 본능적 기능. 맛과 향을 지닌 입자가 미각세포와 만났을 때 그 맛을 식별하는 기능.

H

HABILLAGE 아비야주
• 닭이나 생선의 내장을 빼내고 불필요한 부
분은 다듬는 등 조리 전에 손질하는 작업
(habiller 참조).

HABILLER 아비예
• 닭이나 수렵육 조류 등을 조리하기 전에 손
질하다. 털 뽑기, 토치로 그슬리기, 내장 빼내
기, 실로 묶기 등의 준비작업(아래 사진 참조).
• 생선을 조리하기 전에 손질하다. 지느러미 자
르기, 비늘 벗기기, 내장 빼내기, 씻어서 물기
제거하기 등의 준비작업(다음 페이지 과정 설명
참조).
• 타르트 틀 안에 유산지를 대거나 버터 등의
유지를 발라두다.

HACHAGE 아샤주
• 잘게 다지기.

HACHER 아셰
• 고기, 채소, 허브 등의 재료를 잘게 다지다.
재료에 적당한 칼을 사용하거나 분쇄기를 이
용한다.

HACHIS 아쉬
• 고기, 생선, 채소 등의 재료를 잘게 다진 것.
주로 소재료로 많이 쓰인다.
• 아쉬 파르망티에(hachis Parmentier 셰퍼드 파
이)를 줄여 부르는 말. 잘게 다진 고기와 감자
퓌레를 오븐에 넣어 익힌 그라탱 요리.

HACHOIR 아슈아르
• 넓은 날을 가진 칼 종류를 총칭하는 용어.
• 고기 다지기. 분쇄기. 고기나 다른 재료를 다
지는 수동 또는 전동 기구.

HACHOIR BERCEUSE
아슈아르 베르쇠즈
• 허브 초퍼(herb chopper). 견과류나 허브 등
을 다지기 편리하도록 둥글게 구부러진 모양
을 하고 있으며 칼날이 1~3개 붙은 특수칼.
양쪽에 손잡이가 있어 양쪽으로 시소처럼 기
울여가며 재료를 다진다.

HADDOCK 아덕, 해덕
• 해덕대구. 대구(églefin)의 머리를 떼내고 길
게 반으로 갈라 염장, 건조하여 천천히 훈연
시킨 것. 천연 염료인 로쿠(아나토)로 물을 들
여 오렌지빛을 띤다. 한편 영국에서는 생물 대
구를 지칭하기도 한다.

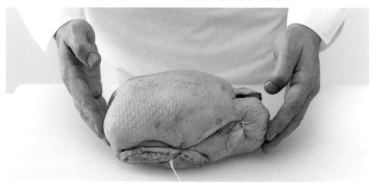

오리를 손질해(habiller) 조리준비를 마친 모습.

HAMPE 앙프

• 소 안창살. 소의 횡격막을 둘러싸고 있는 살 부위.

HARISSA 아리사

• 하리사. 중동 및 북아프리카 튀니지, 모로코의 향신료 믹스. 카옌페퍼에 마늘, 양파, 큐민, 붉은 고추, 코리앤더, 올리브오일 등을 넣고 갈아 만든 향신 양념. 쿠스쿠스에 곁들이거나 육수에 풀어 사용하기도 한다.

HÂTELET (ATTELET, HATELETTE)
아틀레 (아틀레, 아틀레트)

• 작은 꼬치. 메탈이나 나무로 만든 장식용 꼬지. 한쪽 끝이 동물 문양 등 다양한 모티프로 장식되어 있다.

HATTEREAUX (HÂTEREAU, ATTEREAU)
아트로

• 송아지 간, 염통, 콩팥 꼬치구이를 가리킨다.
• 꼬치(hâtelet)에 꿰기 위하여 적당한 크기로 자른 고기를 뜻하기도 한다.

HÉDONIQUE 에도니크

• 쾌락주의(hédonisme). 식사와 미각의 기쁨, 먹는 행위의 즐거움과 관련된 것.

HERBES 에르브

• 허브. 요리에 사용하는 다양한 종류의 향신 식물, 허브를 총칭한다. 생 허브 또는 말린 허브를 요리에 알맞게 넣어 향을 더한다.

HERBES DE PROVENCE
에르브 드 프로방스

• 프로방스 허브. 세이보리(sariette), 월계수 잎 (laurier), 로즈마리(romarin), 타임(thym), 바질 (basilic) 등의 말린 허브를 혼합하여 굵직하게 다진 허브 믹스.

HISTORIER 이스토리에 (아래 사진 참조)

• 레몬이나 오렌지 중간 부분에 잘 드는 페어링 나이프를 넣어 톱니 모양으로 빙 둘러 잘라 둘로 분리하는 방법.
• 장식하다. 일반적으로 여러 가지 모양이나 장식물로 요리 플레이트를 장식한다는 의미로 통용된다.

H

톱니 모양을 내어 자른(historier) 레몬.

— 테크닉 —

통통한 생선 손질하기 (농어)

HABILLER UN POISSON ROND (BAR)

도구

주방용 가위
비늘 제거기

• 1 •
주방용 가위를 이용하여 지느러미를 잘라낸

• 3 •
가위로 배 쪽을 갈라 속의 내장을 꺼내고
아가미를 떼어낸다.

비늘 제거기로 꼬리에서 머리 방향으로
비늘을 긁어 제거한다.

— **포커스** —

생선의 내장을 빼내기 전에
비늘을 미리 긁어 제거하는 것이
편리하다.
비늘을 긁어낸 다음 내장을 빼내고
생선을 헹궈 씻어 놓으면,
필레를 뜰 때 다시 헹굴 필요가 없다.

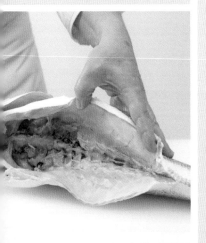

쪽 내장 막과 피 엉긴 덩어리를 모두 제거한다.

납작한 생선 손질하기 (서대, 가자미)

HABILLER UN POISSON PLAT (SOLE)

도구

주방용 가위
생선용 필레 나이프
비늘 제거기

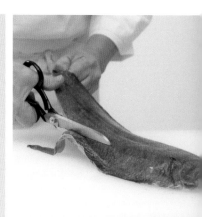

• 1 •
주방용 가위를 이용하여
생선의 지느러미를 잘라낸다.

• 4 •
키친타월을 사용하여
꼬리 부분을 미끄러지지 않게 꽉 잡고
껍질을 잡아당겨 벗겨낸다.

• 5 •
흰 껍질 쪽 비늘을 제거한다
(생선을 통째로 조리할 경우).

• 2 •

생선용 필레 나이프로 꼬리의 끝부분에,
뼈골은 자르지 않은 상태로 칼집을 내준다.

• 3 •

꼬리 연골 부위를 긁어 생선 껍질을 분리한다.

• 6 •

머리 주변의 살을 최대한 살리면서,
어슷한 방향으로 대가리를 잘라낸다.

• 7 •

적당한 도구를 사용하여 알주머니를 뽑아낸다.

HOCHEPOT 오슈포
• 채소를 큼직하게 넣고 끓인 소꼬리 스튜. 플
랑드르 지방의 대표적 포토푀(pot-au feu).

HOLLANDAISE 올랑데즈
• 홀랜다이즈 소스(sauce hollandaise). 레몬즙,
버터, 달걀노른자를 재료로 하여 만든 따뜻
한 에멀전 소스. 쿠르부이용에 익힌 생선, 아
스파라거스 등 소금물에 삶은 채소, 달걀 또
는 닭 요리에 곁들인다.

HOMOGÉNÉISER 오모제네이제
• 균질화하다. 소스 등을 잘 혼합해 균일한 질
감이 되게 만들다.

HORS-D'ŒUVRE 오르되브르
• 식사 전에 입맛을 돋우기 위하여 간단하게
서빙하는 작은 분량의 음식. 아뮈즈 부슈와
비슷한 의미로 사용되기도 한다. 안초비, 정어
리, 아티초크, 래디시, 올리브, 토마토 등을 많
이 낸다. 옛날에는 익힌 음식을 오르되브르
로 서빙하기도 했지만, 최근에는 주로 생채소
를 많이 사용하는 추세다.

HUGUENOTE 위그노트
• 옹기 냄비. 불에 직접 올려 음식을 조리할 수
있는 토기 냄비.

HUILE 윌
• 기름, 오일, 유지(corp gras 참조).

HUILE ESSENTIELLE 윌 에상시엘
• 에센스 오일. 식물에서 추출한 휘발성 향을
가진 에센스 오일(essence 참조).

HUILER 윌레
• 기름을 바르거나 기름을 뿌려 덮어주다.

HUILIER 윌리에
• 기름을 담는 작은 유리병.

HUMECTER 위멕테
• 적시다, 축이다. 마르기 쉬운 재료에 물을 발
라 촉촉하게 해주다.

HYDRATER 이드라테
• 수분을 주다. 물을 첨가하다. 반죽을 할 때
는 밀가루의 성질과 글루텐 함량에 따라 수
분 첨가(물, 우유, 달걀 등의 모든 액체 재료)의 양
이 달라질 수 있다.

HYDROSOLUBLE 이드로솔뤼블
• 물에 녹는 성질, 또는 물에 녹는 재료를 뜻
한다.

I
J

IMBIBER 앵비베
• 액체에 적시다. 액체가 스며들게 하다. 바바 또는 사바랭 등의 케이크나 과자에 리큐어, 술, 시럽 등의 액체를 푹 적셔 촉촉한 질감과 향을 더해주는 방법.

IMBRIQUER 앵브리케
• 생선이나 채소 슬라이스를 부분적으로 겹쳐 포개가며 보기 좋게 그릇에 놓다.

INCISER 앵시제
• 절개하다, 칼집 내다. 생선에 칼집을 내어 잘 익도록 하다. 파티스리에서 푀유타주 반죽에 칼집을 넣다. 양 뒷다리에 마늘 등의 향신재료를 박아 넣기 위해 칼집을 내다.

INCISION 앵시지옹
• 칼집. 절개.

INCORPORER 앵코르포레
• 음식에 재료를 넣다, 첨가하다(additionner, ajouter). 반죽이나 혼합물에 재료를 넣고 잘 섞어주다.
• 재료에 속을 채워 넣다(farcir).

INCRUSTER 앵크뤼스테
• 파티스리의 윗면에 베이킹용 커팅 틀이나 칼을 이용하여 무늬를 내주다.

INDIGESTE 앵디제스트
• 소화가 잘 안 되는. 소화가 힘든 음식.

INFUSER 앵퓌제
• 우려내다. 끓는 물을 불에서 내린 후에 찻잎 등의 재료를 담가 뚜껑을 닫고 일정한 시간 우려내어 향이 나도록 하다.

INFUSION 앵퓌지옹
• 우려내기. 인퓨전. 경우에 따라 달이기 (décoction)의 뜻으로 쓰이기도 한다. 데콕시옹은 뜨거운 물로 더 오래 진액을 우려내는 것인데, 앵퓌지옹은 찬물로 우려내는 것도 포함한다.
• 끓는 물이나 다른 액체에 재료를 넣어 우려내기(커피, 차, 허브 등) 또는 우려낸 물, 차 등을 모두 지칭한다.
• 【옛】향을 우려낸 다음 맑은 윗물을 따라 내거나 혹은 체에 거른 리큐어.

INGÉNIERIE CULINAIRE
앵제니리 퀼리네르
• 요리공학. 이 용어는 오래전부터 호텔 및 레스토랑 운영 분야 전문기술 자격증(BTS) 취득에 포함되어 있는 내용이다. 이것은 식당, 호텔 경영에 필요한 장소 선정 및 건축, 인테리어, 설비 및 집기 구매, 투자작업 진행, 운영 프로그램, 유지 관리, 안전 위생 등의 전반적인 분야를 모두 포함한다. 오늘날 이 개념은 좀 더 광범위해져, 요리의 테크닉과 같은 일반적인 방법론의 개발 및 실행을 의미한다. 이런 방식은 학생들로 하여금 단순히 요리의 레시피를 익히는 것보다는 기본적인 방법을 익히도록 해줌으로써, 그들만의 창작 의도에 부합하는 고유한 요리법을 창조해내는 바탕을 제공해준다.

INSTANTANÉ 앵스탕타네
• 인스턴트. 동결 건조시킨 인스턴트 커피(café instantané, café soluble). 동결 건조한 수프, 육수 등 물만 넣어서 끓이면 되는 즉석식품 등.
• 즉석 마리네이드(marinade instantanée). 비교적 작은 크기의 재료를 단 몇 분간의 아주 짧은 시간 동안 양념이나 향신 소스 등에 재워 두는 방법(예: 가리비 조갯살을 레몬즙에 재우기).

ISSUES 이쉬
• 정육에서 쓰이는 용어로 동물의 말단 부위나 내장 등의 부산물을 뜻한다. 즉, 정육용 동물의 머리, 발, 꼬리나 염통, 간, 비장 등을 지칭한다.
• 【옛】 손님이 떠나기 전 마지막에 서빙하던 음식을 뜻하며, 주로 디저트 종류를 말한다. 때로는 중세의 단어인 부트오르(boute-hors) 라고도 했으며 이것은 오늘날의 미냐르디즈 (mignardises: 식사 마지막에 커피나 후식주에 곁들이는 달콤한 과자류)와 비슷한 것들이었다.

ISOMALT 이조말트
• 아이소말트, 이소말트. 설탕과 비슷한 물리적 성질을 지닌 당알코올 형태의 대체 설탕. 주로 장식용, 또는 설탕공예용으로 사용되며 습기에 강한편이다.

JAMBON 장봉
• 돼지 뒷다리. 또는 돼지 뒷다리로 만든 햄, 하몽.

JAMBONNEAU 장보노
• 돼지 다리의 정강이(jarret), 정강이살.

JARDINIÈRE 자르디니예르
• 봄에 나온 햇 채소 모둠을 뜻한다(당근, 순무, 그린빈스, 완두콩, 줄기양파 등).
• 채소를 써는 방법 중 하나로 사방 0.5cm의 굵기, 4~5cm의 길이로 자른 가는 막대 모양.

JARRET 자레
• 돼지의 정강이 부위를 뜻하며 장보노 (jambonneau)라고도 한다. 로스트, 브레이징 등의 조리법으로 익혀 먹으며, 적당한 크기로 잘라서 스튜를 만들기도 한다. 염장한 정강이살은 슈크루트에 많이 사용한다.

JATTE 자트
• 커다란 볼과 비슷한 모양을 하고 있으며, 작고 평평한 바닥을 갖고 있다. 전통적으로는 토기로 만들어진 것을 뜻하지만, 최근에는 스테인리스 등 다양한 재질로 생산된다.

JAUNIR 조니르
• 노랗게 만들다. 노릇하게 익히다. 재료를 버터나 기름에 볶아 노릇한 색을 내다.

JOINTOYER 주앵투아예
• 틈새를 메우다. 파티스리의 빈 공간을 크림 등의 내용물로 채워 이음새를 매끈하게 하거나 표면을 고르게 하다.

송아지
육즙 소스

JUS DE VEAU

육즙 소스 750ml

재료

송아지 양지 또는 삼겹살 500g
샬롯 100g, 양파 50g
셀러리 50g, 당근 100g
부케가르니 1개
버터 100g
물 또는 갈색 송아지 육수 1리터
레드와인 또는 포트와인(porto) 100ml
통후추

도구

거름체
거름용 면포 또는 고운 원뿔체
주물 냄비
작은 소테팬

— 포커스 —

송아지 양지는 일단 익으면
뼈를 발라낸 다음 고기 살을 잘게 부수어
아페리티프용 스낵의 소로 사용하거나
새콤한 양념을 곁들인 테린을 만들어도 좋다.
양고기 육즙 소스도 같은 방법으로
만들 수 있는데, 송아지 양지 대신
양의 뼈와 삼겹살 등을 사용하면 된다.

• 1 •
모든 재료를 작업대에 준비한다.

• 4 •
갈색으로 변한 버터에 송아지 고기를 잘 저어
색이 나게 볶는다.

· 2 ·

냄비에 버터를 녹여 거품이 일기 시작하면
·직하게 으깬 통후추를 넣고 잠깐 볶아준다.

· 3 ·

송아지 양지 살을 넣는다.

· 5 ·

향신재료를 넣고 볶아 색을 낸다.

· 6 ·

물에 적신 브러시로 냄비 안쪽 벽을 잘 닦는다.

· 7 ·

재료가 잠기도록 물을 붓고 최소 45분 이상 끓인다.

· 8 ·

끓이는 동안 계속 거품을 건진다.

· 11 ·

걸러낸 육즙 소스를 팬에 넣고 졸이면서
불순물을 제거해준다.

· 12 ·

면포를 씌운 원뿔체에 부어 거른다.

· 9 ·

체에 거른다.

· 10 ·

체의 가장자리를 탁탁 쳐서
최대한 많은 육즙 소스를 걸러낸다.

· 13 ·

를 꾹 짜서 최대한 많은 육즙 소스를 추출한다.

· 14 ·

송아지 육즙 소스가 완성된 모습.

JULIENNE (EN)
(앙) 쥘리엔 (아래 사진 참조)
• 가늘게 채썰기. 쥘리엔 썰기. 채소 등의 재료
를 6~7cm 길이로 가늘게 썬다.

JUS 쥐 (이전 페이지 과정 설명 참조)
• 고기, 채소, 과일 등의 농축 육수 또는 진액즙.

JUS (AU) (오) 쥐
• 재료를 그 자체의 육수나 농축즙에 넣고 익
히는 조리법(cuisson au jus 퀴송 오 쥐).

JUS D'HERBES 쥐 데르브
• 허브나 녹색 식물을 절구에 찧거나 블렌더
로 갈아 나온 즙 또는 이들 재료를 달여 우려
낸 즙.

JUS DE FRUIT 쥐 드 프뤼
• 과일즙. 과일 주스. 과육이나 채소를 짜 추출
한 즙으로 요리나 파티스리에 두루 사용된다.
신선한 과일즙 이외에도 저온 살균한 신선 과
즙, 농축 과즙(농축액+물+설탕) 등이 있다.

JUS DE VIANDE 쥐 드 비앙드
• 고기의 농축 육즙, 또는 육즙을 졸인 소스.
양, 소, 오리, 닭 등의 육수를 농축한 것으로
고기 요리의 소스를 만들 때 디글레이징용으
로 사용하거나, 이들 요리에 국물을 잡을 때
더 진한 맛을 내는 용도로 넣는다.

JUTER 쥐테
• 즙을 내다. 고기를 익혀 육즙을 추출하다. 육
즙을 내다.

당근을 쥘리엔(julienne)으로 가늘게 채 써는 모습.

K

KACHA / KASZA 카샤
• 볶은 메밀을 거칠게 빻아 죽처럼 끓인 러시아 음식.

KACHE 카슈
• 메밀 또는 듀럼밀 세몰리나로 되직하게 만든 반죽을 둥글납작하게 지진 음식.

KADAÏF (OU KENAFEH)
카다이프 (크나파)
• 북아프리카의 알제리, 모로코 등 마그레브 지역과 터키 등지의 전통 파티스리의 하나로 견과류 등의 재료를 실처럼 얇은 페이스트리로 감싸고 구운 뒤 시럽을 듬뿍 뿌려 적신 디저트.
• 밀, 옥수수 전분과 반죽해 만든 아주 가는 실 모양의 페이스트리 도우. 주로 중동의 파티스리에 많이 사용하고, 새우 등의 재료를 돌돌 감아 바삭하게 튀겨내는 조리법에도 사용한다. 또한 쌀로 만든 실처럼 가는 국수를 지칭하기도 한다.

KAKI 카키
• 감. 단감. 한국, 일본, 중국에서 많이 생산, 소비되는 과일.

KAMUT 카뮈
• 카무트. 호라산 밀(Khorasan Wheat)의 한 종류로 브랜드 이름이기도 하다. 수천 년 전부터 고대 이집트에서 재배된 낱알이 큰 이 밀은, 최근 풍부한 단백질과 섬유소가 함유된 수퍼 곡물로 각광을 받고 있다.

KÉFIR 케피르
• 발효 우유. 케피르 발효유. 소, 양, 염소 등의 젖에 케피르 그레인(kefir grain. 효모/박테리아 발효 스타터)을 넣어 발효시킨 캅카스 지역의 유제품으로 묽은 요거트와 비슷하다.

KETCHUP 케첩
• 토마토, 설탕, 양파, 식초와 후추 등을 재료로 만든 가장 대중적인 토마토 소스.
• 채소에 설탕과 식초를 넣고 뭉근하게 오래 졸인 콤포트.

KINESTHÉSIQUE 키네스테지크
• 운동 감각의. 동태적인 운동과 연결된 감각이 반응하는 현상. 예를 들어 치아로 씹는 운동을 통해 바삭한 느낌, 부드럽고 촉촉한 느낌 등을 감지하는 반응.

KOULIBIAC 쿨리비악
• 파테 앙 크루트(pâté en croûte)의 일종으로 연어, 닭, 채소, 쌀, 달걀 등의 소를 페이스트리 반죽으로 싸서 구운 파이.

KUMQUAT 쿰콰트
• 금귤, 낑깡. 작은 타원형의 시트러스 과일로 새콤달콤한 맛을 지녔으며 일반적으로 설탕에 졸여 마멀레이드나 콩피를 만드는 데 많이 사용된다. 껍질째 먹는다.

L

LAITANCE 레탕스
• 생선의 이리. 생선 수컷의 정자를 생산하는 정소 덩어리로 흰색의 꼬불꼬불한 주머니처럼 생겼으며 말랑말랑하다. 식용 가능하다.

LAMB CHOP 램 촙
• 뼈가 붙은 양 등심살. 양의 볼기 등심 덩어리 (selle anglaise)에서 뼈와 함께 잘라낸 등심살.

LAMELLES (EN) (앙) 라멜
• 얇게 자른 조각. 얇은 조각으로 슬라이스하다(tailler en lamelles).

LAMES DE DÉCOUPE 람 드 데쿠프
• 조각칼. 태국의 과일 카빙 나이프와 마찬가지로 아주 정교한 커팅이나 조각용으로 쓰이는 예리한 날의 칼.

LAMINER 라미네
• 반죽을 납작하고 얇게 펴기 위하여 파스타 기계(압착 롤러)에 넣어 압착하다(아래 사진 참조).

LAMINOIR 라미누아르 (아래 사진 참조)
• 파스타 반죽용 압착 롤러. 반죽을 눌러 원하는 두께로 평평하게 밀어낼 수 있다. 파스타 기계는 보통 원하는 모양과 굵기의 면(taglia- telle, spaghettis 등)을 잘라 뽑아내는 기능도 갖고 있다.

LANCER 랑세
• 시작하다. 조리를 시작하다, 음식을 익히기 시작하다(lancer en cuisson).

LANCETTE 랑세트
• 굴 전용 칼. 굴을 까는 용도의 짧은 칼.

LANGUETTES (EN) (앙) 랑게트
• 두께가 얇고 길쭉한 모양으로 자르다(tailler en languettes).

LANIÈRES(EN) (앙) 라니예르
• 긴 띠 모양으로 자르다(tailler en lanières).

파스타용 압착 롤러(laminoir)를 사용해 파스타 반죽을 얇게 눌러 펴는 모습.

LAQUÉ 라케

• 중국 요리에서 주로 오리나 돼지의 표면을 반짝반짝 윤기 나게 굽는 방식을 가리킨다. 본래 어린 돼지를 이런 방법으로 통째로 구워 내던 레시피에서 발전하여 오늘날에는 오리구이에 많이 사용하는 테크닉이 되었다.

• 카나르 라케(canard laqué). 북경 오리. 베이징 덕. 페킹 덕. 베이징 카오야. 베이징의 전통 요리로 오리 살과 껍질 사이에 바람을 불어 넣고, 꿀과 호이신 소스 등을 발라 갈고리에 걸어 장작불에서 천천히 구워낸 통 오리구이. 바삭하게 캐러멜라이즈된 오리의 껍질을 별미로 친다. 북경에서는 이 오리 요리를 전문으로 하는 식당인 「전취덕」이 유명하다.

LAQUER 라케

• 윤기 나게 글레이즈하다. 페킹 덕을 굽기 전에 오리 껍질에 꿀을 미리 바르면 익었을 때 껍질이 윤기가 나고 바삭해진다.

LARD 라르

• 라드, 비계. 돼지의 껍질과 살 사이에 분포된 단단한 지방층, 비계를 뜻한다. 비계가 섞인 이 부분의 살을 잘라 라르동(lardon) 또는 베이컨을 만들기도 하고, 기름층을 얇게 저며 바르드(barde 재료를 감쌀 수 있도록 얇고 넓게 저민 비계)로 사용하기도 한다. 주로 돼지의 등, 삼겹살, 뱃살 등에 많이 분포되어 있다.

LARD DE POITRINE 라르 드 푸아트린

• 돼지 삼겹살. 돼지고기 중 근육질인 살이 가장 적고 기름이 층층이 낀 부위다.

LARD SALÉ SEC 라르 살레 섹

• 염장한 삼겹살을 훈연하여 건조한 것. 베이컨. 오돌뼈와 껍질을 그대로 둔 채 만들기도 한다.

LARDER 라르데

• 오래 익히는 고깃덩어리 안에 길쭉한 스틱 모양으로 자른 비계를 라딩 니들(lardoire, larding needle 비계를 끼워 박아 넣는 꼬챙이)을 이용해 박아주는 방법.

LARDOIRE 라르두아르

• 라딩 니들. 고깃덩어리 안에 길고 가늘게 자른 라드를 박아 넣는 도구. 끝이 뾰족한 긴 꼬챙이처럼 생겼으며 속이 빈 가는 원통형이다.

LARDONNER 라르도네

• 베이컨, 라드를 작은 크기의 라르동으로 썰다.

LARDONS 라르동

• 돼지 삼겹살 또는 라드를 일정한 크기로 길쭉하게 자른 것. 고기, 닭, 큰 사이즈의 바다 생선, 수렵육 등에 라딩 니들(lardoire)을 이용하여 박아 넣기도 한다.

LÈCHE 레슈

• 고기의 얇고 긴 조각. 주로 돼지고기를 바비큐용으로 길고 좁게 자른 것. 또는 오리 살이나 수렵육, 송아지 등을 고기 분쇄기에 넣어 다지기 위해 길고 좁게 썰어 놓은 것을 지칭하기도 한다.

LÈCHEFRITE (LÈCHE-FRITE) 레슈프리트

• 【옛】아궁이 화덕에 걸린 꼬챙이에 굽는 고기의 즙이나 기름이 떨어지는 것을 받기 위해 아래에 받쳐 놓았던 통.

• 오늘날에는 오븐에 재료를 넣어서 익히는 약간 높이가 있는 용기(바트)를 뜻한다. 오븐용 꼬치 로스터에 치킨을 구울 때 아래에 받쳐 놓기도 한다.

L

LÉGUMINEUSES 레귀미뇌즈

• (꼬투리가 있는) 콩과 식물. 렌틸콩, 강낭콩, 파
바콩(잠두콩) 등.

LEMON CURD 레몬 커드

• 레몬 타르트 등의 디저트 필링으로 사용되
는 달콤한 레몬 크림.

LEVAIN 르뱅

• 르뱅. 발효종. 밀가루와 물, 효모를 혼합해 만
든 것으로 빵 반죽의 기본이 된다. 반죽에 들
어가는 물의 양 1/3과 그 두 배의 무게에 해당
하는 밀가루, 효모를 모두 섞어준다. 빵의 발
효가 시작되는 시간(pointage 참조)은 효모의
양과 반죽에 들어간 물(eau de coulage 참조)의
온도에 따라 달라진다. 건포도나 사과, 무화
과 등 과일에 존재하는 천연효모균을 배양하
여 만드는 천연발효종도 있다.

LEVER (FAIRE) / LEVAGE
(페르) 르베 / 르바주

• 특수한 스푼을 사용하여 감자 등의 채소를
다양한 모양(둥근 모양, 타원형 등)으로 일정하
게 잘라낸다.

• 생선의 필레를 뜨다. 생선용 필레 나이프를
생선살과 가시뼈 사이에 밀어 넣어가며 필레
를 잘라낸다.

• 반죽을 따뜻하고 습기 있는 곳에서 발효시
켜 부풀게 하다.

LEVURE 르뷔르

• 효모, 이스트. 베이킹파우더(levure chimique)
는 무기염과 중탄산염으로 이루어져 있다.

• 제빵에 사용되는 효모(levure de boulanger)는
맥주, 포도나 사과를 발효한 즙에서 추출한
것이다. 이 천연효모 속의 활성세포로 인해 당
이 탄산가스로 변환되어 반죽의 발효가 일어
난다.

LIAISON 리에종

• 농후제. 전분, 밀가루, 달걀노른자, 크림, 루
등의 재료를 넣어 소스나 포타주 등 액체 혼
합물의 농도를 걸쭉하게 만드는 것을 뜻한다.

• 보관 및 재가열: 리에종한 따뜻한 소스나 액
체는 서빙 온도를 63℃ 이상으로 유지해야 한
다. 차가운 리에종은 두 시간 이내에 온도를
63℃에서 10℃로 식힌 후 보관이 가능하며
사용할 때는 한 시간 이내에 63℃ 이상이 되
도록 다시 따뜻하게 데워준다.

LIARD 리야르

• 【옛】 옛날 동전(liard)인 큰 동그라미 모양으
로 자르다.

LIE 리

• 포도주의 찌끼, 지게미. 포도주를 숙성하는
양조통 바닥에 가라앉은 발효 침전물(lie de
vin).

LIER 리에

• 육수, 농축 육즙, 포타주, 소스 등의 액체에
전분이나 달걀노른자, 피 등의 농후재료(리에
종)를 첨가해 농도를 걸쭉하게 만들다.

LIMONER 리모네

• 재료의 껍질이나 비늘을 제거하다. 흐르는
물이나 식초를 탄 찬물에 핏줄이나 내장(골,
흉선, 척수 등)의 껍질을 썻어 떼어내다.

LINGUINE 링귀네

• 링귀니 파스타. 납작하고 가는 파스타의 일종.

LIQUÉFIER 리케피에

• 액체화하다. 녹이다. 고체 형태의 식품을 따
뜻하게 열을 가해 녹이거나, 차가운 상태에서
도 용해시킬 수 있는 물질을 넣어 액체로 만
든다.

LISSER 리세

• 매끈하게 하다. 혼합물을 거품기로 세게 휘
저어 섞어, 매끈하고 균일한 상태로 만든다.

LISTERIA 리스테리아

• 리스테리아균(listeria monocytogenes). 흙, 물,
공기 등 자연계에 광범위하게 분포하고 있는
세균의 일종으로 고기, 샤퀴트리, 유제품, 해
산물, 채소류 등의 식품에서도 발견될 수 있
다. 이 병원균으로 인해 리스테리아병이 발생
할 수 있으며, 특히 임산부, 면역력 결핍군이
나 노약자 등이 위험에 취약하다.

LIT 리

• 요리를 담기 전 아랫면에 얇게 자른 재료를
한 켜 깔아주는 것을 말한다.
• 리크(서양 대파) 등의 채소를 익힌 뒤 접시에
깔아주는 것. 그 위에 주 요리를 얹어 낸다.

LIVRE 리브르

• 【옛】 옛날에는 약 500g에 해당하는 무게의
단위로 사용되었다. 영국에서 현재도 사용하
는 무게 단위인 파운드(pound)와 같다. 1파운
드는 약 453그램이다.

LOCAVORISME 로카보리슴

• 로커보어. 지역, 장소를 뜻하는 로컬(local, 라
틴어 localis)과 먹다라는 의미의 보어(vore, 라틴
어 vorare)의 합성어로, 자신이 사는 지역에서
가까운 거리에서 재배 또는 사육된 로컬푸드
(local food)를 즐기는 지역 음식주의자들을 일
컫는 말이다. 이러한 로컬푸드 소비운동과 트
렌드를 일컬어 로커보어리즘이라고 한다.

LONGE 롱주

• 돼지의 부위 중 하나로 척추를 따라 길게 이
어진 등심 부분을 가리킨다.

LOUCHE 루슈

• 국자(cuillère à pot 참조).

LOUCHISSEMENT 루쉬스망

• 【옛】 파스티스, 압생트 등의 아니스 리큐어
에 물을 첨가하면 뿌옇 하얀색으로 변하는
현상.

LUNCH 런치

• 점심 식사.
• 뷔페로 차려 놓은 음식을 주로 서서 간단히
먹는 가벼운 식사를 뜻하기도 한다.

LUSTRAGE 뤼스트라주

• 윤기 내기. 반짝이게 하기. 정제 버터나 올리
브오일, 또는 시럽을 발라 재료의 표면을 윤
기 나게 해준다.

L

LUSTRER 뤼스트레

• 반짝이게 하다. 윤기를 내다. 시럽, 잼, 즐레 또는 정제 버터 등을 발라 구워낸 재료의 표면을 윤기 나고 먹음직스러워 보이게 해준다.

LUT OU LUTAGE 뤼, 뤼타주

• 봉하기. 밀봉하기(luter 참조).

LUTER 뤼테

• 밀봉하다. 뚜껑을 덮은 냄비의 가장자리에 물과 밀가루를 혼합한 반죽을 빙 둘러 붙여 밀봉해주다. 익히는 동안 열에 의해 이 반죽이 굳으면서, 냄비 안의 음식의 풍미를 그대로 보존하고 수분이 증발하는 것을 막아준다.

LYOPHILISATION 리오필리자시옹

• 동결건조(lyophiliser 참조).
옛 잉카족이 처음 시도한 방법으로, 고기를 고도가 아주 높은 곳에서, 즉 산소가 희박한 환경에서 건조시켰던 방법이다.

LYOPHILISER 리오필리제

• 동결건조하다. 식품을 보존하기 위하여 냉각과 산소차단 진공법을 사용해 건조시키는 방법.

LYRE À FOIE GRAS 리르 아 푸아그라

• 푸아그라 절단 도구. 기요틴 아 푸아그라(guillotine à foie gras)와 비슷하다. 절단용 철사에 손잡이가 달린 모양을 하고 있다.

M

MACARON 마카롱

• 파티스리의 일종. 마카롱. 아몬드 가루와 설탕, 달걀흰자로 만든 동그란 과자. 마카롱의 기원은 8세기에 코르므리(Cormery)의 한 수도원에서 마지팬(아몬드 가루와 설탕을 섞은 혼합물)으로 만든 배꼽 모양의 과자로 거슬러 올라간다. 마지팬보다 훨씬 가벼운 질감을 지닌 오늘날의 마카롱은 낭시(Nancy), 아미엥(Amiens), 몽모리옹(Montmorillon), 생테밀리옹(Saint-Émilion), 플룅(Melun) 등의 대표적인 파티스리가 되었다. 최근에는 두 개의 과자 사이에 각종 향의 크림 등으로 속을 채운 마카롱(macaron gerbet) 타입이 주를 이룬다.
• 미슐랭의 별을 뜻하는 다른 명칭.
• 서빙용 플레이트의 가장자리를 감자 퓌레로 장식한 것.

MACARONER 마카로네

• 마카롱 혼합물을 실리콘 주걱이나 전동 믹서기의 플랫비터로 잘 저어 섞어 매끄럽고 윤기 나는 질감이 되도록 만든다. 주걱으로 위에서 떨어뜨렸을 때 혼합물 반죽이 띠 모양으로 떨어지도록 매끄럽게 만든다.

MACÉDOINE 마세두안 (아래 사진 참조)

• 오르되브르 또는 메인 요리의 가니시로 서빙되는 채소 모둠, 또는 채소 요리.
• 마세두안 썰기. 채소 썰기의 한 종류로 사방 0.5cm 크기의 큐브 모양으로 자른다.

MACÉDOINE DE FRUITS
마세두안 드 프뤼

• 각종 과일을 큐브 모양으로 썰어 혼합한 것으로 주로 통조림으로 많이 접할 수 있다. 신선한 과일을 큐브 모양으로 잘라 샐러드나 화채를 만들기도 한다.

MACÉRER 마세레
(FAIRE, LAISSER, METTRE À)

• (액체에) 담그다. 담가 절이다. 건과일이나 과일 콩피 등을 설탕, 오드비, 리큐어 등에 담가 맛과 향이 배도록 놓아두는 방법.

MACIS 마시

• 메이스(mace). 육두구 껍질. 육두구(넛멕) 씨를 둘러싸고 있는 그물 모양의 주황색 씨껍질 부분을 말린 것으로 향신료로 이용된다. 보통 육두구 씨 자체의 향보다 더 강하다.

채소 마세두안 썰기(macédoine).

MADELEINES 마들렌
• 밀가루, 버터, 설탕, 달걀을 기본재료로 반죽을 만들고 레몬즙이나 오렌지 블러섬 워터로 향을 더한 조가비 모양의 구움과자. 그 기원은 17세기로 거슬러 올라가며, 코메르시(Commercy)의 한 부르주아 집안 요리사였던 마들렌 폴미에(Madeleine Paulmier)가 처음 만들었다고 전해진다.

MADÉRISÉ 마데리제
• 산화된 와인을 가리킨다. 와인을 너무 장기간 보관하여 마시기 적당한 때가 훨씬 지났거나, 공기와의 접촉으로 산화되어 색과 맛 등이 변한 상태.

MADÉRISER 마데리제
• 포르투갈의 마데이라와인(Madère)을 만드는 방법을 가리킨다. 주로 탄닌 성분이 풍부한 와인을 데워 공기와 접촉시키는데, 이때 산화과정이 진행되고 와인에 독특한 색과 풍미를 더해준다.

MAGRET 마그레
• 오리의 가슴살. 남프랑스 방언으로 루 마그레(lou magret)라고 불렸으며, 1990년 이후로 마그레(magret) 또는 메그레(maigret)는 유럽연합의 규정에 따라 엄격하게 그 정의가 적용되고 있다. 즉, 살찐 오리나 거위의 가슴살 또는 안심살을 지칭하며, 언제나 껍질과 기름이 그대로 붙어 있는 상태로 판매되어야 한다.

MAIGRE 메그르
• 기름기가 많지 않은 고기 부위.
• 조기류의 생선. 레지우스 보구치(Argyrosomus regius). 농어목 민어과에 속하는 해수어로 농어보다는 살이 덜 부드럽다.

MAÏZENA 마이제나
• 옥수수 전분. 옥수수 녹말가루.

MALAXER 말락세
• 푀유타주 앵베르세(feuilletage inverse 밀가루 반죽과 버터의 위치를 바꾼 퍼프 페이스트리 반죽)를 만들 때 버터와 밀가루를 손으로 잘 섞어 반죽하다.
• 손으로 잘 주물러 섞어 재료를 부드럽게 만들다.

MANCHE 망슈
• 손으로 잡을 수 있도록 다듬은 고기의 갈빗대 또는 양 뒷다리의 뼈.

MANCHE À GIGOT 망슈 아 지고
• 양의 뒷다리를 통째로 요리한 경우(gigot) 커팅을 쉽게 하기 위하여 뼈를 고정시키도록 고안된 은으로 만든 손잡이 기구. 하몽 커팅용 손잡이 고정도구도 있다.

MANCHETTE 망셰트
• 고기의 갈빗대 손잡이나 다리뼈 끝에 장식용으로 씌우는 레이스 장식이 달린 종이 커버. 파피요트(papillote)라고도 한다.

MANCHON 망숑
• 프티 푸르의 한 종류로 비스퀴 반죽 또는 아몬드 페이스트로 만든 원통형 과자에 시부스트 크림이나 프랄린 버터 크림을 채운 것. 길쭉한 과자의 양 끝에 색을 낸 아몬드 가루나 다진 피스타치오를 묻혀 낸다.
• 닭봉. 닭이나 오리의 윗날개 부분. 뼈를 손잡이처럼 잡고 먹을 수 있으며, 뼈가 잘리거나 깨진 흔적이 없다.

MANCHONNER 망쇼네

• 양이나 송아지 갈비, 닭이나 오리의 드럼스 틱(북채) 또는 닭봉 등의 뼈를 덮고 있는 살을 칼로 깔끔하게 긁어내어 다듬다. 손으로 잡고 먹기 편하고 보기에도 아름답다. 경우에 따라 갈빗대 손잡이 뼈 끝에 레이스 종이 커버를 씌워 서빙하거나 양 뒷다리 구이 등의 플레이트 서빙시 손잡이 고정 커버를 씌워 낸 다음 손님 앞에서 커팅하기도 한다.

MANDOLINE 만돌린 (아래 사진 참조)

• 재료를 다양한 모양(평평한 모양, 물결 모양, 또는 격자 모양 등)으로 얇게 슬라이스하는 도구.
- 채소를 장식용 또는 기타 용도로 써는 만돌린, 채칼.
- 송로버섯(트러플) 슬라이서: 날의 폭을 세밀하게 조정할 수 있도록 되어 있으며, 송로버섯을 아주 얇게 잘라낼 수 있다.

- 일본 만돌린: 시중에서 쉽게 구입할 수 있는 다목적용 채칼로, 사용하기 간편하고 다양한 날을 보관하기도 편리하다.

MANICLE 마니클

• 【옛】 병을 청소하기 쉬운 긴 솔.

MANIER 마니에

• 잘 섞다. 반죽, 소스, 차가운 버터 등을 주걱으로 잘 섞다. 밀가루와 버터를 잘 섞어 뵈르 마니에(beurre manié)를 만들거나 화이트 소스 등의 재료로 사용할 수 있다.

MANIQUE 마니크

• 주방용 장갑. 오븐 장갑, 손잡이 집개. 뜨거운 그릇이나 도구를 집을 때 사용하는 헝겊이나 장갑. 과거에는 석면을 씌운 장갑도 사용했으나 최근엔 두꺼운 누빔천 또는 실리콘으로 만든 장갑이 대부분이다.

MARBRE 마르브르

• 대리석 작업대. 제과제빵용 반죽을 하는 작업대. 주로 대리석이나 스테인리스, 또는 대리석 가루를 재혼합해서 만든 상판. 수지상판, 인조대리석 등 음식에 해가 없는 안전한 재질로 만들어진다. 초콜릿을 식히는 데도 유용하다.

만돌린(mandoline) 슬라이서로 당근을 얇게 자르는 모습.

MARBRÉE / MARBRAGE
마르브레 / 마르브라주
• 마블링하기. 마블 케이크 만들기. 케이크에 다른 재료를 섞어 마블링 모양과 색을 내는 기법(초콜릿, 붉은색 베리류 과일).
• 파티스리의 표면을 퐁당슈가로 글라사주하고 유산지 코르네로 가늘게 재료를 짜 무늬를 그린 다음 칼끝으로 뾰족하게 물결 무늬를 낸 것(밀푀유, 나폴레옹).
• 반죽 속에 섞인 너무 차가운 버터.

MARBRER 마르브레
• 마블링 무늬와 색을 내다.

MARCHER (FAIRE) (페르) 마르셰
• 레스토랑에서 사용되는 용어로 테이블의 주문을 받기 시작한다는 의미. 경우에 따라 음식을 내보내다(envoyer)의 뜻으로 사용되기도 한다.

MARENGO 마렝고
• 송아지, 또는 닭고기를 소테한 뒤 토마토, 마늘, 화이트와인을 넣고 익힌 요리.

MARGARINE 마르가린
• 마가린. 정제된 동식물성 기름과 경화유를 적당한 비율로 배합하고 유화제, 향료, 색소, 소금물 또는 발효유를 가하여 잘 섞고 유화시켜서 버터 상태로 만든 것(corp gras 참조).

MARGUERITE 마르게리트
• 찜기용 채반. 구멍이 난 스테인리스 채반으로 짧은 다리가 달려 있으며, 냄비에 넣고 그 위에 재료를 얹어 증기로 찐다.

MARGUERY 마르게리
• 가자미 등의 생선 요리에 곁들이는 소스와 가니시로 홍합, 버섯, 새우, 굴 등의 재료를 넣어 만든다. 파리의 유명한 식당 이름(Au Petit Marguery)에서 따왔다.

MARIANNE 마리안
• 늙은 호박으로 만든 음식.

MARINADE 마리나드
• 와인, 식초, 소금, 향신료 등을 혼합한 절임액을 말하며, 고기, 수렵육과 채소, 과일 등을 일정 시간 담가 두는 데 사용한다. 재료에 향이 배게 할 뿐 아니라 고기의 육질을 연하게 하는 효과도 있다. 재워두는 시간은 재료의 종류와 양뿐 아니라 온도 등의 외부환경에 따라 달라진다.
• 【옛】고기나 닭을 튀김옷 반죽에 담갔다가 기름에 튀긴 것.

MARINER 마리네
(FAIRE, LAISSER, METTRE À)
• 마리네이드하다. 향신액에 담그다. 액체에 담가 재우다. 고기나 수렵육을 향신 양념액(marinade)에 일정 시간 동안 담가 두어 육질을 연하게 하고 향미를 배게 하는 방법.
• 생선을 굽기 전에 잠시 동안 마리네이드 액이나 향신 양념에 담가 두는 방법(짧은 시간에 향미를 배게 하는 즉석 마리네이드).

MARMELADE 마르믈라드
• 마멀레이드. 시트러스 과일(주로 오렌지)이나 기타 과일을 굵직하게 썰어 잼처럼 설탕에 졸인 것.

MARMITE 마르미트
• 냄비. 솥. 대형 냄비. 대용량의 음식을 끓이는 데 필요한 큰 사이즈의 냄비나 솥. 단체급식용 등 대형 주방에서 사용하는 대용량 솥은 고정형(marmite fixe)과 기울임이 가능한 타입(marmite basculante)이 있다.
• 큰 냄비에 넣고 끓인 음식(고기, 채소 등).
• 냄비에 끓인 콩소메. 미리 한 번 깨끗이 불순물을 제거한 맑은 육수를 사용하면 더 진하고 깨끗한 풍미의 더블 콩소메(consommé double)를 만들 수 있다.
• 마마이트 소스. 이스트 추출물로 만든 영국 소스의 제품명이며, 주로 빵에 발라 먹는다.

MARQUER / MARQUAGE
마르케 / 마르카주
• 익힐 재료를 모두 냄비에 넣다. 재료의 조리를 시작하다. 애벌 익힘을 시작하다.
• 생선이나 고기의 살 가장자리에 칼집을 넣다.
• 고기를 증기에 쪄서 조리할 때 미리 마르카주 바푀르(marquage vapeur: 육즙 및 식물성 지방과 향신료를 혼합한 일종의 글라사주)를 발라 놓으면 익혔을 때 육즙 손실이 적어 살을 연하고 촉촉하게 유지할 수 있다.

MARYSE 마리즈
• 알뜰 주걱. 실리콘 주걱. 스크래퍼(corne 참조)와 비슷한 모양의 부드러운 고무나 실리콘이 달린 주걱으로 길고 납작한 손잡이가 달려 있다. 그릇 안의 재료를 긁어 덜어낼 때 유용하게 쓰이며, 달걀흰자 머랭을 거품이 꺼지지 않도록 조심스럽게 혼합할 때도 사용된다. 마리즈(Maryse)는 본래 드뷔예(M. De Buyer)가 자

신의 유모 이름을 따서 만든 상표 이름이었는데, 그녀는 당시에 음식을 알뜰하게 긁는 도구가 없는 것을 아쉬워했다고 한다.

MASQUER 마스케
• 덮다, 씌우다. 재료의 윗면 또는 전체에 크림을 씌우다.

MASSE 마스
• 덩어리. 질량. 일반적으로 질량은 무게의 단위로 표시한다. 버터는 과거에 파운드(livre)로 무게를 측정했다.
• 파티스리의 반죽이나 혼합물을 지칭한다.

MASSER 마세
• 설탕을 끓여 시럽으로 만드는 중에 또는 그 후에 결정화하다. 단단하게 덩어리져 굳다.

MATELOTE (EN) (앙) 마틀로트
• 와인과 양파를 넣은 소스의 생선 요리. 부르고뉴 지방에서는 포슈즈(pochouse 민물 생선 포도주 찜)라고도 한다.

MATIGNON 마티뇽
(다음 페이지 과정 설명 참조)
• 작은 큐브 모양으로 썬 채소를 버터를 넣고 색이 나지 않게 볶은 것. 스튜에 넣는 향신채소 또는 고기나 생선 요리의 가니시로 사용한다.

MATURATION 마튀라시옹
• 숙성. 치즈의 숙성, 또는 과일이 적당하게 익음, 고기의 숙성(에이징) 등을 뜻한다. 또한 아이스크림 제조시 저온살균한 혼합재료를 숙성시켜 그 풍미를 더 좋게 하는 과정을 지칭하기도 한다.

MATURER 마튀레
(FAIRE, LAISSER, METTRE À)
• 숙성하다. 숙성시키다. 고기를 더 연하게 만들기 위해 일정시간 동안 숙성하다.
• 음식을 차가운 곳에 두어 농도를 되직하게 굳히다.

MAYONNAISE
마요네즈 (아래 사진 참조)
• 마요네즈 소스. 달걀노른자, 기름, 식초 또는 레몬즙을 베이스로 만든 차가운 에멀전 소스. 경우에 따라 머스터드를 추가하기도 한다.

MAZAGRAN 마자그랑
• 손잡이가 없는 긴 머그잔.
• 아메리카노 커피를 지칭한다.
• 폼 뒤셰스(pomme duchesse)와 송아지 골, 흉선 등을 채워 넣은 파이의 일종.

MÉDAILLON 메다이용
• 재료를 동그란 모양으로 도톰하게 잘라 조리한 것(예: 푸아그라).
• 생선살(아귀), 고기(송아지)를 도톰하게 자른 토막.

MÉLANGER 멜랑제
• 섞다. 혼합하다. 재료를 한데 모아 혼합하다. 믹서로 섞다. 재료를 첨가하다. 거품기로 쳐서 섞다.

MÉLASSE 멜라스
• 당밀. 사탕수수나 사탕무를 설탕으로 가공할 때 부수적으로 나오는 찐득한 갈색 시럽을 말한다.

MELBA 멜바
• 사과의 품종 중 하나.
• 페슈 멜바(pêche Melba). 복숭아, 바닐라 아이스크림, 붉은 베리류 과일의 쿨리로 이루어진 차가운 디저트로 1892년 에스코피에가 오페라 가수인 넬리 멜바에게 경의를 표하기 위하여 처음 만든 레시피이다. 이것을 응용하여 딸기 등 다른 과일로 만들기도 한다(fraise Melba).

MÊLÉE 멜레
• 섞은, 혼합한. 샤퀴트리의 재료를 혼합하다. 샐러드 레시피에서도 혼합했다는 뜻으로 사용된다(mêlée de crevette à l'aneth 딜과 새우를 섞은 샐러드). 과거에는 멜리 멜로(méli-mélo)라는 용어를 사용하기도 했다.

M

거품기로 재료를 혼합해 마요네즈(mayonnaise) 소스를 만드는 모습.

셀러리악,
당근, 양파,
마티뇽 썰기

MATIGNON CÉLERI-RAVE,
CAROTTE ET OIGNON

도구

잘 드는 칼

• 1 •
셀러리악을 4~5mm 두께로 자른다.

• 3 •
잘라 놓은 채소 슬라이스를 4~5mm
두께의 긴 막대 모양으로 자른다.

• 2 •
길쭉한 토막으로 자른 당근을
세로로 4~5mm 두께로 자른다.

• 4 •
4~5mm 크기의 큐브 모양으로 썬다.

MÊLER 멜레
- 재료를 섞다, 혼합하다.

MELON (EN) (앙) 믈롱
- 멜론과 같은 모양으로 실을 묶는 방법(로스트 비프 또는 양 어깨살 등을 실로 묶을 때 사용).
- 멜론 껍질을 플레이팅에 보조도구로 사용하기. 반을 잘라 속을 비운 멜론 껍질 안에 푸르츠 샐러드를 담아 서빙한다.

MÉNAGÈRE 메나제르
- 가정용. 일반적으로 전문 식당용과 대조되는 개념으로 쓰인다.
- 커틀러리와 그릇, 집기류를 총칭하는 용어.
- 아 라 메나제르(à la ménagère)는 주변에서 흔히 구할 수 있는 싼 재료를 이용하여 쉬운 방법으로 만들 수 있는 레시피를 뜻한다.

MENU 므뉘
- 식사를 구성하는 코스.
- 아주 작은. 재료를 아주 잘게 썰다.
- 메뉴. 식사에 서빙될 요리명을 열거한 리스트.

MENU-DROIT 므뉘 드루아
- 도톰하고 길쭉한 모양으로 자른 닭 안심살.

MERINGUE 므랭그
- 머랭. 달걀흰자를 저어 거품내고 설탕을 넣은 것으로, 다른 재료와 혼합해 질감을 가볍게 하는 데 쓰이거나 머랭 자체를 장식용으로 사용하기도 한다. 오븐에 넣어 오랜 시간 저온으로 건조시킨다. 스위스, 프랑스, 이탈리아식 머랭으로 분류한다.

MERINGUER 므랭게
- 디저트에 머랭을 얹어 장식하다. 디저트를 머랭으로 장식하고 주로 토치로 열을 가해 캐러멜라이즈한다.

MERLAN 메를랑
- 설도. 주로 로스트 비프용으로 사용하는 부위로 소의 뒷 넓적다리 살(tranche)에 해당한다.
- 명태. 대구과에 속하는 생선의 한 종류.

MESCLUN 메스클룅
- 샐러드용 잎채소 모둠. 루콜라, 미즈나(경수채), 로메인 상추, 치커리, 엔다이브 등.

MESURE 므쥐르
- 계량, 용량 측정.

MESURER 므쥐레
- 계량하다. 양을 재다.

METS 메
- 음식, 요리를 뜻한다.

METTRE AU POINT 메트르 오 푸앵
- 가장 적당한 상태로 만든다는 뜻으로, 초콜릿 제조과정 중 템퍼링을 뜻한다. 즉 초콜릿을 50℃ 정도로 가열해 녹여 카카오 버터의 입자를 모두 분해시킨 다음 다시 27℃로 급속히 식혀준다. 이렇게 템퍼링한 초콜릿은 모양을 만들었을 때 표면이 훨씬 매끄럽고 윤기가 나며, 틀에서 분리하기도 쉽다(tabler 참조).

MEUNIÈRE (À LA, EN)
(아 라, 앙) 뫼니에르 (오른쪽 사진 참조)
- 가자미, 서대, 송어 등의 생선에 밀가루를 얇게 묻힌 후 통째로 또는 토막으로 버터를 녹인(beurre meunière) 팬에 지져 익히는 방법.

MEURETTE 뫼레트

• 부르고뉴의 대표적인 음식으로 레드와인에 라르동, 양파, 샬롯, 버섯과 각종 향신료를 넣어 만든 생선, 송아지, 닭 등의 찜 요리이다. 또한 달걀을 이 소스에 넣어 데쳐 익히기도 한다(œuf en meurette). 달걀을 삶아 레드와인 소스를 끼얹은 요리를 쿠이유 단(couille d'âne)이라고 부른다.

MICRO-ONDES (FOUR À)
(푸르 아) 미크로 옹드

• 전자레인지. 음식을 가열하거나 해동할 때 사용한다.
• 전자레인지 오븐을 사용한 조리: 본래 전자레인지는 음식을 조리하는 용도로 고안된 것은 아니지만 기술의 발전으로 더욱 진화된 제품들이 출시되어, 오늘날에는 로스트 치킨, 로스트 비프, 돼지 목살 등을 노릇하게 구워낼 수 있을 뿐 아니라 생선도 짧은 시간 내에 데쳐내는 등 다양한 종류의 조리가 가능하다.

MIGAINE 미갠

• 달걀과 생크림을 섞은 혼합물로 키슈(quiche)의 베이스가 된다.

MIGNARDISES 미냐르디즈

• 프티 푸르, 당과류, 초콜릿, 과일 젤리 등 식후에 커피와 곁들여 먹는 작은 사이즈의 단과자류.

MIGNONNETTE 미뇨네트

• 미뇨네트 후추. 통후추를 굵직하게 부순 것.

MIJOTAGE 미조타주

• 뭉근하게 천천히 익히기.

MIJOTER 미조테
(FAIRE, LAISSER, METTRE À)

• 약한 불에서 뭉근하게 천천히 익히다.

MIJOTEUSE 미조퇴즈

• 슬로우 쿠커. 음식물을 오랜 시간 천천히 익힐 때 사용하는 전기 주방도구.

MIKADO 미카도

• 일본풍의 식재료를 넣고 만든 프랑스 요리 레시피를 특별하게 지칭하는 용어.

M

가자미 토막을 버터에 팬 프라이하는 모습(뫼니에르 meunière).

MILK-SHAKE 밀크셰이크
• 우유와 얼음, 기타 향을 내는 재료를 넣고 믹서에 갈거나 섞은 음료.

MIMOSA 미모자
• 미모사 에그(oeuf mimosa)는 완숙한 달걀흰자 안에, 체에 거른 달걀노른자, 마요네즈, 다진 허브 섞은 것을 채워 넣은 달걀요리를 뜻한다.

MINCER 맹세
• 【옛】에맹세(émincer)와 동의어. 채소를 샐러드 등의 요리에 넣기 위해 얇게 저며 썬다.

MINUTE (À LA MINUTE)
미뉴트 (아 라 미뉘트)
• 즉석에서 금방 익히다(cuire à la minuie). 얇게 썬 송아지 에스칼로프를 즉석에서 한 번만 뒤집어 재빨리 익히다(snacker).

MINUTEUR 미뉘퇴르
• 타이머. 조리시간을 설정해 놓고 알람이 울리게 한다.

MIREPOIX 미르푸아
• 굵은 큐브 모양으로 썬 향신용 채소.

MIROIR 미루아르
• 과일 즐레(gelée)로 케이크 등을 덮어 씌워 반짝이게 마무리한 것.
• 외프 오 미루아르(oeuf au miroir): 달걀을 깨트려 그릇에 넣고 오븐에 익힌 것.

MIROIR DE VIN 미루아르 드 뱅
• 비교적 탄닌이 강한 레드와인을 줄여 시럽 농도로 농축한 것. 고기 요리에 곁들이는 레드와인 베이스 소스에 넣으면 더 진한 맛을 낼 수 있다.

MIROTON 미로통
– 미리 삶아 썰어 놓은 소고기에 완전히 익혀 으깬 양파나 비네그레트 소스를 곁들여 서빙하는 요리(miroton de boeuf).
– 【옛】얇게 저민 사과와 사과 콤포트로 만든 디저트의 일종(miroton de pommes).

MISE EN BOUCHE 미 장 부슈
• 아뮈즈 부슈. 식사 전에 서빙하여 입맛을 돋우는 적은 양의 음식.

MISE EN PLACE 미 장 플라스
• 밑 준비. 일반적으로 레스토랑 홀에서의 미장 플라스는 커틀러리 등을 놓고 테이블을 준비하는 제반 사항을 뜻한다.
• 주방 안에서의 미장 플라스는 음식 서빙에 필요한 재료의 손질과 조리에 필요한 집기, 도구 등을 미리 준비해 놓는 것을 의미한다.

MISO 미소
• 미소 된장. 대두에 누룩과 소금을 섞어 발효시킨 일본 된장. 담백한 맛의 붉은 된장인 아카 미소와 단맛과 순한 맛을 가진 밝은색의 시로 미소로 나뉜다.

MITONNER 미토네
(FAIRE, LAISSER, METTRE À)
• 약한 불에 오래 끓이다. 빵을 우유나 육수 또는 물에 넣고 약한 불로 천천히 오랜 시간 끓이다.
• 넓은 의미로 조리하다(cuisiner)의 동의어로 쓰이기도 한다.
• 천천히 뭉근히 끓이다(mijoter).

MIX 믹스
• 파티스리, 특히 아이스크림 제조시 재료의 혼합물을 뜻한다.

MIXER 믹세
• 재료를 분쇄하거나 갈아서 잘게 빻거나 퓌레 상태로 만들다.
• 소스를 균일한 질감이 되게 혼합해 에멀전화하다.

MIXEUR 믹쇠르
• 블렌더, 믹서. 고속으로 회전하는 날을 이용해 재료를 퓌레로 갈아준다. 소스를 더 가볍고 부드럽게 에멀전화할 때도 사용하며, 이때 소스를 따로 체에 거를 필요가 없다. 채소 포타주를 만들 때도 유용하다. 다용도 믹서기에 거품기 휩이나 커터 날을 장착하여 사용한다. 최근에 선보인 믹서기는 조리기능을 겸한 것들도 있다.

MOLÉCULAIRE 몰레퀼레르
• 분자의. 분자요리학(cuisine moléculaire)은 1988년에 프랑스 국립 농식물연구소(INRA)의 연구원인 에르베 티스(Hervé This)에 의해 처음 도입되었으며, 조리과정 중 물리적, 화학적으로 일어나는 재료의 변화를 탐구하는 새로운 개념이다. 음식의 질감과 조직, 요리과정을 과학적으로 분석해 새로운 맛과 질감을 개발하는 활동을 말한다. 요리에서 일어나는 여러 가지 화학 현상의 분석과 이해를 통해 새로운 요리 분야 및 트렌드를 창시하는 계기가 되었다. 페란 아드리아, 피에르 가니예르 등이 이 분야의 대표적 요리사이다.

MOLETTE 몰레트
• 커팅 롤러, 피자 커터. 요철이 있는 롤러 모양의 커팅 도구로 반죽을 길게 자를 때도 사용한다.

MOLLET 몰레
• 반숙. 삶은 달걀의 익힌 정도를 뜻한다. 끓는 물에 달걀을 넣고 6분간 익힌 것으로 이때 노른자는 흐르는 상태를 유지하고 흰자는 익어 응고된 상태이다.
• 말랑말랑한 상태를 뜻하는 말(예:pain mollet).

MONDER 몽데 (p.186 과정 설명 참조)
• 껍질을 벗기다. 에몽데(émonder)라고도 한다. 토마토, 복숭아, 아몬드 등을 끓는 물에 몇 초간 담갔다가 찬물에 재빨리 식힌 후 껍질을 벗긴다.

MONTAGE 몽타주
• 채소나 다른 재료를 사용하여 파이 용기나 틀의 바닥부터 모자이크 모양 등으로 깔거나 쌓아올리는 작업. 슈미자주(chemisage)라고도 한다.

MONTER EN NEIGE 몽테 앙 네주
• 거품내다. 손 거품기나 전동믹서 휩을 사용하여 달걀흰자의 거품을 올리거나 크림, 반죽 혼합물(예: 제누아즈) 등을 휘저어 부피를 늘리다.

M

MONTER UNE SAUCE
몽테 윈 소스
• 소스를 만드는 마지막 단계에 차가운 버터 조각을 넣고 스푼이나 거품기를 휘저어주며 잘 혼합한다. 버터 몽테(monter au beurre)하다.

MORTIER 모르티에
• 절구. 가장자리가 비교적 두꺼운 용기로 공이를 사용하여 향신료 등을 찧어 빻을 때 사용한다.

MORTIFIER 모르티피에
(FAIRE, LAISSER, METTRE À)
• 정육을 도축한 후에 며칠간 숙성시켜 살을 연하게 하다(maturer 참조).

MOSAÏQUE (EN) (앙) 모자이크
• 채소를 일정한 모양으로 잘라 모자이크처럼 배치하는 방법.

MOUCHETER 무슈테
• 주방용 붓을 사용하여 과일 쿨리(coulis)나 초콜릿, 또는 식용 색소 등을 점점이 찍어 뿌리다.

MOUCLADE 무클라드
• 샤랑트 지방의 특산 홍합 요리. 마리니에르(marinière) 방식으로 익힌 홍합에 버터, 달걀, 크림과 피노 데 샤랑트(pineau des Charentes 코냑과 발효 전의 포도즙을 혼합한 샤랑트 지방의 디저트와인)를 넣어 만든다. 또 다른 샤랑트의 대표적 홍합 요리인 에클라드(éclade 홍합을 솔잎에 얹어 화덕에 구워 내는 요리)와 혼동해서는 안 된다.

MOUDRE 무드르
• 갈다. 가루로 만들다. (커피 원두, 통후추 등을) 기계로 갈아 가루로 만들다.

MOUILLEMENT 무이유망
• 육수 등의 액체로 국물을 잡아 재료를 익히다.

MOUILLER À DEMI
(MOUILLER À MI-HAUTEUR)
무이예 아 드미 (무이예 아 미 오퇴르)
• 재료 높이의 반 정도 높이까지 국물을 잡아 익히다(court-mouillement 참조).

MOUILLER,
MOUILLER À HAUTEUR
무이예, 무이예 아 오퇴르
• 재료가 잠길 높이만큼 와인이나 육수, 물 등으로 국물을 잡아 익히다.

MOUILLETTE 무이예트
• 빵을 길쭉한 스틱 모양으로 자른 것. 껍질째 익힌 달걀 반숙의 흐르는 노른자를 찍어 먹도록 같이 서빙한다.

MOUILLURE 무이위르
• 요리에 국물을 잡아 끓이는 조리법.
• 재료를 적시기. 축이기. 축축한 상태. 젖은 자국.

MOULE À MANQUÉ 물 아 망케
• 파티스리용 스프링폼 팬. 바닥이 분리되는 원형 케이크 틀.

MOULE 물
• 틀, 몰드.
–기본형 틀: 원형, 직사각형 틀, 타르틀레트(tartelettes) 틀, 타원형 바르게트(barquettes) 틀, 파운드케이크 틀 등.
– 특이한 모양의 틀: 반구형의 마르퀴즈(marquise) 틀, 백조, 돌고래, 원통 기둥형, 큰 소라 모양(corne d'abondance) 모양 등의 다양한 틀.
– 특정 레시피를 위한 틀: 다리올(darioles), 샤

를로트(charlotte), 쿠겔호프(kougelhopf), 사바랭(savarin), 와플용 틀(gaufres) 등.

MOULE 물

• 홍합. 쌍각류 조개의 일종으로 바다에 꽂아 놓은 기둥이나 밧줄(주로 지중해 지방)에 붙어 양식된다. 홍합 양식업을 미틸리퀼튀르(mytilli-culture)라고 한다.

MOULER 물레

• 틀에 혼합재료나 반죽을 채우다.

MOULIN 물랭

• 빻는 기계, 제분기, 밀(mill), 그라인더. 커피, 통후추, 굵은 소금 등을 가는 도구. 초콜릿이나 아몬드를 가는 그라인더도 있다.

MOULIN À LÉGUMES 물랭 아 레귐

• 채소 그라인더. 감자 그라인더. 과거에는 프레스 퓌레(presse-purée)라고도 불리던 이 수동기계는 삶은 감자나 기타 채소, 과일을 넣고 돌려 곱게 갈아 퓌레를 만드는 데 사용된다.

MOULINER 물리네

• 채소 그라인더를 사용하여 재료를 갈아 퓌레로 만든다.

MOULINETTE 물리네트

• 치즈나 마늘 등의 작은 채소를 넣고 돌려 가는 도구.
• 생 허브 등을 다질 때 사용하는 전기 분쇄기, 초퍼(chopper).

MOUSSE 무스

• 퓌레, 크림, 달걀 등을 힘껏 저어 거품과 같이 가벼운 질감을 내도록 한 것. 채소, 과일, 해산물, 초콜릿 등 다양한 재료를 사용하여 만들 수 있다.

MOUSSELINE 무슬린

• 무스(mousse)와 동의어.
• 무슬린 소스(sauce mousseline)는 홀랜다이즈 소스에 휘핑한 크림을 더한 것으로 전통적으로 아스파라거스에 곁들여 먹는다.
• 무슬린 크림(crème mousseline)은 크렘 파티시에르에 버터를 넣어 혼합한 크림이다.

MOUSSER (FAIRE) (페르) 무세

• 거품 내다. 달걀과 설탕을 넣은 혼합물을 힘껏 휘저어 가벼운 거품이 나도록 만든다.

MOUTARDER 무타르데

• 음식에 머스터드를 넣다.

MOUTARDIER 무타르디에

• 머스터드를 담는 용기.

MOUVETTE 무베트

• 가정용 주방에서 흔히 쓰는 둥근 모양의 긴 나무 스푼, 나무 주걱. 소스를 젓거나 재료를 섞어주는 용도로 쓰인다.

토마토 껍질
벗기기

MONDER UNE TOMATE

도구

페어링 나이프

• 1 •

토마토에 십자로 칼집을 낸다.

• 3 •

토마토를 건져낸다.

186

토마토 껍질을 벗기는 것은
쉬운 기술이면서도 요리의 차원을
한 단계 높일 수 있는 방법이다.
생으로 먹을 때나 익혀서 조리할 때 모두,
껍질을 벗긴 토마토를 사용하면
결과물은 달라진다.

· 2 ·
끓는 물에 토마토를 10~14초간 담근다.

· 4 ·
건진 토마토를 얼음물에 넣는다.

· 5 ·
칼로 껍질을 벗겨내고 꼭지를 제거한다.

MOUVETTE (MÉLANGER À LA)
(멜랑제 아 라) 무베트
- 나무 스푼으로 잘 저어 섞어주다.

MÛRIR 뮈리르
(FAIRE, LAISSER, METTRE À)
- (과일이) 익다, 익히다. 과일이나 다른 식재료를 익혀서 사용하기에 가장 알맞은 정도로 숙성시키다.

MUSCADER 뮈스카데
- 음식에 넛맥(육두구)을 갈아서 넣어주다.

MUSEAU 뮈조
- (소나 돼지의) 머릿고기 편육. 소나 돼지의 볼살, 입, 턱 등의 살을 발라내어 눌러 만든 샤퀴트리의 일종. 전통적으로 비네그레트 소스와 함께 머릿고기 샐러드를 즐겨 먹는다. 샤퀴트리 전문점에서 미리 익혀 누른 머릿고기 편육을 구입할 수 있다.

MUTTON CHOP 머튼 촙
- 양갈비. 램춉. 더블 램춉. 뼈가 붙은 양갈비.

N

NACRER / NACRAGE
나크레 / 나크라주 (아래 사진 참조)
• 진줏빛이 나게 하다. 반짝이게 하다. 리소토 등을 만들 때 쌀알에 기름이나 버터가 골고루 코팅되도록 잘 저어 익혀 색이 반투명해지면서 반짝이게 만들다.

NAGE (À LA) (아 라) 나주
• 생선이나 갑각류 해산물을 향신재료를 넣은 쿠르부이용(court-bouillon)에 넣어 익히는 방법(cuire à la nage).

NANTUA (SAUCE) (소스) 낭튀아
• 낭튀아 소스. 베샤멜과 가재 버터(beurre d'écrevisse)를 베이스로 만든 소스로, 주로 생선 크넬 요리에 곁들인다.

NAPPAGE / NAPPER 나파주 / 나페
• 씌우다, 덮다. 더운 요리, 또는 차가운 요리에 소스나 즐레, 크림 등을 발라 덮어주다.

NAPPE (CUIRE À LA)
(퀴르 아 라) 나프
• 요리를 냄비에서 계속 저어주며 끓여 그 소스가 주걱에 흘러내리지 않고 묻을 정도(nappant)의 농도가 될 때까지 졸이는 방법.

NAPPER 나페
• 소스로 덮다. 소스를 표면에 고루 발라 씌우다.

NAPPER (FAIRE) (페르) 나페
• 크렘 앙글레즈(crème anglaise 커스터드 크림) 등을 만들 때 끓지 않도록 온도를 유지하면서, 달걀노른자를 잘 저어 혼합하며 익히다.

NATURE 나튀르
• 본연의 맛. 어떠한 첨가 재료도 넣지 않고, 간도 거의 하지 않는 원재료 맛 그대로의 상태.

NATUREL (AU) (오) 나튀렐
• 색소나 첨가물 등 어떠한 부가 재료도 넣지 않은 본연의 상태. 갑각류 해산물이나 생선 등에 전혀 간을 하지 않은 상태로 익힌 것(cuit au naturel).

NÉGRESSE 네그레스
• 【옛】 과거에는 튀김 냄비와 비슷한 용기를 뜻하는 단어로 사용되었다. 감자튀김 노점상들이 오랫동안 사용한 무쇠 튀김 냄비에 기름때가 묻어 색이 검게 변하면서 이 이름(검은색이라는 뜻)이 붙었다고 한다. 흑인을 비하하는 말로도 사용되었으나, 인종차별의 의미

쌀알에 기름이나 버터가 골고루 코팅되어 투명하고 반짝이게 볶아준다(nacrer).

를 내포하고 있어 일상적으로 금기시되는 단어이다.

NEIGE 네주
• 달걀흰자를 휘저어 눈처럼 거품을 올린 것을 뜻한다. 경우에 따라 휘핑한 크림을 가리키기도 한다.

NETTOYER 네투아예
• 씻다. 재료의 불순물을 제거하거나 흐르는 물에 헹궈 씻다.
• 생선의 경우 씻어서 손질하는 과정을 지칭하기도 한다(habiller 참조).

NIÇOISE / À LA NIÇOISE 니수아즈 / 아 라 니수아즈
• 니스풍의. 니스풍 요리. 니스풍 샐러드(salade niçoise)에는 블랙올리브, 마늘, 달걀, 보라색 작은 아티초크, 바질, 피망, 쪽파, 샐러드용 잎채소, 잠두콩, 안초비, 참치, 토마토 등의 재료가 들어간다.

NID 니
• 새의 둥지라는 뜻. 작은 사이즈의 가금류인 메추리나 로스트한 수렵육 조류를 서빙할 때 플레이트에 가늘게 썬 감자칩(pommes paille)을 마치 둥지 모양으로 깔고 그 위에 놓는 방법.
• 속을 파낸 토마토에 달걀 수란, 치즈, 마요네즈 등을 채워 만든 요리.
• 제비집. 중국에서 수프의 재료로 사용하는 이것은 바다제비가 입에 물고 온 마른 해초를 침으로 붙여 만든 제비둥지이다.
• 벌집 모양의 과자(nid d'abeille). 꿀을 넣어 바삭하게 구워낸 비스킷.

NOISETTE 누아제트
• 양갈비의 뼈를 발라내고 중앙의 동그란 살코기 부분만 잘라낸 것(noisette d'agneau).
• 헤이즐넛. 개암나무 열매.

NOIX 누아
• 호두. 그르노블산 호두(noix de Grenoble)는 AOC 인증을 받았다. 그 밖에 다른 종류의 너트를 지칭할 때도 쓰이는 단어이다(예: 마카다미아 너트 noix de macadamia, 캐슈너트 noix de cajou, 브라질 너트 noix de Brésil, 피칸 noix de pécan 등).
• 고기 부위 중 갈비의 안쪽 살코기 부분만을 가리킨다.
• 가리비 조개의 먹을 수 있는 살 부분만을 가리킨다.
• 조각이라는 의미로도 사용된다. 버터 한 조각(une noix de beurre)은 엄지손가락 하나 정도 크기의 조각을 뜻한다.

NOIX DE COBOURG 누아 드 코부르
• 코부르 햄. 돼지를 전통 수제 방식으로 염장한 후 훈제 또는 건조한 샤퀴트리의 일종.

NOIX DE JAMBON 누아 드 장봉
• 돼지로 만든 햄의 안쪽 살코기 부분. 가장자리에 비해 기름이 적다.

NOIX D'ÉPAULE 누아 데폴
• 어깨의 살코기 부분으로 기름이 비교적 적다.

NOIX DE VEAU 누아 드 보
• 정육용 송아지의 볼기살. 송아지의 뒷 넓적다리 살로 관절에 가까이 붙어 있는 부위다.

N

NORI 노리
• 김. 해초를 건조하여 만든 것으로 김밥, 마끼 등의 초밥을 만들 때 사용한다.

NOUET 누에
• 잼을 만들 때 과일 씨를 싸서 넣는 거즈와 같이 얇은 천 조각. 과일 씨의 펙틴질이 얇은 천을 통해 빠져나가 잼에 녹아들어 농도를 더해준다.
• 향신료를 티백에 싸서 우려내기 편리하도록 한 것.

NOUGAT 누가
• 『잼에 관한 책(*Excellent et moult utile opuscule à tous nécessaire*, 1555)』의 저자라기보다는 예언가로 더 유명한 노스트라다무스는 누가(nougat) 레시피를 최초로 체계화한 사람이다. 누가라는 이름은 "튀 누 가트(tu nous gâtes 우리를 극진히 대접하네)"를 줄인 말에서 따왔다고 한다. 프로방스(Provence), 아르데슈(Ardèche)에 이어 아몬드 나무 재배지로 알려진 몽텔리마르(Montélimar)에서도 훌륭한 누가를 생산하고 있으며 최근에는 IGP(지역 표시 보호) 인증을 받았다. 단단한 것, 말랑한 것, 검은색 또는 흰색, 아몬드뿐 아니라 피스타치오, 헤이즐넛을 넣은 것 등 다양한 종류가 있으며, 리무(Limoux), 투르(Tours)나 아키텐(Aquitaine) 지방에서는 "투롱(touron)"이라 불리는 누가를 만나볼 수 있다.

NOUGAT GLACÉ 누가 글라세
• 봉브 글라세(bombe glacé 아이스크림을 베이스로 반구형으로 만든 차가운 디저트) 혼합물에 건과일과 과일 콩피 등을 넣고 얼려서 먹는 디저트.

NOUILLE 누이유
• 국수. 밀이나 기타 곡류로 만든 국수를 뜻하며 그 모양이나 색깔, 풍미가 다양하여 레시피에 따라 적당한 것을 선택해 사용한다.

NOURRIR 누리르
• 음식을 먹이다. 사람이나 동물에게 음식을 먹이다.
• 고기를 익힐 때 흘러나온 기름을 고기 위에 끼얹어 뿌려준다.
• 파인애플에서 나온 즙을 끼얹어 뿌리면서 굽다.

NOYAU CENTRAL 누아요 상트랄
• 살구 등의 과일 살 속 한가운데 들어 있는 딱딱한 씨.

NOYAUX DE CUISSON
누아요 드 퀴송
• 타르트 누름돌. 타르트 시트만 먼저 오븐에 구울 때(cuisson à blanc 블라인드 베이킹) 부풀지 않도록 유산지를 깔고 세라믹 등으로 만들어진 구슬 누름돌을 얹는다. 채움돌(charge)이라고도 한다.

NUAGE 뉘아주
• 소스 대신 사용하는 가벼운 텍스처의 거품 에멀전.
• 커피나 차에 아주 소량 넣은 우유.

NUOC-MÂM 느억 맘
• 피시 소스. 생선을 염장해 발효시킨 베트남의 액젓 소스.

ODEUR 오되르
• 냄새. 향기.

ODORANT 오도랑
• 냄새를 풍기는. 냄새나는 것.

ODORAT 오도라
• 후각. 5대 감각 중의 하나로 냄새를 맡는 능력.

ODORATION 오도라시옹
• 냄새 맡기, 후각.

ODORER 오도레
• 냄새가 나다. 냄새를 맡다.

ODORIFÉRANT 오도리페랑
• 향기로운. 냄새를 풍기는.

ŒUF 외프
• 알, 달걀. 생선이나 조류가 낳은 식용가능한 알. 외프라는 단어 자체로는 닭의 알인 달걀만을 뜻하고, 다른 종류의 알일 경우는 그 동물의 이름을 붙인다(예: 메추리알 oeuf de caille).

• 달걀은 중량에 따라 왕란(73g 이상), 대란(63~72g), 중란(53~62g), 소란(53g 미만)으로 분류한다. 또는 번호순으로 1부터 6까지로 분류하는데 1호는 70g 초과, 6호는 45g 미만이다.

ŒUF (CUISSON)
외프 (퀴송) (아래 사진 참조)
• 달걀을 익히는 방법은 다양하다.
– 껍질째 물에 삶기: 떠먹는 반숙(à la coque, 끓는 물에 3분), 반숙(mollet, 6분), 완숙(dur, 9~10분), 티에그(marbré), 퍼펙트 완숙(dur parfait 63℃에서 1시간).
– 껍질을 까서 액체에 익히기: 수란(poché 끓는 물에 1~2분), 달걀 튀김(frit 기름에 튀기기).
– 껍질을 까서 중탕으로 익히기: 코코트 에그(oeuf cocotte).
– 껍질을 까서 노른자와 흰자를 섞지 않고 익히기: 달걀프라이(au plat).
– 껍질을 까서 흰자와 노른자를 섞어 익히기: 스크램블드 에그(brouillé 달걀을 풀어 계속 저어가며 팬에 익힌다), 오믈렛(omelette 달걀 여러 개를 미리 풀어 팬에 붓고 젓지 않은 상태로 익힌다).

왼쪽부터 떠먹는 달걀 반숙(oeuf à la coque), 반숙(oeuf mollet), 완숙(oeuf dur).

ŒUF COUVÉ 외프 쿠베
•부화되기 전 병아리의 태아가 들어 있는 상태의 달걀. 필리핀의 혐오음식으로 '발롯'이라고 한다.

ŒUF DE CENT ANS 외프 드 상탕
•피단. 송화단. 오리의 알을 석회, 짚, 쌀겨, 소금과 섞은 진흙으로 덮어 두 달 이상 보관한 것. 시간이 지나면 흰자는 푸른빛을 띤 짙은 갈색의 젤리처럼 응고되고, 노른자는 옥색을 띠는 상태가 된다. 중국 요리의 전채에 송화단을 길게 4등분해서 내기도 한다. 전통적으로 식초, 생강이나 간장 소스를 곁들여 먹는다.

ŒUF EN GELÉE 외프 앙 즐레
•반숙한 달걀에 각종 재료와 즐레를 넣고 투명하게 틀에 굳힌 차가운 요리(aspic 참조).

ŒUFRIER 외프리에
•달걀을 익히는 전기 쿠커.

OFFICE 오피스
•레스토랑의 주방 이외의 사무실이나 공간. 서빙에 필요한 모든 준비를 하는 곳.
•【옛】디저트에 서빙하는 모든 것을 준비하는 작업.

•페어링 나이프를 쿠토 도피스(couteau d'office)라고 한다.

OISEAU SANS TÊTE 우아조 상 테트
•"머리가 없는 새"라는 뜻으로 포피예트(paupiette)를 가리킨다. 소를 넣어 둥글게 만 고기 요리.

OLFACTIF 올팍티프
•후각과 관련이 있는. 냄새와 관련된.

OLFACTION 올팍시옹
•냄새를 맡는 기능. 후각기능.

OMELETTE 오믈레트
•달걀을 풀어서 팬에 익혀 동그랗게 말거나, 납작하게 펴서 젓지 말고 익힌다(oeuf, cuisson 참조).

OMELETTE NORVÉGIENNE
오믈레트 노르베지엔
•베이크드 알래스카. 스펀지케이크 시트에 아이스크림을 얹고 머랭으로 덮어 오븐에 살짝 구운 디저트.

O

달걀(oeuf)을 풀어 납작하게 익힌 오믈렛(omelette plate).

ONCTUEUX 옹튀외
• 부드럽고 진한 맛의, 크리미한 농도의.

ONGLET 옹글레
• 소의 토시살. 소의 횡경막 쪽에 붙은 살 부위.

ORDONNER 오르도네
• 정리하다. 주방에서 모든 것을 제자리에 정돈하다.

OREILLON 오레이용
• 살구나 복숭아를 반으로 잘라 씨를 뺀 것, 즉 반구형의 조각을 뜻한다.

ORGANOLEPTIQUE 오르가노렙티크
• 미각, 후각 등 감각기관에 영향을 미치는.

ORLOFF 오를로프
• 익힌 셀러리 또는 셀러리악 퓌레로 만든 다리올(dariole)과 토마토, 익힌 양상추, 폼 샤토(pomme château)로 이루어진 가니시(garniture Orloff).
• 송아지 고깃덩어리의 한 면 끝은 완전히 절단하지 않고 붙인 채 깊게 칼집을 낸 뒤 그 사이사이에 치즈나 베이컨, 토마토, 버섯 등을 채워 넣고 주방용 실로 묶어 익히는 로스팅 방법.

OS (À L') 아 로스
• 뼈가 붙은. 장봉 아 로스(jambon à l'os)는 뼈를 그대로 둔 채로 뒷다리를 통째로 익힌 것, 또는 뼈째 만든 햄을 가리킨다.

OS À MOELLE 오스 아 무알
• 사골 골수. 소의 사골뼈를 토막 낸 것으로 안에 골수가 들어 있다. 끓는 물에 데쳐 익혀 포토푀 등의 요리에 넣는다.

OSMOSE 오스모즈
• 삼투. 삼투압 현상. 농도가 다른 두 물질을 나누는 반투막을 통해서 물 분자가 농도가 옅은 곳에서 진한 쪽으로 통과해 이동하는 현상. 양쪽의 농도가 같아지면 이 움직임이 멈춘다.

OUBLIE 우블리
• 꿀과 스파이스를 넣은 와플과 비슷한 과자로 평평한 둥근 모양 또는 콘처럼 만 모양이 있다. 이미 중세시대부터 만들어 팔기 시작하였으며, 1444년에 우블리 과자의 판매를 칙령으로 공식화할 정도로 당시에 인기가 높았다.

OUVRIR EN PORTEFEUILLE 우브리르 앙 포르트푀이유
• 고기나 기타 식재료에 두께를 가르며 깊은 칼집을 넣어, 마치 지갑처럼 벌려 소 재료를 넣을 수 있게 만드는 방법.

P

PAC 페아세
• "레디 투 쿡(ready to cook)"이라는 의미의 프랑스어 "프레 타 퀴르(prêt à cuire)"의 약자. "볼라이유 페아세(volaille PAC)"는 내장을 제거하고 잘 손질하여 익힐 준비가 된 상태의 닭을 뜻한다. 조리하기 전 다시 한 번 세심히 점검한 후 익히는 것이 좋다.

PACOJET 파코제
• 파코젯. 전문가용 주방기기로 냉동한 식재료나 아이스크림 베이스를 아주 빠른 속도의 칼날 회전과 공기 주입을 통해 부드럽고 밀도 높은 초미세입자로 분쇄하는 기계.

PACOSSER 파코세
• 파코젯을 사용하여 재료를 혼합하거나 소르베 등을 만들다.

PAELLA 파에야
• 파에야. 또는 전통적으로 파에야를 만들어 서빙하는 얕고 넓은 원형 팬(paellera).

PAI 페아이
• 미리 손질한 반제품, 편리하게 사용하도록 미리 준비된 반조리 제품 등을 뜻한다(produits d'assemblage intermédiaires, 또는 produits alimentaires intermédiaires).

PAILLARD (PAILLARDE, PAILLARDINE) 파이야르 (파이야르드, 파이야르딘).
• 파이야르드(paillarde): 송아지 고기 에스칼로프를 납작하게 두드려 팬에 소테하거나 구운 요리(닭고기를 사용하기도 한다). 이 이름은 19세기 말 파리 샹젤리제에 있었던 유명한 레스토랑인 파이야르(Paillard)에서 유래했다고 한다.

PAILLASSE 파이야스
• 치즈를 서빙할 때 밑에 깔아주는 밀짚 받침.
• 【옛】 잉걸불, 숯불, 또는 아직 뜨거운 숯불의 재.

PAIN AU LEVAIN 팽 오 르뱅
• 발효종으로 만든 빵. 밀가루, 물, 소금과 천연 효모(르뱅)로만 만드는 빵으로 중간 어느 단계에서도 이스트의 첨가가 이루어지지 않은 것을 말한다. 르뱅으로부터 효모종과 유산균이 배양되며, 이를 통하여 밀가루가 발효되고 이산화탄소를 발생시켜 반죽을 부풀게 한다. 르뱅을 이용하여 반죽을 부풀리는 방법은 발효 빵을 만들기 위한 가장 오래된 기술이다. 이렇게 만든 빵은 르뱅의 유산균이 발산하는 유산과 아세트산 때문에 약간 산미를 띤 복합적이고 섬세한 맛을 지닌다.

PAIN DE BEURRE 팽 드 뵈르
• 【옛】 약 25~40g의 버터를 작은 빵 모양으로 만든 것.

PAIN DE POISSON 팽 드 푸아송
• 생선 무스를 베이스로 만든 혼합물을 틀에 넣어 익힌 가정용 테린.

PALAIS 팔레
• 구개, 맛을 보는 입. 입맛.
• 미각. 섬세한 미각을 지니다(avoir un fin palais)
• 소, 양의 입천장 부위로 주로 스튜를 끓이는 데 사용한다.
• 팔레 루아얄(palais royal). 도축 전 달걀을 먹인 송아지의 입천장 부위로 노란색을 띠고 있다.

PALERON (MACREUSE)
팔르롱 (마크뢰즈)
• 소의 부채살. 부채살은 소의 앞다리 위쪽 부분, 즉 어깨뼈 바깥쪽 하단부에 위치한 살로 브레이징하거나 스튜를 만드는 데 주로 사용한다.

PALETOT 팔르토
• 오리의 껍질. 앙블로프(enveloppe)라고도 부르며, 껍질 밑에 기름층이 있다.
• 오리의 양쪽 가슴살과 날개 두 개를 포함한 살 부위. 흉곽뼈를 제거하고 기름층은 그대로 있는 상태이며 굽거나 국물에 넣어 데쳐 익힌다.

PALETTE 팔레트
• 돼지의 앞 다리살. 로스트 또는 수육으로 조리한다.
• 스패츌러. 케이크의 표면 등을 매끈하게 할 때 사용한다.

PALETTE-SPATULE 팔레트 스파튈
• 팔레트, 뒤집개. 스테인리스로 된 삼각형 모양의 스패츌러로 바닥에 붙은 재료를 떼어내거나 파티스리의 큰 조각 등을 옮길 때 사용한다.

PANACHER 파나셰
• 다양한 색깔, 식감, 맛을 가진 재료들을 조화롭게 섞어 혼합하다.

PANADE 파나드
• 아직 달걀을 넣지 않은 상태의 슈 페이스트리 반죽.
• 크넬 드 브로셰(quenelles de brochet 리옹의 대표적 생선 무스 요리)나 송아지 무스 요리의 베이스.

PANER 파네
• 재료에 빵가루를 입히다. 빵가루를 넣다.

PANER À L'ANGLAISE
파네 아 랑글레즈
• 튀김옷을 입히다. 영국식 튀김옷을 입히다.
튀길 재료에
- 밀가루를 묻히다.
- 달걀물(à l'anglaise 달걀 푼 것, 기름, 물, 양념)을 묻히다.
- 빵가루를 묻히다.

PANER À LA MILANAISE
파네 아 라 밀라네즈
• 밀라노식 튀김옷을 입히다.
영국식 튀김옷과 동일하지만, 빵가루에 분량의 1/3에 해당하는 파르메산 치즈 간 것을 섞어준다.

PANER AU BEURRE 파네 오 뵈르
• 재료에 정제 버터를 붓으로 발라준 다음 빵가루를 묻히다.

PANER EN MANCHON
파네 앙 망숑
• 생선에 빵가루를 입힌 다음 머리와 꼬리를 잘라내어 마치 생선살이 달걀물과 빵가루로 만든 옷소매(manchon) 안에 들어 있는 듯한 모양으로 만든다.

PANETIÈRE 판티에르
• 빵을 놓아두는 진열장, 선반, 가구, 상자, 통, 또는 서랍 등을 가리킨다.
• 매장에서 빵을 진열하는 쇼윈도, 쇼케이스 등.
• 빵 바구니. 빵을 따뜻하게 보관하기 위한 보온기능이 있는 빵 바스켓(panière à pain chauffante)도 있다.

P

PANIER 파니에

• 바구니. 바구니에 든 재료의 양. 요리를 하기 위해 선별한 재료의 분량을 뜻한다.
• 장보기 물가의 평균을 지칭하는 용어로도 사용된다.

PANIER À FRITURE
파니에 아 프리튀르

• 튀김망. 손잡이가 달린 철제 바구니망으로 튀김기에 고정시킬 수 있으며, 재료를 기름에 튀긴 후 건질 때 사용한다.

PANIER À NIDS
(OU PANIER À LEGUMES)
파니에 아 니 (파니에 아 레귐)

• 주방용 철제망. 체망, 된장망. 튀김 기름이나 다른 액체에 작은 채소 등의 재료를 넣어 익힐 때 사용하며, 다양한 크기가 있다.

PANIER À SALADE 파니에 아 살라드

• 샐러드 체망. 과거 샐러드용 채소를 씻어서 물기를 털어내던 용도로 쓰였던 손잡이가 달린 철제 바구니 망.

PANNE 판

• 돼지의 콩팥 주변을 둘러싼 단단하고 흰 지방 덩어리를 뜻하며, 이 기름을 녹여 라드 기름으로 사용하기도 한다.

PANOUFLE 파누플 (아래 사진 참조)

• 양 볼기 등심 덩어리의 양쪽 덮개살.

PANURE 파뉘르

• 빵가루. 단단해진 빵을 냅킨에 싼 다음 손바닥으로 부수어 가루로 만든다.

PAPIER ABSORBANT
파피에 압소르방

• 키친타월. 주방용 종이 타월. 물기를 닦는 등 다목적으로 쓰이며, 물에 적셔 사용하면 허브류를 신선하게 보관할 때도 유용하다.

PAPIER CUISSON 파피에 퀴송

• 유산지, 베이킹 페이퍼, 실리콘 페이퍼 등 조리용으로 사용되는 주방용 종이를 총칭한다. 미세한 기공이 있고 열에도 잘 견디는 이 종이는 재료를 신선하게 유지해줄 뿐 아니라 오븐이나 전자레인지용으로도 사용 가능하며,

양쪽 덮개살(panoufle)이 붙어 있는 양 볼기 등심 덩어리.

파티스리용 틀에 반죽을 넣기 전 안쪽 벽과
바닥에 깔아주는 용도로도 많이 사용한다.

PAPIER D'ALUMINIUM
파피에 달뤼미니엄
• 알루미늄 포일, 은박지. 재료를 보호하기 위
하여 덮거나, 재료를 파피요트(papillote)처럼
싸서 조리할 때 사용한다.

PAPIER FILM 파피에 필름
• 주방용 랩.

PAPIER GUITARE 파피에 기타르
• 파티스리의 데코레이션을 만들 때 주로 사
용하는 투명한 비닐 시트. 얇고 단단한 이 투
명 시트는 주로 초콜릿 작업용으로 많이 쓰
인다.

PAPIER SULFURISÉ 파피에 쉴퓌리제
• 유산지. 기름 코팅이 된 종이로 방수기능이
있고, 모든 온도에서 사용가능하다.

PAPILLOTE 파피요트
• 작은 원통 모양으로 돌돌 만 종이 손잡이 커
버로 양갈비 구이나 닭봉의 손잡이 뼈에 끼우
면 장식의 효과가 있을 뿐 아니라 들고 먹기
편하다.

PAPILLOTE (CUIRE EN)
(퀴르) 앙 파피요트
• 생선 등의 크지 않은 재료를 버터를 바른 알
루미늄 포일이나 유산지로 싸서 오븐에 익히
는 조리법. 향신용 채소나 허브, 양념, 소스 등
을 함께 넣고 싼 다음 종이를 잘 오므려 밀봉
한다. 익히는 동안 오븐의 열기로 재료를 싼
종이가 부풀고 살짝 그을린 색이 난다.

PARAGE 파라주
• 생고기 등의 재료를 부위별로 손질하기(parer
참조).

PARCHEMINÉ 파르슈미네
• 재료를 익혔을 때 마치 양피지(parchemin)처
럼 반투명한 상태가 되는 현상.

PARER 파레
• 다듬다. 날것 또는 익힌 식재료의 못 먹는 부
분이나 서빙하기 적합하지 않은 부위를 잘라
내고 다듬다.
• 스펀지케이크(제누아즈) 등 파티스리의 가장
자리를 보기 좋게 잘라 다듬다.

PARFUMER 파르퓌메
• 좋은 향기를 더하다. 향을 내다.

PARISIENNE 파리지엔
• 멜론 볼러. 퀴예르 파리지엔(cuillère parisienne).
과일이나 채소를 동그랗게 도려내는 도구
(cuillère à pomme 참조).
• 가스레인지 위에 설치된 선반으로 음식을 따
뜻하게 보관하는 데 유용하다.

PARMENTIER 파르망티에
• 아시 파르망티에(hachis parmentier 셰퍼드 파
이)와 비슷한 감자 요리 레시피를 지칭한다(예:
오리 파르망티에 parmentier de canard).

PARMENTIER (À LA)
(아 라) 파르망티에
• 감자를 주재료로 만든 요리(감자 포타주, 감자
갈레트, 감자 그라탱 등).

PAROSMIE 파로스미
• 후각 착오. 실제로는 없는 향을 느끼는 것처
럼 착각하는 현상.

P

PARTIR (FAIRE) (페르) 파르티르
• 소스나 육수 등의 액체를 센 불로 가열해 빨리 끓게 하다.

PARURES 파뤼르 (아래 사진 참조)
• 치즈, 고기, 채소, 과일 등을 다듬고 남은 자투리 조각(rafraîchissures, rognures 참조).

PASSER 파세
• 소스, 육수 등의 액체를 체나 면포에 걸러 불순물을 제거하다.
• 퓌레, 치즈, 닭이나 송아지 또는 생선살을 갈아 만든 소 등을 체에 긁어 내려 잔잔한 힘줄 등의 입자를 걸러내다.

PASSE-SAUCE 파스 소스
• 거름용 체망. 원뿔체. 시누아(chinois).

PASSE-VITE 파스 비트
• 채소 그라인더(moulin à légumes). 프레스 퓌레(presse-purée).

PASSOIRE 파수아르
• 채소 등의 재료를 썻어 물기를 제거하는 망. 스트레이너(strainer).

PASTEURISATION UHT
파스퇴리자시옹 위아슈테
• 초고온 살균. UHT(Ultra High Temperature) (Upériser 참조).

PASTEURISER / PASTEURISATION
파스퇴리제 / 파스퇴리자시옹
• 저온 살균. 모든 세균은 사멸시키되 맛이나 영양소는 최대한 보존하는 저온 살균법.
저온 살균은 재료를 액체가 새지 않는 용기에 넣고 63℃~80℃의 열처리를 한 다음 급속히 냉각하여 보존기간을 늘린다.

생선 자투리 살(parures)을 이용해 생선 육수를 만든다.

PASTILLAGE OU PASTELLAGE
파스티야주, 파스텔라주

• 파스티야주, 검 페이스트(gum paste). 설탕 반죽. 슈거파우더, 달걀흰자. 젤라틴, 전분, 레몬즙이나 식초를 혼합하여 만든 반죽으로 디저트의 피에스 몽테(pièce montée) 장식에 사용한다. 원하는 모양으로 정형한 후 건조시키면 재질이 딱딱해져 장기간 보존이 가능해지기 때문에 공예과자 작품에 적합하다.

PASTILLE 파스티유

• 르네상스 시대에 이탈리아의 장 파스티야 (Jean Pastilla)가 처음 만들었다고 전해지는 흰색의 납작한 사탕류. 다양한 맛이 있으며, 박하향의 파스티유가 제일 인기가 많다. 그중에서도 론 알프 지방의 파스티유 드 발(pastille de Vals)과 8각형 모양의 파스티유 드 비시 (pastille de Vichy)가 가장 유명하다.

PÂTE 파트 (아래 사진 참조)

• 파스타. 듀럼밀이나 일반 밀로 반죽해 만든 파스타. 카넬로니, 콘킬리에, 콘킬리에테, 파르팔레, 페투치네, 푸질리, 뇨키, 라자냐, 마카로니, 오레키에테, 펜네, 라비올리, 리가토니, 로티니, 스파게티, 스파게티니, 토르텔리니, 토르틸리오니, 카펠리니 등 그 종류와 모양이 매우 다양하다.

• 일반적으로 파티스리에 사용되는 모든 반죽을 의미한다.

PÂTE À BEIGNETS 파트 아 베녜

• 튀김옷, 튀김반죽. 걸쭉한 반 액체 상태의 반죽으로, 더 가볍고 바삭한 튀김을 만들기 위해 맥주 효모나 달걀흰자를 넣기도 한다.

PÂTE À BISCUIT OU PÂTE À MONTÉE
파트 아 비스퀴, 파트 아 몽테
(p.206 과정 설명 참조)

– 파트 아 비스퀴(pâte à biscuit): 제누아즈, 사부아 비스킷, 롤케이크, 레이디핑거 비스킷 등의 베이스가 되는 기본 케이크 시트 반죽.

– 파트 아 제누아즈(pâte à génoise): 케이크 중 가장 기본에 해당하는 스펀지케이크 반죽. 여기에 다양한 재료를 첨가하여 각종 케이크를 완성한다(예: 모카케이크, 프레지에, 블랙 포레스트 케이크 등).

P

직접 파스타 반죽(pâte)을 하여 수제 생파스타를 만들고 있다.

– 파트 아 비스퀴 조콩드(pâte à biscuit Joconde): 케이크 틀의 바닥이나 옆면에 깔거나 붙이는 용도로 많이 쓰이는 비교적 얇은 스펀지케이크 시트 반죽. 아몬드 가루, 거품 올린 달걀흰자를 넣어 만드는 이 반죽은 두께가 3~5mm 정도로 얇으며, 시럽이나 크림을 발라주면 가볍고 촉촉한 식감을 즐길 수 있다.

PÂTE À CHOUX 파트 아 슈 (p.208 과정 설명 참조)

• 슈 페이스트리, 슈 반죽. 여러 가지 모양으로 만들어 구울 수 있으며, 부푼 슈 안에 주로 크림을 충전한다. 에클레르(éclair), 를리지외즈(religieuse), 생토노레(Saint Honoré) 등의 파티스리를 만드는 기본 반죽이다.

PÂTE À CRÊPES 파트 아 크레프 (p.210 과정 설명 참조)

• 크레프 반죽. 액체처럼 묽은 반죽으로, 얇은 크레프를 부칠 수 있다. 크레프 안에 다양한 재료를 넣어 곁들인다. 일반 요리 대용으로 먹을 수 있는 짭짤한 갈레트와 달콤한 디저트용 크레프 모두 가능하다.

PÂTE À FONCER 파트 아 퐁세

• 파이나 타르트 등의 바닥에 깔아주는 시트 반죽을 뜻한다. 다음의 두 가지 반죽은 너무 많이 치대지 않아 깨지기 쉽고 구워냈을 때 비교적 바삭한 질감을 지닌다.

– 파트 브리제(pâte brisée. p.212 과정 설명 참조): 키슈(quiche), 타르트(tarte), 플랑(flan), 바르케트(barquette) 등에 사용한다.

– 파트 사블레(쉬크레)(pâte sablée, sucrée): 부서지기 쉬운 질감의 반죽으로 사블레 비스킷이나 타르트, 프티 푸르 등에 사용된다.

PÂTE D'AMANDES 파트 다망드

• 아몬드 페이스트. 마지팬. 처음 이것을 만든 제과사라고 전해지는 시외르 프란지파니(Sieur Frangipani), 혹은 이탈리아 메디치가의 제과사 이름을 따서 프란지판(frangipane), 마지판(Marzipane)이라고도 부른다. 아몬드 페이스트에 설탕을 넣어 매끄럽게 만든 것으로 주로 과자, 사탕, 초콜릿 같은 당과류의 속을 채우는 데 사용한다. 또는 과일 젤리 위에 입히기도 하고 엑상프로방스의 대표적인 당과류인 칼리송(calisson)을 만드는 데도 사용한다. 둥근 마름모꼴의 칼리송은 아몬드 페이스트와 프로방스산 멜론, 오렌지 껍질의 풍미를 갖고 있다. 스페인이나 프랑스의 투롱(touron, 누가의 일종)에도 로스팅한 아몬드와 꿀이 듬뿍 들어간다. 아몬드 페이스트는 그대로 또는 익혀서도 사용가능하며, 데코레이션뿐만 아니라 디저트의 필링용이나 비스킷의 베이스 재료로도 다양하게 사용된다.

PÂTE DE CACAO 파트 드 카카오

• 카카오 매스. 카카오 콩을 볶아서 분쇄한 것. 설탕이나 유지를 첨가하여 초콜릿을 만들기 전의 카카오 베이스.

PÂTE DE FRUITS 파트 드 프뤼

• 과일 젤리. 과일의 과육과 설탕을 베이스로 만든 쫀득한 젤리의 일종. 중세 시대에 과일을 오래 보존하기 위한 목적으로 만들어졌으며 수분이 적은 잼 형태의 디저트로 즐겨 먹었다. 오랜 역사의 이 달콤한 과일 디저트는 오늘날 설탕가루를 묻히거나 레지네 드 뱅(raisiné de vin, 젤리 상태의 농축 포도즙, 과일과 포도즙을 섞어 만든 잼) 형태로 판매되기도 한다. 오베르뉴의 과일 젤리(pâtes de fruits d'Auvergne)는 지역 라벨이 붙은 특산품이다.

PÂTE FERMENTÉE 파트 페르망테

• 발효 반죽. 이스트(효모)가 들어간 반죽으로 구워지며 부푸는 특징이 있다.

– 생 이스트(levure de boulanger)를 넣은 빵 반죽: 반죽을 많이 치댈수록 탄성과 부피감이 커지고, 구우면 반죽은 더욱 가벼워진다. 사바랭, 브리오슈, 쿠겔호프 등의 빵이 해당된다.

– 케이크 반죽(pâte poussée): 촉촉하고 부드러운 비스퀴, 케이크 시트 등을 만들기 위한 반죽. 베이킹파우더를 넣어 만드는 이 반죽은 열기에 의해 부풀게 되며 가벼운 스펀지 질감의 케이크를 구워낼 수 있다.

• 산미와 밀도가 더 높은 빵을 만드는 발효 반죽을 뜻한다.

PÂTE FEUILLETÉE

파트 푀유테 (p.214 과정 설명 참조).

• 퍼프 페이스트리. 가볍고 부서지기 쉬운 바삭한 여러 겹으로 이루어진 페이스트리. 버터와 밀가루가 수많은 층을 이루는 반죽으로 굽는 동안 겹겹이 분리되어 바삭한 질감을 낸다. 기본 반죽(détrempe. 밀가루, 물, 소금, 약간의 버터)을 먼저 만들어 버터를 감싼 뒤 교대로 겹치며 밀어 접기를 5~6회 반복하여 만든다.

PÂTE FILO (PÂTE PHYLLO)

파트 필로

• 필로 페이스트리. 퍼프 페이스트리와 비슷하며 그 두께가 아주 얇다. 그리스, 터키의 요리나 파티스리에서 많이 쓰며, 바클라바 등의 중동 페이스트리, 독일의 스투르델에도 사용된다. 북아프리카의 브릭 페이스트리(feuille de brick)와 종종 혼동되기도 한다.

PÂTE FINE DE VIANDE

파트 핀 드 비앙드

• 다진 정육. 간 고기 믹스. 고기의 살과 기름을 간 것에 방부제, 식용 색소, 향미 증진제 등을 넣은 믹스 베이스로 식품회사에서 소시지 등을 대량생산할 때 주로 쓰인다.

PÂTE LEVÉE 파트 르베

• 재료를 혼합해 치대 만드는 빵 반죽. 브리오슈, 빵, 사바랭, 바바 등의 반죽이나 크루아상 또는 다양한 대니쉬 페이스트리의 베이스가 되는 파트 푀유테 등을 모두 포함한다.

• 발효 반죽. 생 이스트나 르뱅(천연발효종)을 이용해 발효시킨 빵 반죽.

PÂTÉ 파테

• 곱게 다진 고기 또는 생선에 간을 한 다음 틀에 넣어 오븐에 구운 테린의 일종.

PÂTÉ EN CROÛTE 파테 앙 크루트

• 테린의 겉면을 파트 푀유테 등의 반죽으로 감싼 뒤 구운 샤퀴트리.

PATIN, PÂTON 파탱, 파통

• 【옛】 성형 전의 파트 푀유테 반죽 덩어리 상태를 가리킨다.

PÂTISSIER 파티시에

• 옛날에는 파스티라리움(pastillarium)이라는 이름으로 불렸던 직업으로 고대 그리스 시대부터 길드(동업조합)가 생겨났다. 당시에는 노점에서 무교병(무효모빵)을 팔던 사람들이 대부분이었다.

P

레이디핑거 비스킷 반죽

PÂTE À BISCUIT CUILLÈRE

비스킷 30개 분량

재료

달걀흰자 300g, 설탕 250g
달걀노른자 200g
달걀 ½개
밀가루 125g, 전분 125g
바닐라향 4g
슈거파우더

도구

전동 믹서기(휩 핀 장착)
짤주머니, 지름 15mm 둥근 깍지
실리콘 주걱, 유산지
슈거파우더용 작은 체망
오븐용 베이킹 시트

· 1 ·

전동 스탠드 믹서기 볼에 달걀흰자를 붓는

· 4 ·

달걀노른자와 달걀 ½개에 바닐라향을 넣고 거
잘 섞은 다음, 이것을 달걀흰자에 넣고 조심스
혼합한다. 밀가루와 전분도 넣어 섞는다.

· 6 ·

베이킹 시트에 유산지를 깔고, 종이에 표시한 두 개의
선 사이에 일정한 크기로 혼합물을 짜준다.

· 7 ·

비스킷의 간격은 일정하게 조절한다.

· 2 ·

기를 돌리고 중간에 설탕을 조금씩 넣어주며
달걀흰자가 단단해지도록 거품을 올린다.

· 3 ·

달걀흰자의 거품은 흐르지 않도록
단단한 상태가 되어야 한다.

· 5 ·

혼합물이 균일하게 섞이도록 한 다음
짤주머니에 넣어 채우고 깍지를 끼운다.

— 포커스 —

부드럽고 폭신한 비스킷을
만들기 위해서는
높은 온도의 오븐에서
짧은 시간 안에 구워낸다
(220℃ 오븐에서 6~8분간).

· 8 ·

체망을 이용하여 슈거파우더를 솔솔 뿌린다.

슈 페이스트리

PÂTE À CHOUX

슈 페이스트리 반죽 250ml 분량

재료

우유 125g
물 125g
소금 4g
설탕 8g
버터 125g
밀가루 150g
달걀 250g

도구

냄비
주걱
믹싱볼

· 1 ·

냄비에 우유, 물, 소금, 설탕을 넣고 버터를 조각
잘라 넣는다. 가열하여 끓인다.

· 4 ·

달걀을 넣기 전 상태의 반죽인
파나드(panade)의 모습.

· 6 ·

불에서 내린 뒤, 풀어 놓은 달걀을
조금씩 잘 섞으며 넣어준다.

· 7 ·

반죽의 농도를 조절해가며 잘 섞는다.
너무 많이 젓지 않는다.

• 2 •
견 불에서 내리고 체에 친 밀가루를 넣어준다.

• 3 •
잘 섞는다.

• 5 •
· 위에 올린 뒤 반죽이 바닥에 더 이상 붙지
을 때까지 수분을 날리면서 잘 저어 섞는다.

• 8 •
매끈하고 윤기 나는 반죽을 완성한다.
농도가 너무 질거나 뻑뻑하면 안 된다.

크레프 반죽

PÂTE À CRÊPES

크레프 20~30장 분량

재료

달걀 75g
밀가루 125g
소금 1g
설탕 25g
기름 25g
럼 또는 그랑 마르니에 25g
우유 375g
버터 38g
오렌지 껍질 제스트 1개분

도구

전동 스탠드 믹서기 + 휩 핀 장착

· 1 ·

믹싱볼에 달걀을 붓는다.

· 4 ·

상온의 우유를 일부만 붓고 천천히 잘 섞어
걸쭉하고 균일하게 반죽한다.

· 2 ·
체에 친 밀가루와 소금, 설탕을 넣는다.

· 3 ·
기름과 술을 넣는다.

· 5 ·
녹인 버터를 천천히 넣어준다.

· 6 ·
나머지 우유를 넣어주면서 잘 섞어
흐르는 농도의 반죽을 완성한다.

파트 브리제

PÂTE BRISÉE

반죽 250g 분량

재료

밀가루 125g
버터 95g
설탕 8g
우유 25g
달걀노른자 5g
소금 1g

도구

전동 스탠드 믹서기
+ 플랫비터 핀(나뭇잎 모양) 장착
주방용 랩

· 1 ·

믹싱볼에 밀가루와 버터를 넣는다.

· 4 ·

달걀노른자에 소금을 넣어 녹인 뒤,
혼합물에 넣어준다.

· 2 ·

플랫비터 핀을 장착하고 천천히 돌려
거친 모래 질감을 만든다.

· 3 ·

설탕을 넣는다.

· 5 ·

우유를 가늘게 조금씩 붓는다.

· 6 ·

반죽이 균일하게 섞이면 랩으로 싸서
냉장고에 넣어 휴지시킨다.

파트 푀유테,
퍼프 페이스트리

PÂTE FEUILLETÉE

반죽 500g 분량

재료
밀가루 200g
물 100g
소금 6g
기본 반죽용(détrempe) 버터 30g
밀어 접기용(tourage) 버터 170g

도구
체
전동 스탠드 믹서기 + 후크 핀(갈고리형) 장착
밀대
솔
주방용 랩

· 1 ·
밀가루를 체에 친다.

· 3 ·
기본 반죽(détrempe)용 버터를 넣어준다.

· 5 ·
매끈한 반죽이 될 때까지 천천히 돌려 혼합힌

· 2 ·
에 밀가루와 소금을 넣은 다음, 갈고리 모양의
크 핀을 장착하고 속도 1로 천천히 섞는다.

· 4 ·
찬물을 넣는다.

· 6 ·
기본 반죽이 완성된 모습.

· 7 ·
주방용 랩으로 잘 싸서 냉장고에
최소 2시간 이상 보관한다.

· 8 ·

밀대를 이용하여 반죽을 원형으로 민다.

· 9 ·

상온의 버터를 직사각형으로 만들어
반죽 중앙에 놓는다.

· 11 ·

반죽의 위 아래를 중앙으로 봉투처럼 접으며
버터 덩어리를 완전히 감싸준다.

· 12 ·

밀대로 반죽 덩어리를 두드리며
이음새를 잘 봉합한다.

· 14 ·

솔로 밀가루를 털어낸다.

· 15 ·

길게 민 반죽의 아랫부분 ⅓을 위로 접는다

• 10 •

죽의 양쪽 가장자리를 접어 버터를 덮어준다.

• 13 •

· 부분이 위로 오게 한 다음 밀가루를 뿌리며
반죽 덩어리를 세로로 길게 민다
버터가 반죽 밖으로 나오지 않도록 주의한다).

• 16 •

나머지 윗부분 ⅓을 그 위로 접는다.

• 17 •

첫 번째 밀어 접기(tour simple 3절 접기)를
끝낸 모습. 냉장고에 20분간 넣어둔다.

• 18 •

밀가루를 뿌리고 반죽을 다시 길게 민다
주의할 점: 반드시 첫 번째 밀어 접기의 봉합 부
오른쪽으로 가게 놓은 상태로 반죽을 민다

• 21 •

두 번째 밀어 접기(tour double 4절 접기)가
끝난 모습.

• 22 •

밀대를 사용하여 반죽을 살짝 눌러준다

· 19 ·

길게 민 반죽을 4등분 한다고 생각하고
아래쪽 ¼ 부분과 위쪽 ¼ 부분을
각각 중앙을 향해 접어준다.

· 20 ·

다시 두 부분을 맞대어
지갑 모양처럼 반으로 접는다.

· 23 ·

냉장고에 20분간 넣어둔 다음,
밀어 접기(과정 13~23)를 반복해준다.

― 포 커 스 ―

바삭하게 부서지는 퍼프 페이스트리를 만들려면
수분 함량이 적은 버터(beurre sec)을
사용하는 것이 좋다. 중간중간 냉장고에
넣어 반죽을 차갑게 휴지시키는 시간을
잘 지키도록 한다. 밀어 접기를 하는 동안
버터의 텍스처에 주의를 기울여야 한다.
버터의 온도가 너무 낮거나 높으면 안 된다.
기본 반죽과 같은 동일한 질감으로
유지되는 것이 중요하다.

PÂTON 파통

- 빵 반죽 덩어리.
- 기본 반죽에 버터 블록을 넣고 접어 밀기를 마친 반죽 덩어리(파트 푀유테).

PÂTONNAGE 파토나주

- 밀가루와 기타 재료를 혼합하여 수작업으로 치대며 반죽하기.

PAUPIETTE 포피예트

- 고기(주로 송아지)를 얄팍하게 저민 후 그 안에 다짐육 등의 소를 넣고 돌돌 말거나 접어 감싼 것. 실로 묶거나 꼬치로 찍어 고정시킨다. 경우에 따라 얇은 라드로 감싼 후 팬 프라이, 브레이징한다. alouette sans tête, oiseau sans tête, roulade라고도 한다.

PAYSANNE (À LA, EN)
아 라 페이잔, 앙 페이잔

- 채소를 정사각형 또는 삼각형 모양의 작은 크기로 얇게 써는 방법으로, 채소 포타주 등에 넣을 때 주로 사용하는 썰기이다.

PECTINE 펙틴

- 펙틴. 펙틴질. 사과 등의 과일 씨에서 추출되는 성분으로 겔화제(gélifiant)로 사용된다.

PEIGNE À DÉCOR 페뉴 아 데코르

- 데코레이션용 삼각칼. 세 면이 모두 다른 모양으로 홈이 패인 스크래퍼.

PÈLE-POMME 펠 폼

- 사과 필러. 가로축에 사과를 끼우고 핸들을 돌려 껍질을 깎는 기계.

PELER 플레

- 껍질을 벗기다. 날것 또는 익힌 재료의 껍질을 벗기다.

PELER À VIF 플레 아 비프

- 오렌지나 자몽 등의 시트러스류 과일 껍질을 안쪽의 흰 부분과 한꺼번에 잘라 벗겨 과육만 남도록 하는 방법.

PELLE 펠

• 조리용 뒤집개, 또는 설탕이나 밀가루 등을 떠 옮기는 삽처럼 생긴 도구. 다루는 식재료와 용도에 따라 모양과 크기가 다른 여러 종류가 있다. 지금은 많이 사용되지 않지만 압생트를 마실 때 각설탕을 얹어서 서빙하던 스푼(pelle à absinthe)도 있고, 아스파라거스용, 사탕용, 밀가루용, 브리 치즈용, 얼음용, 햄버거 패티용, 오믈렛용, 화덕구이 피자용, 생선용, 라클레트용, 타르트나 케이크 서빙용 등 그 종류가 매우 다양하다.

PELLE À SAUCE 펠 아 소스

• 소스용 스푼. 또는 소스를 끼얹기 적합한 납작한 국자나 스푼, 접시의 소스를 긁어모으는 데 사용되는 스푼.

PELUCHE 플뤼슈

• 천, 직물의 보풀. pluche라고도 쓴다.

PELURE 플뤼르

• 양파, 샬롯, 감귤류 등 채소나 과일의 껍질을 뜻한다. 레드와인이나 로제와인이 오래되면서 자연적으로 생기는 오렌지빛 톤을 플뤼르 도뇽(pelure d'oignon)이라 지칭하기도 한다.

PERCEPTION 페르셉시옹

• 지각. 인식. 미각 등의 감각을 인지하는 능력.

PERSILLAD 페르시야드

• 파슬리와 마늘을 다진 것.

PERSILLÉ(E) 페르시예

• 전체에 골고루 흩뿌리듯 분포된 모양을 뜻하는 용어.
– 비앙드 페르시에(viande persillée): 고기의 살 사이사이에 기름의 마블링이 골고루 분포된 것을 뜻한다.

– 프로마주 페르시에(fromage persillé): 푸른 곰팡이가 고루 퍼져 있는 블루 치즈류를 뜻한다. 로크포르(roquefort), 블루 도베르뉴(bleu d'Auvergne), 블루 드 브레스(bleu de Bresse) 등.
– 뵈르 페르시에(beurre persillé): 버터에 다진 파슬리를 혼합한 것.

PERSILLER 페르시예

• 다지거나 잘게 썬 파슬리를 넣어 섞다.

PESTO 페스토

• 페스토 소스. 이탈리아 제노바를 대표하는 차가운 소스로 신선한 바질, 올리브오일, 파르메산 치즈, 마늘과 잣을 넣어 빻아 섞은 페이스트. 주로 파스타나 미네스트로네 수프에 넣어 먹는다. 넣는 재료에 따라 다양한 색으로 응용한 페스토 소스를 만들 수 있다.

PETIT-LAIT 프티 레

• 유청(lactosérum). 우유가 엉겨서 응고된 뒤 남은 옅은 미색을 띤 액체이며, 훼이(whey) 또는 유장이라고도 한다. 탈지유에 산 또는 응유효소를 첨가하면 응유(curd)라는 응고물이 생기는데 이것을 제외한 수용액을 유청이라 한다. 유청에는 유당, 락토알부민, 락토글로불린, 무기질 등이 포함되어 있다.

PETIT SALÉ 프티 살레

• 염장한 돼지고기로 주로 앞 다리살이나 삼겹살 등을 사용한다. 렌틸콩을 넣은 염장돼지 요리(le petit salé aux lentilles) 등을 만드는 데 많이 사용된다.

P

PETITS FOURS 프티 푸르
• 디저트나 커피를 낼 때 곁들이는 미니 사이즈의 다양한 파티스리로, 마카롱, 피낭시에, 미니 타르트 등을 주로 낸다. 옛날에는 하루가 저물어갈 무렵 화덕의 불이 약해질 때 이 디저트들을 구웠다고 해서 프티 푸르(작은 화덕불이라는 뜻) 라는 이름이 붙었다고 한다. 한편 식사가 시작되기 전에 짭짤한 맛의 프티 푸르(쒸유테 또는 미니 타르트 등)를 서빙하기도 한다.

PÉTRIR 페트리르
• 반죽을 잘 혼합하여 치대다. 골고루 섞어 균일한 질감이 되도록 하다. 반죽을 치대어서 글루텐을 활성화시켜 탄력 있는 반죽을 만든다.

PÉTRISSAGE PAR AUTOLYSE
페트리사주 파르 오토리즈
• 자가 발효 반죽. 이스트를 제외한 모든 재료를 천천히 잘 섞는다(fraisage). 30~50분 정도 휴지시킨 후에 이스트를 넣고 다시 반죽한다. 이 과정은 글루텐 조직이 너무 단단해지는 것을 막아준다.

PIANO 피아노
• 주방의 가스 오븐 레인지 일체를 뜻한다.

PICCATA 피카타
• 송아지 고기나 닭 가슴살 등을 둥글고 얇게 썰어(escalope) 팬에 굽고, 소스와 레몬즙, 파슬리 등의 향신양념을 곁들인 요리. 보통 일인분에 고기 3장이 서빙된다.

PIÈCE 피에스
• 조각. 재료를 메다이용 등 조각으로 자른 것.
• 설탕공예 등의 작품.
• 정육의 부위(morceau).

PIÈCE MONTÉE 피에스 몽테
• 높이 쌓아올린 디저트로 주로 연회용 장식으로 많이 쓰인다. 슈에 캐러멜을 묻혀 누가틴과 함께 높이 쌓은 것. 달콤한 디저트를 피라미드나 벌집 모양 등 여러 층으로 높이 쌓아올려 테이블에 서빙하며, 주로 결혼식이나 세례식 등의 파티에 많이 선보인다. 크로캉부슈(croque en bouche) 또는 초콜릿을 씌운 브르통(breton)도 피에스 몽테의 한 종류이다.

PIERRE À AIGUISER 피에르 아 에귀제
• 숫돌. 칼을 가는 용도의 돌.

PILAF (RIZ - OU PILAW) 필라프
• 필라프 라이스. 버터와 다진 양파에 쌀을 볶아 알갱이마다 버터가 골고루 코팅되게 한 뒤 육수를 넣어 익힌 밥.

PILER 필레
• 재료를 절구에 넣고 공이로 찧어 가루나 퓌레 또는 페이스트 형태로 만들다.

PILON 필롱
• 공이. 절구(mortier)에 재료를 넣고 빻는 방망이 모양의 도구. 찧는 재료에 따라 절구와 공이는 대리석, 나무, 또는 철제로 된 것 등 소재가 다양하다.

PIMENTÉ 피망테
• 고추의 매운맛이 나는, 고추로 양념한.
• 입안과 목구멍이 얼얼할 정도로 매운맛을 내는.

PINCE 팽스
• 집게, 핀셋.
– 주방에서 사용되는 집게는 그 종류가 다양하다. 뜨거운 음식을 집을 때 사용하는 집게, 생선의 가시 제거용 핀셋, 오리의 털을 제거하는 핀셋, 타르트 등의 가장자리를 집어 무늬를 내주는 파티스리용 핀셋(pince à chiqueter, pince à tarte), 로스트 고깃덩어리 카빙용 집게, 조리중인 고기 조각을 집어 건질 때 사용하는 집게 등 다양하다.
– 요리를 서빙할 때 사용하는 집게: 아스파라거스 전용 집게, 랍스터용 집게, 에스카르고용 집게, 스파게티용 집게 등이 있다.

PINCEAU 팽소 (아래 사진 참조)
• 붓, 조리용 브러시. 글라사주를 입히거나 버터, 또는 달걀물 등을 바를 때 사용한다.

PINCÉE 팽세
• 꼬집, 자밤. 소금 등의 가루 양념을 엄지와 검지손가락 끝으로 조금 집어넣는 양.

PINCER (FAIRE) (페르) 팽세
• 팬이나 냄비에 재료를 지져 익히고 난 후 흘러나온 즙을 바닥에 눌어붙게 하여 갈색을 낸다. 이 상태가 된 이후에 액체를 넣어 디글레이즈한다.
• 타르트 틀에 앉힌 반죽의 가장자리를 파티스리용 핀셋(pince à tarte)으로 집어 무늬를 내주다.

P

주키니 호박꽃잎에 튀김옷 반죽을 붓(pinceau)으로 발라주는 모습.

PIQUER 피케
• 찔러서 작은 구멍을 내주다. 파티스리 반죽을 밀어 시트를 만든 다음, 굽는 동안 너무 부풀어 오르지 않도록 스파이크 롤러(rouleau pique-vite)나 포크로 찔러 작은 구멍을 골고루 내준다.
• 찔러 박아 넣다. 긴 대롱처럼 생긴 라딩 니들을 사용하여 고기 살에 막대 모양으로 가늘고 길게 자른 돼지비계 라드를 찔러 박아 넣다.

PISTACHER 피스타셰
• 굵게 부순 피스타치오를 뿌려 덮어주다.

PISTOLET 피스톨레
• 분무기(pistolet aérographe). 압축기(콤프레셔)를 장착한 분무기로 주로 파티스리에서 미세하게 분사해 색을 얇게 입히는 데코레이션용으로 사용한다.
• 스프레이건. 전기 분무기(pistolet électrique)로 색을 분사하는 데 쓰인다.
• 핫에어 건(pistolet à air chaud). 글라사주, 또는 아스픽이나 테린 등의 틀을 제거할 때 열을 가하는 용도로 쓰인다. 불꽃 없이 뜨거운 에어스프레이를 분사한다.
• 가스 스프레이건(pistolet à gaz), 일명 토치. 샬뤼모(chalumeau)라고도 부른다. 살라만더

(salamandre)를 대신하여 크림 브륄레 등의 표면을 캐러멜라이즈하거나 색을 내는 데 사용한다.

PLAN DE TRAVAIL 플랑 드 트라바이
• 작업대. 주방의 작업대를 말하며 일반적으로 스테인리스나 대리석으로 되어 있다.

PLANCHA 플랑차
• 철판을 뜻하는 스페인어. 가스에 직접 올려 사용하는 철판, 그릴팬. 재료를 센 불에서 빠른 시간 안에 구워 익힐 수 있다.

PLANCHE À DÉCOUPER
플랑슈 아 데쿠페 (아래 사진 참조)
• 도마. 주방용 도마. 나무나 폴리에틸렌 소재로 이루어진 것이 대부분이고, 위생상 흰색을 선호한다. 위생 규정상 매끈하고 부식되지 않는 소재가 적합하며, 식당 주방에서는 다루는 재료에 따라 각 파트마다 다른 색깔의 도마를 사용하기도 한다.

PLAQUE À DÉBARRASSER
플라크 아 데바라세
• 다목적용 바트. 요리 준비과정 중 미리 손질한 재료를 담아 놓거나, 잠시 보관하는 용도

도마(planche à découper) 위에 놓인 양 볼기 등심 덩어리.

로 사용하는 다목적 사각 스테인리스 용기.

PLAQUE À PÂTISSERIE
플라크 아 파티스리
• 베이킹 시트. 파티스리용 오븐 팬. 논스틱 코
팅된 것, 매끈한 것, 벌집 모양의 요철이 있는
것, 일반 검은 철판으로 된 것 등 다양하다. 보
통 유산지를 깔고 사용하며, 틀을 필요로 하
지 않는 파티스리류를 직접 놓고 굽는다. 머핀
이나 마들렌 등을 여러 개씩 한꺼번에 구울
수 있는 팬 등 다양한 종류가 있다.

PLAQUE À RÔTIR 플라크 아 로티르
• 로스팅 팬. 다양한 종류의 로스팅 요리용 오
븐 팬. 양쪽에 손잡이가 달린 직사각형의 팬
으로 굽는 동안 기름이 떨어지도록 중간에 망
을 걸쳐 놓을 수 있다.

PLAQUER 플라케
• 로스팅용 닭이나 고기, 생선 등에 버터를 발
라 로스팅 팬에 놓다.
• 쿠키, 에클레르 등의 파티스리 반죽을 베이
킹 시트에 원하는 모양으로 잘 배열해 놓다.

PLAQUES DE CUISSON
플라크 드 퀴송
• 인덕션 레인지 등을 포함한 전열 레인지. 플
라크 드 미조타주(plaque de mijotage) 또는 플
라크 드 쿠 드 푀(plaque de coup de feu)라고도
불린다. 약하게 오래 익히는 요리, 또는 음식
을 중탕으로 따뜻하게 보관할 때 유용하다.

PLAQUE TOURTIÈRE
플라크 투르티에르
• 타르트 또는 투르트 파이 크기의 논스틱 원
형 팬. 원형 타르트 틀.

PLAT 플라
- 그릇, 용기. 에스카르고, 로스팅, 소테, 파운
드케이크, 라이스푸딩, 인덕션용, 달걀용, 파
에야용, 그라탱용 등 다양한 요리에 알맞은 용
기를 통칭하는 용어.
- 서빙용 플레이트, 서빙 용기. 타진, 타르트,
아스파라거스, 쿠스쿠스 등을 서빙할 때 용도
에 알맞게 사용하는 용기.
- 특정 음식을 모둠으로 내는 플레이트
(plateau). 치즈 플레이트, 해산물 모둠 플레이
트 등.
- 서빙용 용기에 익히기(cuisson au plat): 용기
에 조리한 음식을 그릇째 테이블에 서빙한다.

PLATINE 플라틴
• 가장자리 둘레가 얕은 오븐 팬.

PLEINE 플렌
• 꽉 찬, 속이 찬. 닭을 잡아 피를 뽑고 털을 제
거했으나 내장은 그대로 있는 상태. 위생상의
안전을 보장할 수 없다.

PLIER 플리에
• 접다. 푀유타주를 밀어 접다.
• 요리나 혼합물에 다른 재료를 넣어 조심스
럽게 살살 혼합하다.

PLONGER 플롱제
• 재료를 액체 안에 넣다. 담그다. 빠트리다. 동
의어는 mettre, enfoncer, jeter, immerger,
introduire 등.

P

PLUCHE 플뤼슈
• 껍질 벗기기. 보풀.

PLUCHER 플뤼셰
• (채소의) 껍질을 벗기다. 보풀이 일다(pluche 참조).

PLUCHES 플뤼슈
• 채소나 허브를 줄기에서 분리해 떼어 놓은 작은 조각 또는 잎.

PLUIE (페르 통베 앙, 즈테 앙) 플뤼 (FAIRE TOMBER EN, JETER EN)
• 이스트나 밀가루 등의 가루를 위에서 뿌리듯이 부어 재료에 넣어주다.

PLUMER 플뤼메
• 닭 등 가금류의 깃털을 제거하다.

POCHAGE 포샤주
• 끓는 물에 데치기, 익히기, 삶기(찬물에 넣고 같이 끓여 삶거나, 뜨거운 물에 넣어 데치기 모두 포함).

POCHE À DOUILLE 포슈 아 두이유
• 짤주머니. 둥근 모양, 별 모양 등 다양한 깍지를 끼워 쓸 수 있는 짤주머니. 나일론 소재로 된 것이 방수력도 강하고, 관리가 쉽다. 반죽 혼합물 등을 베이킹 시트에 일정한 모양으로 짜놓거나, 크림으로 파티스리를 장식할 때 많이 사용된다. 최근에는 깔대기 모양의 비닐로 된 일회용 짤주머니도 많이 쓰인다.

POCHER 포셰 (아래 사진 참조)
• 데치다, 포칭하다. 고기, 가금류, 생선, 과일 등 다양한 식재료를 약하게 끓고 있는 액체 (흰색 육수, 쿠르 부이용, 시럽 등)에 넣어 데쳐 익히다.

POCHOIR 포슈아르
• 짤주머니. poche à douille와 동의어.
• 파티스리 위에 장식용 모양을 찍어내는 스텐실 도구.

육수에 데쳐 익힌(pocher) 송어.

POCHON 포숑
• 50~80ml 용량의 소스용 소형 국자.

POÊLAGE 푸알라주
• 팬에 굽다. 팬에 익히다. 팬 프라이하다. 기름을 조금 두르고 재료를 익히다. 또는 팬 프라이 조리 후 생긴 육즙을 디글레이즈하여 만든 소스에 주재료를 익히다.

POÊLE 푸알
• 팬. 프라이팬. 채소를 볶거나 오믈렛, 크레프 등을 구워내는 다양한 용도의 주방도구. 요리에 따라 그 목적에 맞는 특별한 팬의 종류가 다양하다. 구멍이 뚫린 밤 전용 팬, 크레프용 팬, 튀김용 팬, 그릴팬, 인덕션 팬, 타원형의 생선용 팬, 라클레트용 팬, 타코야키용 팬, 달걀부침용 사각팬, 토티야 팬, 웍 등.

POÊLÉE 푸알레
• 팬에 담긴 음식.
• 팬에 익힌 채소 및 음식을 총칭한다(예: 봄 채소 볶음 poêlée de légumes de printemps).

POÊLER 푸알레
• 팬에 익히다. 팬에 굽다. 팬에 버터나 기름을 두르고 재료를 볶다.
• 기름과 향신재료를 함께 넣고 냄비 뚜껑을 닫은 상태로 재료를 오븐 또는 불에 익히다. 자작하게 국물을 잡아 재료가 조리 중 건조해지는 것을 막고 곁들인 향신재료들과 풍미가 잘 섞이도록 하며, 재료의 식감을 촉촉하고 연하게 익힐 수 있다.

POÊLON 푸알롱
• 주석 도금한 작은 구리팬. 납작하고 작은 크기의 크레프용, 그리고 더 작은 사이즈의 블리니용 팬이 있다. 또는 뚜껑이 있고 깊지 않은 작은 편수 냄비를 뜻하기도 한다.

• 작은 논스틱 코팅팬. 전기 라클레트 기계의 개인용 미니 팬을 지칭하기도 한다.

POÊLON SAVOYARD 푸알롱 사부아야르
• 주로 퐁뒤용으로 사용되는 법랑 코팅된 무쇠 냄비로 같은 재질의 손잡이가 달려 있다.

POINT (À) (아) 푸앵
• 고기의 익힘 정도 중 미디엄. 레어(saignant)와 웰던(bien cuit)의 중간 상태.
• 일반적으로 식재료가 가장 알맞게 익은 상태를 말한다.
• 초콜릿이 다음 작업을 위해 사용하기 좋은 온도로 준비된 상태.

POINTAGE 푸앵타주
• 반죽이 발효되는 첫 단계. 반죽을 마친 그 시점부터 시작되며 정형을 할 때까지의 과정을 말한다(향을 고정시키고, 반죽의 질감을 완성한다).

POINTE 푸앵트
• 뾰족한 끝부분. 푸앵트 드 쿠토(pointe de couteau)는 칼끝을 뜻한다. 카옌 페퍼 등의 향신료 가루를 페어링 나이프의 칼끝으로 아주 소량 집은 양을 나타낼 때 주로 쓰이는 표현.
• 아스파라거스의 뾰족한 머리 부분.
• 레시피에 계량이 명시되지 않은 양념 재료의 미량을 뜻함(예: une pointe d'ail 마늘 약간).
• 【옛】 스파이스나 식초의 특징이 살아 있는 맛(예: une sauce qui a de la pointe 개성이 살아 있는 맛의 소스).

POINTER 푸앵테
• 반죽을 마친 후 발효되도록 두다(pointage 참조).

POIRE 푸아르
- 설도. 소의 부위. 뒷다리 삼각살 위쪽 부분.
- 주방용 스포이트. 투명한 튜브에 고무 스포이트 손잡이가 달린 형태의 주방도구. 육즙 등의 액체를 빨아들이는 용도로 쓰이며, 조리용 물뿌리개(arrosoir de cuisson) 또는 로스트용 주사기(seringue à rôti)라고도 불린다.
- 배. 과일의 일종. 프랑스에서 가장 많이 생산되는 배의 종류로는 콩페랑스(Conférence), 코미스(Comice), 파스 크라산(Passe-Crassane), 윌리엄(William), 루이즈 본(Louise Bonne), 뵈레 아르디(Beurré Hardy) 등이 있다.

POIRE À SOUFFLER LE SUCRE
푸아르 아 수플레 르 쉬크르
- 설탕공예용 공기 주입기. 설탕공예 시 원하는 모양으로 부풀리기 위해 공기를 불어 넣는 긴 펌프형 도구.

POIRÉ 푸아레
- 배즙을 발효시켜 만든 기포성 알코올 음료. 사과로 만든 시드르(cidre)보다 일반적으로 알코올 도수가 낮다(약 3%).

POIRÉE 푸아레
- 보라색 줄기의 근대(blette).

POISSONNIÈRE 푸아소니에르
- 생선을 통째로 쿠르부이용에 익힐 수 있도록 고안된 긴 타원형의 우묵한 용기.

POITRINE 푸아트린
- 돼지나 송아지의 삼겹살, 뱃살.

POIVRADE 푸아브라드
- 푸아브라드 소스(sauce poivrade). 향신채소 미르푸아, 식초, 와인, 육수, 통후추 등을 넣어 만든 소스로 주로 수렵육 요리에 곁들인다. 수

렵육을 마리네이드했던 액체를 이용하여 소스를 만들기도 한다.

POIVRER / POIVRE
푸아브레 / 푸아브르
- 후추를 넣다. 후추. 수많은 요리에 거의 모두 들어가는 후추는 음식의 풍미를 살려주는 기본 향신료 중 하나다. 후추의 각기 다른 맛과 종류는 대개 후추 열매 알갱이의 재배시기에 따라 달라진다.
- 흰 후추: 완전히 익은 후추 알갱이를 재배하여 소금물에서 으깨 껍질을 벗긴다. 검은 후추보다 매운맛이 약하며, 흰색 소스 등에 사용하기 적합하다.
- 회색 후추: 검은 후추와 흰 후추를 섞은 것.
- 검은 후추: 붉은색을 띠기 시작하면 후추 알갱이를 재배하여 건조시킨다. 가장 강렬한 향과 매운맛을 가진 후추다.
- 녹색 후추: 후추 열매가 채 익기 전에 따서 건조시킨 후, 식초나 소금물에 저장하여 판매한다. 검은 후추보다 매운맛이 덜하고, 더 진한 과일향이 난다.
- 기타 유사 후추: 쓰촨 페퍼, 핑크 페퍼 등.

POLENTA 폴렌타
- 옥수수 가루를 물, 우유 또는 육수에 익힌 북부 이탈리아의 음식. 물이나 우유를 넣고 나무 주걱으로 저어가며 익힌 뒤 용기에 식혀 굳은 뒤 잘라서 서빙한다.

POMMADE 포마드

• 버터를 상온에 두어 부드럽고 말랑하며 덩어리가 없이 크리미한 상태.

POMME 폼 (사진 참조)

• 사과. 레네트(reinette), 골덴(golden), 그래니스미스(granny smith), 카나다(canada), 갈라(gala), 후지(fuji) 등 품종이 매우 다양하다.

• 감자(pommes de terre)를 이용한 다양한 요리의 이름으로 쓰인다. 폼 안나(A. pommes Anna: 얇고 동그랗게 썬 감자를 전용 냄비나 뚜껑이 있는 소테팬에 버터를 넣고 구워 익힌 갈레트 형태의 요리), 폼 알뤼메트(pommes allumettes), 폼 아망딘(B. pommes Amandine), 폼 아네트(pommes Annette), 폼 불랑제르(C. pommes boulangères), 폼 샤토(pommes château), 폼 크루스티유(pommes croustilles), 폼 뒤셰스(pommes duchesse), 폼 프리트(pommes frites), 폼 퐁 뇌프(D. pommes Pond-Neuf), 폼 고프레트(pommes gaufrettes), 폼 누아제트(pommes noisettes), 폼 파이아송(pommes paillasson), 폼 파이유(E. pommes pailles), 폼 사를라데즈(pommes sarladaises), 폼 소테(pommes sautées), 폼 사보네트(F. pommes savonettes) 등 종류가 다양하다.

P

POOLISH 풀리쉬

• 풀리쉬, 또는 풀리쉬 발효법(이중 발효법)은 바게트나 식빵을 만들 때 주로 사용되는 방법이다. 풀리쉬 제빵법은 루이 16세의 부인인 오스트리아 출신 마리 앙투아네트 왕비를 통해 프랑스에 처음 알려졌다고 전해진다. 가볍게 기포가 있으면서도 쫄깃한 식감의 빵을 만들기 위하여 제빵사들은 물기가 아주 많은 액체 상태의 반죽을 만들어 반나절 동안 발효시킨 다음, 이것을 다시 빵 반죽과 혼합하여 2차 발효시킨다. 혼합 잡곡빵(pain aux 8 grains), 캉파뉴 브레드(pain de campagne) 등의 일반 발효 반죽 빵을 만들 때는 다른 테크닉이 적용된다. 이 경우 제빵사는 당일 만든 반죽에 전날 만들어 놓은 반죽을 조금 섞고 생이스트를 넣는다. 이렇게 하면 빵 맛이 가벼워질 뿐 아니라 보존성도 높아진다.

PORETTES 포레트

• 가는 리크(서양 대파). 쪽파류.

PORTER À EBULLITION
포르테 아 에뷜리시옹

• 끓을 때까지 가열하다. 물이 끓을 때까지 (100℃) 가열하다.

POTAGE 포타주

• 포타주(수프)의 기원은 포토푀(pot-au-feu)다.
– 맑은 수프(potage clair)는 농후제(liaison) 없이 뼈, 고기, 채소 등을 끓인 것이다.
– 걸쭉한 수프(potage lié)는 농후제(liaison)를 넣어 농도를 맞춘 수프를 가리킨다.
신선한 채소나 말린 콩류로 만든 퓌레, 감자, 갈색 또는 흰색 루, 옥수수 가루, 세몰리나, 타피오카, 달걀노른자, 크림, 버터 등이 리에종(농후제) 재료로 쓰인다. 채소를 잘게 썰어 넣은 포타주(potage cultivateur), 신선한 채소 퓌레로 농도를 준 포타주(potage parmentier),

말린 콩류의 퓌레를 넣어 농도를 준 포타주 (potage Saint-Germain) 등이 여기에 속한다.
–【옛】프랑스식 식사에 빠져서는 안 되는 시작 메뉴로 다양한 육수에 쌀가루, 타피오카, 누들 등의 파스타를 넣어 끓인 음식.
– 일반적으로 수프라고 불리는 모든 음식을 총칭하며 여기에 찍어 먹을 빵이 함께 서빙된다.

POTAGER 포타제

• 채소를 기르는 텃밭.
• 화덕, 아궁이. 현재의 오븐, 가스레인지를 뜻하던 옛날 용어.

POT-AU-FEU 포토푀

• 프랑스 전통 음식의 하나로 고기와 채소를 넣고 끓이는 수프의 일종.
• 양지머리, 차돌박이, 앞다리 사태, 뒷다리 사태, 아롱사태, 업진살 등 포토푀 용도로 오래 익히기 적당한 소의 부위를 모두 통칭하기도 한다.

POUDRE (LAIT EN) (레 앙) 푸드르

• 분유, 우유 파우더. 수분 함량 4%로 200℃에서 건조된 초미립자 분말 형태의 우유. 1년 동안 보존가능하며(개봉한 상태에서는 10~20일), 물을 타서 혼합하여 마신다. 스프레이 밀크라고도 불리며, 약간 끈적한 텍스처를 지니고 있고 제품에 따라 유지방 함량은 다양하다 (0%~26%).

POUDRER 푸드레

• (가루를 솔솔) 뿌리다. 설탕이나 카카오 파우더를 솔솔 뿌리다.

POUDREUSE (OU POUDRETTE)
푸드뢰즈 (푸드레트)

• 가루를 넣어 솔솔 뿌리는 데 사용하는 통. 원통형의 용기로 뚜껑 부분에 가는 구멍이 뚫려 있어 파티스리 등에 설탕, 또는 슈거파우더를 뿌리는 데 편리하게 사용할 수 있다. 설탕공예 작품에 카카오 파우더를 뿌려 장식할 때도 사용한다. 체에 친 가루를 용기에 3/4정도 채운 후 바닥 부분을 톡톡 치며 뿌려준다. 보통 푸드뢰즈(poudreuse)는 슈거파우더 등 아주 고운 가루를 뿌려주는 용도로 많이 쓰이고, 소푸드뢰즈(saupoudreuse)는 일반 설탕가루를 뿌리는 데 사용한다.

POULET 풀레

• 닭. 닭의 사육방식에 따라 대량생산 닭, 레드 라벨 닭, 반방사 사육계, AOC(원산지 명칭 통제), IGP(지리적 표시 보호) 인증 닭 등으로 분류하고, 그 무게에 따라 4등급으로 나눈다.
– 소: calibre 1 – PAC(조리준비된 상태 prêt à cuire) 850g 미만.
– 중: calibre 2 – PAC(조리준비된 상태 prêt à cuire) 850g ~ 1.1kg 미만.
– 대: calibre 3 – PAC(조리준비된 상태 prêt à cuire) 1.1kg ~ 1.4kg 미만.
– 특대: calibre 4 - PAC(조리준비된 상태 prêt à cuire) 1.4 kg 이상.

POULET FUMÉ OU RÔTI
풀레 퓌메, 풀레 로티

• 훈제 또는 로스트 치킨. 이미 훈제나 전기구이 등으로 조리한 후 진공포장하여 판매된다.

POULETTE 풀레트

• 영계. 작은 사이즈의 닭.
• 풀레트 소스(sauce poulette). 베샤멜과 비슷하며 더 묽고 크리미한 소스로 닭 요리 또는 홍합에 곁들인다.

POUSSE DE LÉGUMES 푸스 드 레귐

• 채소의 싹(예; 콩나물, 숙주, 죽순, 덧나무순, 생강 등). 새싹. 새순(germe)이라고도 한다.

POUSSE OU POUSSAGE
푸스, 푸사주

• 이스트(효모)의 작용으로 반죽이 부푸는 현상. 특히 원하는 모양과 크기로 빵 성형과정을 마친 후의 2차 발효단계를 지칭한다.

POUSSER 푸세
(FAIRE, LAISSER, METTRE À)

• 부풀게 하다. 부풀다. 이스트의 작용으로 빵 반죽 등이 부풀다.
• 눌러 짜다. 짤주머니에 넣은 슈 반죽 또는 기타 프티 푸르 등의 반죽을 베이킹 시트 위에 원하는 모양으로 굽기 위하여 눌러 짜다.

POUTARGUE (OU BOUTARGUE)
푸타르그 (부타르그)

• 어란, 보타르가. 염장하고 눌러 건조한 숭어알.

PRALIN 프랄랭

• 아몬드와 헤이즐넛에 캐러멜라이즈한 설탕을 씌운 후 곱게 간 것으로, 파티스리 및 당과류 제조에 사용한다. 크림, 아이스크림 등에 향을 더하거나 초콜릿 봉봉을 만들 때도 사용한다.

P

PRALINER 프랄리네

• 견과류에 설탕을 입히다. 아몬드나 헤이즐 넛 등의 견과류에 설탕을 넣어 캐러멜라이즈 하다.
• 프랄리네를 넣어 향을 더하다.

PRÉCHAUFFER 프레쇼페

• 오븐을 예열하다. 지정해 놓은 온도에 이르 도록 미리 오븐을 켜두다.

PRÉCUISSON 프레퀴송

• 부분적으로 미리 익히기. 예를 들어 타르트 의 시트만 먼저 구워두기.

PRÉLEVER 프렐르베

• 제거하다. 잘라내다. 오렌지나 자몽 등 시트 러스 과일의 과육만 도려내다(soulever des quartiers d'agrumes). 동의어는 ôter, enlever.

PRENDRE (COMMENCER À)
(코망세 아) 프랑드르

• 묽은 액체 상태에서 농도, 질감이 생기기 시 작하다.
• 젤리화하다. 굳다.
• 조리하다. 익다. 익기 시작하다.
• 부피가 커지다. 부풀다.

PRÉPARATION 프레파라시옹

• 준비. 조리시작 전 레시피에 필요한 모든 재 료를 준비하기.
• 전반적인 조리작업, 조리과정.

PRÉPARER 프레파레

• 준비하다, 요리하다. 요리하는 모든 과정을 총칭한다.

PRÉ-SALÉ (OU PRÉSALÉ) 프레살레

• 몽생미셸(Mont-Saint-Michel) 또는 솜(Somme) 연안 지방의 해안 초장에서 바다의 소금기를 머금은 해초와 풀을 먹고 자란 양. 독특한 풍 미를 지닌 이 양고기는 이 지역의 특산 요리 로 많은 미식가의 사랑을 받고 있다.

PRESSE-AGRUMES 프레스 아그림

• 레몬 프레스. 전동 또는 수동 주방도구로 레 몬이나 오렌지 등 시트러스 과일의 즙을 짜는 데 사용한다.

PRESSE-AIL 프레스 아이

• 마늘 다지기. 마늘을 넣고 눌러 으깨 다지는 소형 도구.

PRESSE-PURÉE 프레스 퓌레

• 채소 그라인더(moulin à légumes 참조).

PRESSER 프레세

• 누르다, 눌러 짜다. 원뿔체, 고운 체망, 면포, 체 등에 액체, 크림, 퓌레, 마멀레이드 등을 걸 러주다. 이때 힘을 가하여 눌러 짜주다.

PRIMEURS 프리뫼르

• 과일과 채소를 통칭하는 용어.
• 계절에 처음 선보이는 햇채소, 어린 채소 등 을 뜻한다.

• 매년 11월 셋째 목요일에 출시되는 보졸레 누보, 가이야 등 그해 햇 와인을 지칭한다. vin primeur.

PRINTANIÈRE 프랭타니에르
• 감자, 당근, 그린빈스 등의 봄 채소를 주재료로 만든 요리.

PRISE 프리즈
• 한 꼬집 정도 분량에 해당하는 아주 소량을 뜻한다.
• 크렘 프리즈(crème prise)는 농도가 있는 크림 (우유, 크림, 달걀, 설탕, 바닐라를 넣고 끓여 익힌 크림이 굳은 것)을 지칭한다(prendre 참조).

PRODUIT 프로뒤
• produits bruts 프로뒤 브뤼트: 가공하지 않은 원재료. 발골 전의 정육, 신선한 생선, 껍질이 있는 상태의 생달걀, 원재료 상태로 포장된 생선(0~3℃) 등.
• produits pré-élaborés 프로뒤 프레 엘라보레: 식품 가공업체에서 이미 1차 손질을 마친 식품.
• produits pré-découpés 프로뒤 프레 데쿠페: 미리 잘라 놓은 식품.
• produits semi-élaborés 프로뒤 스미 엘라보레: 반조리 식품. IAA(industrie agroalimentaire 농산물 식품 가공) 규정에 부합하는 조리과정을 한 번 마친 식품. 예를 들어 익히기만 하면 되는 고기 패티, 또는 미리 반죽해 얼려 놓은 페이스트리 반죽 등.
• produits finis 프로뒤 피니: 완조리 식품. 이미 조리가 끝난 식품으로 먹을 때 데우기만 하면 된다(조리완성 식품, 삶은 달걀, 완성된 파티스리 제품, 샤퀴트리류 등).

PROVENÇALE 프로방살
• 프로방스의. 프로방스풍의. 토마토, 올리브 오일, 마늘이 기본적으로 들어간다.

PUITS (FAIRE UN, METTRE EN) 퓌
• 우물. 연못. 동의어는 fontaine. 파티스리, 제빵 반죽 시 밀가루 가운데를 우묵하게 만든 다음 액체 재료를 넣어 혼합한다.
• 요리 플레이팅 시 다른 재료를 담기 위해 중앙에 우묵하게 공간을 비워 둔 상태.

PULPE 필프
• 필프, 과육. 과일의 살 부분.

PULPE DE POMME DE TERRE
필프 드 폼 드 테르
• 감자에서 추출한 전분(fécule de pomme de terre).
• 익힌 감자의 살.

PUNCHER 펑셰
• (스펀지 시트나 바바를) 오드비 등의 알코올이나 시럽으로 적시다. imbiber.

PURÉE 퓌레

• 물에 삶은 채소를 갈거나 체에 곱게 내려 페이스트 또는 걸쭉한 액체 정도의 농도로 만든 것을 가리킨다.
• 익혀 으깬 채소를 베이스로 하는 조리법.
• 랍스터, 닭고기, 수렵육 등의 살을 갈아 곱게 체에 내려 만든 요리를 퓌레라고 부르기도 한다.
• 소르베를 만들기 위한 과일 퓌레.

Q
R

QS 퀴에스

• 충분한 양(quantités suffisnates)의 약자.

QUADRILLER 카드리예

• 고기, 생선. 닭고기 등을 뜨거운 그릴팬에 구워 격자 모양으로 그릴 자국을 내주다.
• 밀가루, 달걀, 빵가루를 입힌 재료를 납작하게 한 뒤 칼등으로 눌러 한쪽 면에 격자무늬 자국을 내주다.

QUALIA 칼리아

• 감각질, 퀄리어. 예를 들어 특정 향, 냄새의 특징 및 본질을 구분하는 데 필요한 모든 후각적 정보.

QUARTIER 카르티에

• 동물의 큰 골격 부분으로 이루어진 커다란 고깃덩어리 부위(예: 소나 돼지의 엉덩이 부분).
• 오렌지나 자몽 등 시트러스류 과일의 과육을 원래 모양대로 잘라낸 조각.

QUASI 카지

• 송아지 볼기살. 송아지의 꼬리에 가까운 넓적다리 위쪽 부위.

QUATRE-ÉPICES 카트르 에피스

• 포 스파이스. 네 가지 향신료 믹스. 후추, 넛멕, 정향, 생강가루를 혼합한 프랑스의 향신료 믹스로 후추의 향이 강하며, 주로 샤퀴트리에 향을 더할 때나 오래 뭉근히 끓이는 요리에 많이 사용된다. 경우에 따라 계피나 올스파이스를 첨가하기도 한다.

QUATRE-MENDIANTS 카트르 망디앙

• 치즈와 곁들이거나 또는 디저트 코스에 함께 서빙하는 아몬드, 헤이즐넛, 건무화과, 건포도 등의 네 가지 말린 과일 및 견과류를 지칭한다. 줄여서 "망디앙"이라고도 한다.

• 납작한 모양의 초콜릿 위에 이 네 가지 견과류를 얹어 굳힌 것을 "망디앙" 초콜릿이라고 한다.

QUATRE-QUARTS 카트르 카르

• 달걀, 설탕, 버터, 밀가루 등 네 가지의 재료가 동량으로 들어간 케이크.

QUENELLE 크넬

• 고기나 생선살을 곱게 갈아 두 개의 숟가락을 사용하여 타원형 모양으로 만들어낸 완자. 크넬은 세몰리나 또는 밀가루, 닭, 생선, 송아지, 돼지고기 살 등을 섞어서 만든다.
• 크넬 드 글라스(quenelle de glace): 아이스크림을 숟가락 두 개를 사용하여 끝이 뾰족한 타원형 모양으로 떠낸 것.
• 크넬 드 리옹(quenelles de Lyon): 곱게 간 생선살과 슈 반죽을 혼합하여 끓는 물에 데쳐낸 다음, 낭투아 소스(sauce Nantua)를 얹어 오븐에 구워내는 리옹의 전통 요리.

QUEUE 크

• 꼬리. 보통 소꼬리 부위를 말하며 살이 쫀득하고 풍미가 좋다.

QUEUX 크

• 【옛】라틴어 어원 coquus (cuisiner 요리하다)에서 온 말로, 옛날에 사용되던 "메트르 크 (maître queux)"는 요리사, 셰프(chef cuisinier)라는 뜻이다.

QUICHE 키슈

• 달지 않은 짭짤한 타르트. 타르트 시트에 달걀과 크림을 베이스로 한 충전물(migaine)을 채워 오븐에 굽는다.

QUINTESSENCE 캥테상스
• 즙, 에센스, 추출물.
• 요리의 정수, 본질.

RABATTRE 라바트르
• 접어 눌러 납작하게 하다. 발효된 반죽을 여러 번 반복해 접어 치대 부피를 줄이고 공기를 빼주는 한편 질감을 더 쫄깃하게 만드는 방법.

RÂBLE 라블 (아래 사진 참조)
• 토끼, 야생토끼의 척추를 따라 붙어 있는 등심살로 긴 허리 부분을 포함한다. 토끼의 부위 중 가장 많은 살이 집중되어 있다.

RACCOURCE 라쿠르스
• 소고기의 갈비 한 짝. 13개의 갈빗대 살부위

전체를 가리킨다(1~5번 본갈비, 6~8번 꽃갈비, 9~13번 참갈비 모두 포함).

RACCOURCI 라쿠르시
• 뼈의 일부분 또는 살 부위를 부분적으로 잘라낸 고기. 양 뒷다리에서 볼기쪽 윗부분 살(selle de gigot)을 잘라낸 상태를 "지고 라쿠르시(gigot raccourci)"라고 부른다.

RACCOURCIR 라쿠르시르
• 짧게 잘라내다. 갈비나 뒷다리 등의 부위에서 뼈, 살의 일부분을 잘라내다.

RACCOURÇURES 라쿠르쉬르
• 소의 갈비 부위를 총칭하는 용어. raccource와 동의어.

RACE 라스
• 동물의 종, 혈통. 소의 품종은 3가지 형태로 분류된다.
– 정육용 소 품종: 샤롤레즈(Charolaise), 리무진(Limousine), 블롱드 다키텐(Blonde d'Aquitaine) 등. 정육용으로 사육된다.
– 젖소 품종: 프라임홀스타인(Prim'Holstein), 브르통 피누아르(Bretonne Pie Noir) 등. 우유,

QR

야생토끼의 등심살(râble)을 뼈에서 잘라내는 모습.

치즈, 버터, 크림 등 유제품 생산용으로 사육
된다.
- 혼합종 소: 노르망드(Normande), 몽벨리아
르드(Montbéliarde), 아봉당스(Abondance) 등.
정육과 낙농용으로 모두 소비된다.

RACHEL 라셀

• 아티초크와 골수, 다진 파슬리로 만든 가니
시를 뜻한다. 19세기 미식가 중 한 사람이었
던 의사 베롱(Véron)의 연인이자 유명한 배우
였던 엘리자베트 펠릭스(Elisabeth Félix)의 예
명 라셀(Rachel)에서 그 이름이 유래했다고 한
다. 이 가니시는 주로 굽거나 소테한 육류, 브
레이징한 송아지 흉선, 수란 등에 보르들레즈
소스와 함께 곁들여 서빙된다.

RACLER 라클레

• 긁다, 긁어내다. corner.

RACLETTE 라클레트

• 사부아 지방의 치즈 요리.
• 라클레트 치즈. 라클레트 요리에 사용되는
치즈 이름.
• 조리대 바닥이나 유리창을 청소하는 도구.
고무 밀대. 와이퍼.
• racloir coupe-pâte와 동의어.

RACLOIR COUPE-PÂTE
라클루아르 쿠프 파트

• 파티스리용 스크래퍼. 바닥을 긁거나 반죽
을 자를 때 사용하는 도구.

RAFFERMIR 라페르미르
(FAIRE, LAISSER, METTRE À)

• 단단하게 하다. 준비한 재료 또는 혼합물을
차가운 곳에 보관하여 질감이 단단해지도록
굳히다.

RAFRAÎCHIR 라프레시르
(FAIRE, METTRE À)

• 찬물에 담가 식히다. 끓는 물에 데쳐 익힌 재
료를 건져 재빨리 찬물에 담가 더 이상 익는
것을 중지시키고, 채소 본래의 녹색을 선명하
게 유지한다.
• 액체에 데쳐 익힌 고깃덩어리나 채소를 찬
물에 씻어 식히고, 표면에 묻은 불순물을 씻
어 제거한다.
• 다듬다. 정육의 불필요한 부분을 잘라 손질
하다.
• 물과 밀가루를 더해 르뱅(levain 천연발효종)
을 다시 배양하는 작업을 뜻하며, 이는 반죽
에 안정적인 산도를 더하는 역할을 한다.

RAFRAÎCHISSURES 라프레시쉬르

• 부스러기, 조각, 자투리. parures, rognures와
동의어.

RAGOÛT (CUIRE EN) (퀴르 앙) 라구

• 미리 적당한 크기로 잘라 데치거나 팬에 지
져 색을 낸 재료들을 우묵한 냄비에 담고, 향
신재료와 국물을 넣어 뭉근히 끓인 스튜 요리.

RAIDIR (FAIRE) 레디르

• 닭 또는 고기 등의 재료를 뜨거운 기름에 색
을 내지 않고 일단 익혀 살을 단단하게 하다.
이어서 대부분 화이트 소스에 조리한다.

RAIFORT 레포르

• 서양 고추냉이. 홀스래디시. 매콤하고 톡 쏘
는 맛의 뿌리채소로, 갈아서 소스나 양념으
로 사용한다.

RAMASSE-MIETTES 라마스 미에트
• 크럼 스크래퍼(crumb scraper). 손님의 테이블에 떨어진 빵부스러기 등을 긁어 모으는 도구. 주로 본 식사가 끝나고 디저트를 서빙하기 전, 빵을 치우고 난 뒤 테이블을 말끔하게 정리할 때 사용한다.

RAMEQUIN 라므캥
• 라므킨. 수플레 등을 만드는 작은 오븐용 용기로 도기, 또는 파이렉스 재질로 된 것이 대부분이다.

RAMESQUIN 라므캥
•【옛】설탕을 넣지 않은 슈 반죽에 그뤼예르(gruyère) 등의 녹는 치즈를 넣고 파르메산 치즈 간 것을 뿌려 오븐에 구운 작은 타르트.

RAMOLIR (FAIRE, METTRE À) 라몰리르
• 버터를 미리 냉장고에서 꺼낸 후 상온에 두어 반죽에 사용하기 쉽도록 말랑하게 만들다. 또는 필요에 따라 밀대로 두드리다.

RAPADURA 라파뒤라
• 천연 사탕수수즙을 끓여 당밀처럼 굳힌 것. 또는 비정제 사탕수수 설탕.

RÂPE 라프 (아래 사진 참조)
• 강판. 그레이터.
– 시트러스용 강판(râpe à agrumes): 레몬 등의 껍질 제스트를 갈 때 사용한다.
– 슈페츨 메이커(râpe à spaetzle) (A): 파스타 반죽을 작은 조각으로 만들어 삶는 냄비 위로 직접 떨어뜨린다.
– 마이크로플레인 제스터(râpe microplane): 레몬류의 껍질 제스트를 아주 곱게 가는 긴 막대형 강판.
– 넛멕 그레이터(râpe à noix muscade) (B): 넛멕 씨를 갈아 가루로 만드는 작은 강판.
– 채소용 채칼, 또는 강판(râpe à légumes): 당근 등의 채소를 아주 가늘게 가는 도구.
– 치즈용 강판(râpe à fromage): 파르메산 등의 경성 치즈를 가는 도구.

QR

A – 슈페츨 메이커   B – 넛멕 그레이터

239

RÂPER 라페
• 강판에 갈다. 재료를 강판에 긁어 아주 작은 조각 또는 굵은 가루 입자로 갈다.

RAS-EL-HANOUT 라스 엘 하누트
• 아랍어로 상점 주인 또는 식료품 상인이라는 뜻. 북아프리카의 아랍 향신료 믹스로 쿠스쿠스 등의 중동 요리에 많이 사용된다.

RASSEMBLER, ASSEMBLER
라상블레, 아상블레
• 섞다. 혼합하다. 제과제빵에서 반죽을 만들 때 밀가루 가운데를 우묵하게 만든 뒤 (fontaine), 물, 버터를 넣어 함께 잘 섞는 것을 뜻한다.

RASSEOIR 라수아르
• 【옛】 음료, 와인, 육수, 쥐(jus), 소스, 잼 등의 액체를 가만히 놓아두면 침전물이 가라앉고 윗부분이 맑아지는 현상, 또는 그 맑은 액체.

RASSIR 라시르
• 정육을 사용하기 전에 일정기간 동안 숙성시켜 살이 연해지도록 만들다. 에이징하다.

RASSIS 라시
• 빵이나 케이크가 말라 굳은 상태. 고기가 숙성된 상태.

RATA 라타
• 【옛】 라구, 스튜. ragoût.

RATATOUILLE 라타투이
• 프로방스의 대표적인 채소 요리로 토마토, 양파, 피망, 가지, 주키니 호박 등의 프로방스 채소를 올리브오일에 익혀 만든다. 재료를 각각 따로 볶은 뒤 합하여 약한 불에 뭉근히 익힌다.

RATTE 라트
• 감자 품종 중 하나로 길쭉한 모양을 하고 있어 소시지(saucisses)라고도 불리며, 살은 단단한 편이다.

RAVIER 라비에
• 오르되브르(hors-d'oeuvre)를 서빙할 때 사용되는 타원형 또는 직사각형의 우묵한 그릇. 도자기, 유리, 금속 소재 등 다양한 종류가 있다.

RAVIGOTE 라비고트
• 라비고트 소스. 새콤하고 톡 쏘는 강한 맛의 소스로 차갑게 또는 따뜻하게 서빙한다.
– 차가운 라비고트 소스(ravigote froide): 비네그레트 소스에 다진 케이퍼, 허브, 양파를 넣어 섞는다.
– 더운 라비고트 소스(ravigote chaude): 화이트와인과 식초를 동량으로 넣고 졸인 후 송아지 블루테와 샬롯을 넣고 다시 졸인다. 경우에 따라 버터를 추가하고, 처빌, 타라곤, 차이브 등의 다진 허브로 마무리한다. 주로 송아지 머리 요리, 생선 테린, 소골 요리 등에 곁들인다.

RAYER 레이예
• 달걀물을 바른 페이스트리 반죽에 칼날을 사용하여 장식용 무늬를 내다. 빵 위에 칼집을 내주면 더 잘 부풀어 오르는 효과를 얻을 수 있을 뿐 아니라, 각 불랑제리마다의 특징적인 문양으로 개성을 살릴 수 있다.

REACTION DE MAILLARD
레악시옹 드 마이야르
• 마이야르 반응. 열작용에 의해 원자가 결합하고 해체되는 과정에서 새로운 입자가 나타나는 원리. 식재료에 존재하고 있는 단백질의 아미노산과 환원당(포도당, 과당, 유당 등)이 열의 작용으로 갈색의 중합체인 멜라노이딘(갈

변 물질)을 만들어내는 반응을 말하며, 이 과정에서 풍부한 맛과 향이 발생한다. 고기를 구울 때 겉면이 갈변하는 현상, 빵의 겉면이 노릇하고 구수하게 구워지는 현상 등이 해당한다.

RÉCHAUD 레쇼
• 알코올 또는 고체 연료, 작은 가스통을 장착하여 테이블 위에 올려놓고 직접 불을 사용하여 음식을 조리하거나 따뜻하게 유지할 수 있는 장치. 퐁뒤를 서빙할 때 주로 사용한다.

RECOUVRIR 르쿠브리르
• 커버나 뚜껑을 씌우다, 덮다. 음식이 담긴 용기를 주방용 랩, 뚜껑, 면포나 행주 등으로 덮어주다.
• 요리에 소스나 글라사주, 크림, 기타 데코레이션 등을 끼얹거나 발라주다.

RECTIFIER 렉티피에
• 고치다, 조정하다. 음식의 간을 조정하다. 소스의 농도를 조정하다.

RECUIRE 르퀴르
(FAIRE, LAISSER, METTRE À)
• 잼을 만들 때 익히는 불의 온도를 올리다.
• 고기가 너무 덜 익었을 경우, 더 익혀 미디엄이나 웰던으로 익힘 정도를 조정하다.
• 라 르퀴트(la recuite): 아베롱(Aveyron)의 양젖으로 만든 탈지유 생치즈, 리코타 치즈.

RÉDUCTION 레뒥시옹
• 리덕션, 농축액. 음식 조리 중에 나온 즙을 졸인 농축액으로, 이것을 이용하여 소스를 만들기도 한다.

RÉDUIRE 레뒤르
(FAIRE, LAISSER, METTRE À)
• 졸이다, 농축하다. 육수 등을 뚜껑을 열고 센불에 가열하여 일정량의 액체를 증발시켜 졸이다. 수분이 증발해 육수의 양이 줄어들고 시럽과 같은 농도가 되며 농축된 풍미를 얻을 수 있다.

REDUIRE À DEMI-GLACE
(FAIRE, LAISSER, METTRE À)
레뒤르 아 드미글라스
• 갈색 송아지 육수 또는 소 육수의 양이 반으로 줄어들도록 졸여 농축하다.

RÉDUIRE À GLACE 레뒤르 아 글라스
(FAIRE, LAISSER, METTRE À)
• 소스의 수분을 증발시켜 시럽의 농도가 될 때까지 졸이다.

RÉDUIRE À SEC 레뒤르 아 섹
(FAIRE, LAISSER, METTRE À)
• 액체, 육수, 소스 등의 수분이 완전히 증발될 때까지 졸이다.

REFAIRE 르페르
• 음식을 조리할 때(수렵육이나 닭 요리) 고기 살이 통통해지도록 골고루 뒤집어주다.
• 닭발을 센 불에 그슬려 맨 바깥 껍질이 벗겨지도록 하다.

RÉFORME 레포름
• 본래는 6~8년생 젖소를 뜻한다. 정육을 목적으로 도축되기 전 살을 찌운 상태의 젖소를 지칭하는 바슈 드 레포름(vache de réforme)은 상당히 좋은 질의 고기를 제공한다.

QR

RÉFRIGÉRATION 레프리제라시옹
• 0~3℃의 냉장보관. 1856~1867년에 페르디낭 카레(Ferdinand Carré)와 샤를 텔리에(Charles Tellier)가 개발한 이 방법 덕분에 식품을 속까지 차갑게 보관하여 효소의 활동과 각종 미생물의 번식을 둔화시킬 수 있게 되었다.

REFROIDIR 르프루아디르 (FAIRE, LAISSER, METTRE À)
• 차갑게 하다. 음식을 냉장고에 넣거나, 흐르는 찬물에 식히다. 차갑게 하다. 얼음, 또는 얼음을 섞은 물이 담긴 용기에 넣어 온도를 식히다.

REFROIDISSANTE 르프루아디상트
• 보냉제나 아이스팩 등을 넣어 음식을 차갑게 보관할 수 있도록 고안된 용기. 또는 보냉 효과가 있는 재질. 쿨링 용기, 보냉 백 등.

RÉGÉNÉRER 레제네레 (FAIRE, METTRE À)
• 냉동된 음식을 사용 가능한 온도로 해동하다.

RÉGLER 레글레
• 오븐의 온도를 맞추다.

RÉGLER AU BOUILLON 레글레 오 부이용
• 리소토를 익히는 동안 쌀에 중간중간 육수를 넣어주다.

REINE MARGOT 렌 마르고
• 퓌레 렌 마르고(purée reine Margot): 감자, 버터, 닭고기 살, 흰색 육수를 넣어 만든다.
• 렌 마르고 스크램블드 에그(oeufs brouillés reine Margot): 닭 가슴살 퓌레와 아몬드 밀크를 넣어 만든 스크램블드 에그.

• 렌 마르고 케이크(entremets reine Margot): 스펀지 시트에 피스타치오, 파인애플, 망고 등을 넣어 만든 케이크.

RÉJOUISSANCES 레주이상스
• 파인 다이닝, 또는 푸짐한 진수성찬을 뜻함.

RELÂCHÉE 를라셰
• 반죽이나 크림을 몇 분간 믹서로 돌려 말랑하거나 부드럽게 풀어준 상태.

RELÂCHER 를라셰
• 농도를 묽게 하다. 질감을 느슨하게 하다. 부드럽게 풀어주다. détendre.

RELÂCHER (SE) (스) 를라셰
• 반죽이나 크림이 말랑해지거나 부드러워지다. 질감이 느슨해지다. 부드럽게 풀어지다.

RELENT 를랑
• 음식이 상한 냄새, 고약한 악취.

RELEVÉ 를르베
• 음식의 맛이 강한, 자극적인, 너무 맵거나 짜거나 향이 강한 상태.
• 【옛】코스 요리에 다음 순서로 이어 나오는 음식을 뜻한다. 포타주 등의 수프 다음에 바로 이어 서빙하는 음식을 를르베 드 포타주(relevé de potage)라고 지칭했다.

RELEVER 를르베
• 향신 허브, 스파이스, 각종 양념을 첨가하여 음식의 향, 간, 풍미를 높이다.

RELEVER LE SERVICE 를르베 르 세르비스
• 다른 요리를 서빙하기 위하여 테이블 위에 있는 요리 접시를 거두다. 정리하다.

REMONTER 르몽테
• 소스를 거품기로 휘저어 에멀전을 만들다.

REMOUILLE 르무이유
• 소스 등을 만들 때 물을 다시 추가해 국물을 잡아 주는 과정.

REMOUILLER 르무이예
• 물이나 육수를 더 넣어 국물을 잡다.

RÉMOULADE 레물라드
• 마요네즈에 머스터드를 넉넉히 넣고 잘게 다진 케이퍼와 코르니숑(작은 오이 피클), 허브를 섞은 소스. 주로 채 썬 셀러리악 샐러드에 많이 사용한다(rémoulade de céleri-rave).

REMUER 르뮈에
• 젓다, 휘저어 섞다. 스푼이나 주걱을 사용하여 재료를 저어주다.

REMUGLE 르뮈글
• 【옛】 곰팡이 냄새. 밀폐되거나 오염된 공기에 노출된 물질에 의해 생긴 퀴퀴한 냄새.

REPASSE 르파스
• 같은 음식을 두 번 서빙하는 것. 두 번 덜어 먹는 것.

REPÈRE 르페르
• 밀가루, 물, 혹은 경우에 따라 달걀흰자를 섞은 말랑한 반죽으로, 주로 뚜껑을 닫은 냄비의 가장자리에 붙여 음식을 익히는 동안 공기가 빠져나가지 않도록 완전히 밀봉해주는 용도로 쓰인다.

REPOSER (LAISSER) (레세) 르포제
• 액체를 가만히 놔두어 불순물을 바닥에 가라앉히고 맑은 상태로 만들다. 옛날에는 라수아르(rasseoir)라고도 했다(rasseoir 참조).
• 반죽을 휴지시키다.

RÉSERVER (METTRE À RÉSERVER) 레제르베, 메트르 아 레제르베
• 날 재료나 익힌 음식을 접시에 담거나 냄비에 담긴 채로 잠시 보관하다. 보통 레시피의 다음 단계를 위하여 미리 준비한 재료를 잠시 두는 과정을 말한다. 준비된 음식을 최종 서빙할 때까지 잠시 대기시키다. 또는 최적의 온도로 음식을 서빙하기 위하여, 따뜻하게 보관한다는 의미로도 쓰인다(réserver au chaud).

RESSERRER 르세레
• 달걀흰자의 거품을 올릴 때 설탕을 넣어 더 단단한 질감을 만들다.

RETOMBER 르통베
• 발효되어 부푼 반죽이 다시 꺼지다(pousser 참조).

RETROUSSER 르트루세
• 닭이나 수렵육 조류의 발을 다리 아래쪽으로 돌려 붙여 실로 묶다. trousser.

REVENIR (FAIRE, LAISSER) 르브니르
• 팬에 지져 색을 내다. 고기, 닭, 수렵육, 채소 등의 재료를 완전히 익히기 전에 우선 뜨겁게 기름을 달군 팬에 넣고 지져 색을 내준다.

RHÉOLOGIQUE 레올로지크
• 유동학의. 물질의 점성, 변형에 관련된. 물체를 누르거나 삼킬 때 발생하는 유동성에 관한 것.

QR

RIBOT 리보

• 버터 밀크(lait ribot, lait de beurre, lait de baratte, babeurre, lait baratté). 버터 밀크는 우유를 통에 넣고 휘저어 버터를 만들 때 생기는 시큼한 맛의 하얀 액체를 뜻한다. 전통적으로 생우유 또는 버터를 만든 이후 발효된 우유로부터 얻을 수 있고 경우에 따라서는 발효제를 첨가한 생우유로부터 직접 만들어내기도 한다. 산미가 있으며 매우 부드러운 이 우유는 갈레트나 크레프 반죽을 만들 때 주로 사용된다. 유당불내증이 있는 사람의 경우, 일반 우유에 비해 좀 더 소화하기 쉬운 편이다. 일반적으로 음식이 리보되었다(une recette devient ribot.)는 표현은 상했다는 의미로도 통한다.

RICHE 리슈

• 매우 기름진(gras).
• 매우 푸짐한(copieux).

RILLETTES 리예트

• 돼지나 오리고기를 기름에 넣고 약한 불에 오랜 시간 익힌 후 살을 잘게 찢어 다시 익힌 기름에 섞어 만든 샤퀴트리의 일종. 차갑게 굳히면 기름이 위로 올라온다. 리예트는 밀폐 유리병에 담아 보관하고, 차가운 오르되브르로 주로 캉파뉴 빵과 함께 서빙된다. 생선이나 조개류 또는 채소를 이용한 리예트도 만들 수 있으며, 이 경우에는 반드시 재료를 기름에 익혀야 하는 것은 아니다.

RINCER 렝세 (아래 사진 참조)

• 물에 씻어 건지다. 쌀을 물에 씻어 헹궈 건지다(rincer le riz).
• 슈크루트용 배추를 익히기 전에 헹궈 꼭 짜다.
• 조개류를 물에 살살 헹구다.

RIOLER 리올레

• 파이나 타르트 윗면에 띠 모양으로 자른 반죽을 격자무늬로 교차해 일정한 간격으로 덮어주다(예: 린처 토르테 Linzer torte).

RISSOLAGE 리솔라주

• 센 불에 노릇하게 굽기, 지지기(rissoler 참조).

가리비 조개를 깐 후 살을 물에 헹구는(rincer) 모습.

RISSOLER 리솔레
(FAIRE, LAISSER, METTRE À)
• 기름을 뜨겁게 달궈 센 불에서 재료를 노릇하게 지지다. 겉면을 바삭하게 구워 특유의 고소한 맛과 노릇한 색을 내준다.
• 물에 삶은 감자를 기름에 튀기듯 지져 익히다(pommes de terre rissolées).

ROBE DES CHAMPS (EN)
(앙) 로브 데 샹
• 껍질을 벗기지 않은 상태로. 감자를 씻은 후 껍질째 소금물에 삶거나 오븐에 익히는 방법. 그대로 서빙하거나, 껍질을 벗겨 후추, 크림, 허브 등을 곁들여 먹기도 한다. 리옹식 소시지, 청어 요리에 곁들이기도 하고, 알자스 지방에서는 뮌스터 치즈와 함께 즐겨 먹는다.

ROBERT (SAUCE) (소스) 로베르
• 로베르 소스. 중세 시대부터 내려오는 소스로 양파, 버터, 화이트와인, 식초, 머스터드를 넣어 만든다. 주로 돼지갈비 등의 구운 육류 요리에 곁들인다.

ROBOT CUTTER 로보 커터
• 푸드 프로세서. 로보 쿠프(robot coupe). 고기 다지기부터 소스 만들기 까지 다양한 기능을 가진 주방 가전제품.

ROBOT MULTIFONCTION
로보 뮐티퐁시옹
• 다기능 푸드 프로세서. 자르기, 다지기, 갈기, 착즙하기, 익히기 등의 다목적 기능을 지닌 가전제품.

ROCOU 로쿠
• 열대 아메리카의 산 관목의 하나인 빅사나무(bixa orellana 립스틱나무라고도 불린다) 열매씨를 둘러싼 껍질에서 추출되는 주황색의 천연염료. 아나토라고도 불리며, 치즈나 생선의 식용색소로 사용된다.

ROGNER 로녜
• 가장자리 끝을 잘라내다. 잘라내어 다듬다. parer와 동의어.

ROGNURES 로뉘르
• 치즈나 반죽의 자투리, 잘라낸 끄트머리 등. parures, rafraîchissures.

ROMERTOPE 로메르토프
• 뚜껑을 닫고 익혀 찜 요리를 만들기에 적합한 토기 냄비. Römertopf® 브랜드에서는 오븐(특히 화덕 오븐)용 토기 냄비(클레이 베이커 clay baker)를 주력 상품으로 생산하고 있다.

ROMPRE (RABATTRE)
롱프르 (라바트르)
• 빵 반죽을 여러 번 접어 눌러 잠정적으로 발효를 멈추게 하다. 이 과정을 반복하면 반죽 덩어리가 더욱 잘 부풀게 된다.
• 나이프 없이 손으로 테이블 위의 빵을 뜯어 나누다.

RONDEAU 롱도
• 볶음이나 스튜 요리를 만드는 데 적합한 깊지 않고 둥근 냄비.

RONDELLE 롱델
• 둥글고 얇게 썬 모양.

QR

ROSBIF 로스비프
- 로스트 비프. 슬라이스로 서빙한다.
- 양 갈비( ) 13대와 양 볼기 윗부분 등심(selle d'agneau)을 지칭하기도 한다.

ROSÉ À L'ARÊTE 로제 아 라레트
- 생선의 익힘 정도를 가리키는 용어로 가시 뼈에 붙은 생선살이 날것은 아니지만 완전히 흰색으로 익지도 않은 상태.

ROSÉ 로제
- 양이나 오리고기의 익힘 정도를 나타내는 용어. 완전히 익지 않고 살이 핑크빛을 띠는 가장 맛있는 상태의 익힘 정도.
- 주름버섯(Agaricus campestris). 담자균류 송이버섯과에 속하는 분홍색을 띤 버섯의 일종(rosé des prés).
- 로제와인(vin rosé).

RÔT 로
- 【옛】오븐에 구운 고기(viande rôtie) 또는 식사의 서빙 순서에서 고기 코스를 대신하여 낼 수 있는 로스트 요리를 뜻하는 용어였다.
- 프티 로티 petit rôti.

RÔTI 로티
- 로스트용으로 준비해 원통형으로 실로 묶어 구운 고깃덩어리, 또는 실로 묶어 통째로 구운 로스트 치킨 등 구운 육류를 총칭한다. 소, 송아지, 칠면조, 돼지를 구워서 소금간 한 것, 혹은 간을 미리 한 후 구운 로스트를 구입할 수도 있다.
- 전기구이 로스터로 구운 고기(rôtir, rôtissage 참조).

RÔTIR (FAIRE, METTE À) 로티르
- 로스트하다. 굽다. 정육, 닭, 수렵육 등을 로스팅 꼬치에 꿰어 굽거나 오븐에 굽다. 로스팅은 재료를 직접 오븐이나 전기구이 로스팅 기계의 열에 노출하여 구워 익히는 조리법을 말한다.

RÔTISSAGE 로티사주
- 로스트하기. 굽기.
- 전기구이 오븐에 굽기.

RÔTISSOIRE 로티수아르
- 중간에 돌아가는 긴 꼬챙이가 장착된 전기구이 오븐. 통닭구이용 전기 오븐. 로티세리 기계. 통닭이나 큰 덩어리의 고기를 꼬챙이에 끼워 회전시키면서 굽는다.

ROUELLE 루엘
- 양파를 링 모양으로 썬 것, 송아지의 정강이 살을 가로로 저며 둥근 원형으로 자른 것. 돼지의 허벅지 살을 둥글게 썬 것(rouelle de porc) 등.

ROUENNAISE 루아네즈
- 오리의 조리법 중 하나. 오리를 구운 뒤 프레스로 눌러 피를 뺀 다음 서빙한다. 카나르 오 상(canard au sang)과 동의어.
- 루아네즈 소스(sauce rouennaise). 노르망디 지방의 전통 소스로 버터, 샬롯, 시드르(cidre 사과즙 발효주), 송아지 육수, 다진 오리 간을 넣고 만든 소스. 전통적으로 오리고기와 함께 서빙된다.

ROUGAIL 루가이유
- 크레올 요리에 많이 쓰이는 토마토, 생강, 양파, 고추 등을 넣어 만든 매콤한 양념.
- 레위니옹의 전통 요리. 루가이유 양념을 넣은 요리를 뜻하며 카리(cari)와 비슷하다.

ROUILLE 루이유

• 마늘과 향신료, 감자, 올리브오일 등을 넣고 갈아 만든 프로방스의 마요네즈라 불리는 소스로 부이야베스 등의 생선 수프에 곁들인다.

ROULADE 룰라드

• (치즈 등의) 소를 채워 넣고 말아 구운 요리. 또는 햄을 말아(jambon roulé) 채소와 함께 서빙하는 차가운 요리 등이 있다. 일반적으로 돌돌 만 요리를 지칭한다.
• 포피예트(paupiette)와 동의어. alouette sans tête, oiseau sans tête.
• 롤케이크(gâteau roulé). 스펀지 시트에 초콜릿 페이스트나 잼, 크림 등을 바른 뒤 돌돌 말아 원통형으로 만든 케이크. 크리스마스 케이크인 뷔슈 드 노엘(bûches de Noël)의 베이스가 된다.

ROULEAU 룰로

• 파티스리용 밀대. 손잡이가 달린 것, 원통형 또는 달걀형 등 모양과 재질이 다양하다.
• 롤러. 파티스리용 롤러. 밀어 편 반죽에 여러 개의 펀칭 구멍을 뚫어주는 펀칭 롤러(pique-vite), 반죽에 무늬를 찍어주는 특수 롤러도 있다.

ROULEAU LAMINOIR
룰로 라미누아르

• 양 끝에 끼우는 고리의 크기에 따라 반죽을 다양한 두께로 조절하여 밀어 펼 수 있는 밀대(라미누아르 laminoire 참조).

ROULER 룰레

• 말다, 돌돌 말다. 쿠키 반죽을 얇게 말아 긴 롤 비스킷을 만든다. 또는 스펀지 시트에 초콜릿 페이스트나 크림, 잼 등의 내용물을 바른 뒤 돌돌 말아 롤케이크를 만든다.
• 굴리다. 손바닥의 우묵한 부분을 사용하여 반죽을 돌려가며 동그란 덩어리를 만든다(bouler).

ROULETTE À PÂTE 룰레트 아 파트

• 손잡이가 달린 롤러 커터. 도우 커터. 피자 커터.

ROUSSIR 루시르
(FAIRE, LAISSER, METTRE À)

• 적갈색(roux)으로 만든다. 버터, 빵 또는 소스 등을 센 불에서 일정 시간 가열하여 적갈색으로 만든다.

ROUX 루

• 버터와 밀가루를 동량으로 섞은 뒤 약한 불로 천천히 익힌 것. 루를 익히는 시간과 원하는 색깔에 따라 다음과 같이 세 가지 종류로 분류할 수 있다.
– 흰색 루(roux blanc): 녹인 버터에 밀가루를 섞고 밀가루의 날 냄새가 나지 않을 정도로만 아주 짧은 시간 동안 익힌다. 블루테(velouté)라고도 부르며, 화이트 소스 또는 베샤멜의 베이스가 된다.
– 황금색 루(roux blond): 노릇한 색이 살짝 나기 시작할 때까지 익힌 루를 가리킨다. 특유의 고소한 냄새가 나며, 흰색 살 육류나 생선 요리 등을 위한 소스의 리에종으로 사용된다.
– 갈색 루(roux brun): 좀 더 진한 갈색이 되도록 익힌 것으로 주로 붉은 살 육류에 곁들이는 갈색 소스의 베이스로 사용된다.

ROYALE 루아얄

• 달걀, 크림, 우유와 곱게 간 재료의 혼합물을 가는 체로 거른 다음 작은 용기에 넣고 중탕으로 익힌 것.

QR

ROYALE (À LA) (아 라) 루아얄

• 마리네이드한 야생토끼 등의 수렵육 고기를 살이 뼈에서 분리될 때까지 오랫동안 뭉근히 익히는 조리법, 또는 그 요리. 제대로 푹 익은 야생토끼 루아얄(lièvre à la royale) 요리는 보통 숟가락으로 떠먹을 수 있을 정도로 연하고 부드럽다.

ROYALE (GLACE) (글라스) 루아얄

• 설탕공예 작품이나 누가틴 등의 슈거 아이싱, 퐁당슈거 데코레이션.

RUBAN 뤼방

• 리본. 혼합물을 거품기나 주걱으로 잘 치대 섞은 후, 위에서 떨어뜨려 보았을 때 마치 리본 끈처럼 떨어지며 겹쳐지는 상태의 농도를 말한다. 달걀과 설탕의 혼합물, 달걀노른자와 설탕의 혼합물 등을 거품기로 잘 저어 만든 것의 농도 상태를 나타낼 때 주로 쓰이는 용어. 주걱으로 높이 올려 떨어뜨렸을 때 굵은 리본 같은 질감으로 끊어지지 않고 떨어진다.
• 설탕공예의 데코레이션 중 하나. 사틴처럼 반짝이는 질감으로 여러 색이 연속적으로 이어지는 리본 띠.

RUBANER 뤼바네

• 띠 모양으로 만들다. 리본으로 장식하다. 파티스리 용어로, 반죽을 리본 모양의 가는 띠로 잘라 파이 등의 표면에 격자무늬로 덮어 장식하거나, 파스타 반죽을 가는 띠 모양의 국수처럼 만드는 것을 뜻한다.

RUMSTEAK 럼스테크

• 소고기의 우둔살. 영어의 럼스테이크 (rumpsteak)에서 온 용어.

RUSSE 뤼스

• 주로 채소를 익히는 용도의 냄비. 다양한 크기의 소스팬.
• 아 라 뤼스(à la russe): 마세두안(macédoine: 사방 5~6mm 크기의 큐브 모양)으로 썬 채소에 마요네즈를 넣어 섞은 것.
• 세르비스 아 라 뤼스(service à la russe): 게리동 서비스(service au guéridon). 19세기에 선보인 식사 서비스로 손님 테이블 옆의 서빙용 게리동에서 카빙, 플랑베, 생선살 발라 접시에 플레이팅하기 등의 서비스를 제공한다. 또한 19세기 말에 프랑스에 도입된 러시아식 서비스(service à la russe)는 테이블에 음식을 모두 차려 놓는 기존의 서빙 방식과는 달리 요리를 개인 접시에 담아 코스로 서빙하는 방식 (service à l'assiette)을 의미한다.

S

SABAYON 사바용 (아래 사진 참조)
• 달걀노른자, 설탕, 알코올(증류주 또는 발효주 등)을 넣고 중탕으로 저어 익힌 거품과 같은 크림. 차가운 디저트 혼합물 또는 초콜릿 무스 등의 베이스로 사용된다.
• 홀랜다이즈 소스의 베이스(달걀노른자에 물을 조금 넣고 저으며 약한 불에 익힌다).

SABLAGE 사블라주
• 모래와 같은 질감으로 만들기(예: 소보로, 크럼블 반죽).

SABLER 사블레
• 프랄리네를 만들 때 설탕이 끓어 알갱이로 결정화하다(masser).
• 버터와 밀가루에 설탕 등의 다른 재료를 넣고 건조한 상태로 섞어 모래 알갱이 질감을 만들다(소보로, 크럼블 등).

SAIGNANT 새냥
• 고기의 익힘 정도를 나타내는 용어로 레어(rare)에 해당한다. 이보다 더 덜 익은 상태인 블루(bleu)와 미디엄(à point)의 중간 상태이다.

SAIGNER 새녜
• 동물을 도축한 후 피를 빼다.
• 갑각류의 두 눈 사이를 단단한 칼끝으로 찔러 구멍을 낸 다음, 머리가 아래쪽을 향하도록 거꾸로 들어 몸 안의 물을 빼낸다.

SAINDOUX 생두
• 라드, 조리용으로 사용하는 돼지기름.

SAISIR 세지르
• 재료를 센 불에 놓고 익히기 시작하다.

SALADE 살라드
• 주로 샐러드용 잎채소를 뜻한다.
• 샐러드. 생야채 모둠, 오르되브르로 서빙되는 채소 모둠.

SALADIER 살라디에
• 샐러드 볼. 샐러드를 섞거나 서빙하는 커다란 볼.

SALAGE 살라주
• 소금에 절이기. 염장하기. salaison과 동의어.
• 음식에 소금을 넣기.

홀랜다이즈 소스를 만들기 위해 약한 불에 달걀노른자와 물을 넣고 거품기로 저어 익히며 사바용(sabayon)을 만드는 모습.

SALAISON 살래종
• 재료를 염수에 담그거나 소금으로 덮어 염장하기.

SALAMANDRE 살라망드르
• 살라만더 그릴. 오픈된 선반 타입의 브로일 그릴로 윗부분에 열선이 있어 음식 표면을 색이 나게 굽거나 그라탱처럼 익힐 수 있다. 생선 등을 빨리 익힐 때도 사용할 수 있다.

SALÉ 살레
• 짠맛. 짭짤한 음식.
• 프티 살레(petit salé): 염장한 돼지고기. 주로 앞 다리살이나 삼겹살 등을 사용한다

SALER 살레
• 음식에 소금 간을 하다.

SALMIGONDIS 살미공디
• 각종 고기와 다양한 재료를 넣고 끓인 스튜, 잡탕.
• 각자 준비해 온 요리를 나누어 먹으며 즐기는 식사. 포트럭 파티.

SALMIS 살미스
• 살미스 소스. 수렵육의 자투리 뼈에 채소 미르푸아, 레드와인, 송아지 데미글라스를 넣고 만든 클래식 소스. 또는 수렵육 조류, 오리, 비둘기, 빨닭 등을 오븐에 구운 후 잘라서 다시 익힌 스튜 요리를 지칭한다.

SALPICON 살피콩 (아래 사진 참조)
• 채소 등의 재료를 브뤼누아즈와 같이 작은 큐브 모양으로 자른 것.
• 【옛】잘게 썬 고기와 다양한 채소를 넣고 끓인 스튜.

SANDWICH 상드위치
• 샌드위치. 두 장의 식빵 또는 길게 반으로 가른 바게트 빵에 버터를 바르고 햄이나 다른 재료를 넣어 채운 것. 특정 지방이나 재료 등에 따라 다양한 이름의 샌드위치가 있다(예: 빵 바냐pan bagnat: 참치와 토마토 등의 채소에 올리브오일을 뿌려 넣은 니스식 샌드위치).

버섯을 작은 큐브 살피콩(salpicon) 모양으로 자르는 모습.

S

SANG (AU) (오)상

• 오리를 구운 후 피를 뽑아내는 테크닉으로, 주방에서 또는 홀에서 모두 가능하다. 오리용 전문 프레스 기계를 사용하여 오리 몸통 뼈와 내장을 눌러 피를 뽑는다. 이 서비스는 손님 테이블 앞에서 행해지기도 한다(게리동 서비스 service à la russe). 이렇게 추출된 피는 육수에 넣어 졸인 뒤 소스를 만든다. 오리의 가슴살은 이미 한 번 초벌 익힘을 끝낸 것으로, 손님의 요구에 따라 다시 게리동 테이블에서 조리된다. 오리 다리는 그릴에 굽는 등의 조리를 마치고 두 번째 서빙으로 제공된다.

SANGLER 상글레

• 원하는 텍스처를 얻기 위하여 아이스크림 믹스의 온도를 낮춘다. 아이스크림 혼합물이 든 용기를 얼음과 굵은 소금에 채워 급속히 온도를 낮춘다. 아이스크림 메이커에 혼합물을 넣어 돌려 냉각시키는 과정을 지칭하기도 한다.

SAPIDE / SAPIDITÉ 사피드 / 사피디테

• 맛있는, 맛있음. 맛을 느낄 수 있게 하는 재료의 특징. 짠맛, 단맛, 쓴맛, 신맛과 감칠맛인 우마미를 느낄 수 있는 미각.

SASSER 사세

• 행주와 굵은 소금을 사용해서 초석잠(두루미냉이)의 얇은 껍질을 벗기고, 잠깐 흔들면서 문질러 씻어주다.

SAUCE 소스

• 오늘날 전통적인 기본 소스와 그 파생 소스들은 옛날만큼 많이 사용되지 않고 있다. 액체를 졸여 농축된 에멀전을 만들거나 전분질을 추가함으로써 소스를 농후하게 만드는 테크닉이 점점 줄어들고 있는 반면, 요리사들은 사용하는 주재료 본연의 맛을 살리는 데 더 중점을 두는 경우가 많다. 또한 각종 스파이스나 향신재료 등을 사용하여 예상을 뛰어넘는 마리아주를 보여주는 뉴 가스트로노미 요리도 늘고 있다. 새로운 맛의 요리를 시도하고 발전시켜 나가기 위해서는 클래식의 완벽한 마스터는 필수 불가결하다. 마요네즈, 레물라드, 그리비슈, 아메리켄, 카비아른, 케첩, 베아르네즈 등 몇몇 소스들은 그 명칭에서 아예 소스라는 단어가 빠진 상태로 통용되기도 한다.

SAUCE ÉMULSIONNÉE
소스 에뮐시오네

• 에멀전 소스, 유화 소스. 서로 녹지 않는 두 액체를 섞은 유화 소스로, 만든 방식과 온도에 따라 차가운 것과 따뜻한 에멀전, 또 그 상태에 따라 안정적 에멀전과 불안정한 에멀전 소스로 분류한다.

SAUCE INDUSTRIELLE
소스 앵뒤스트리엘

• 대량 생산하여 시중에서 판매하는 모든 종류의 소스를 통칭한다. 소스를 만드는 일은 기술적 지식을 요구하는 아주 섬세하고 까다로운 작업이다. 식품회사들은 다양한 종류의 건조 소스류를 상품으로 개발하여 즉시 먹기 편리하게 만들어 판매하고 있다. 세균 번식으로부터 안전하고, 보관하기도 편리할 뿐 아니라 빠른 시간 안에 만들어 먹을 수 있으며 경제적인 이점도 있다. 각 제조사마다의 사용방법을 잘 따라서 편리하게 소스를 만들 수 있으며, 여기에 요리하는 사람이 약간의 응용력을 발휘하면 천편일률적인 맛을 벗어난 개성 있는 소스를 만들 수도 있을 것이다.

SAUCE MÈRE 소스 메르

•모체 소스. 에스코피에가 처음 만든 용어로, 기본이 되는 화이트 소스와 브라운 소스계열로 나뉜다. 주요 모체 소스로는 에스파뇰, 데미글라스, 토마토, 베샤멜, 블루테 등이 있으며, 이를 베이스로 만들어진 많은 종류의 파생 소스가 있다.

SAUCE MOUSSELINE 소스 무슬린

•무슬린 소스. 달걀노른자, 버터, 레몬즙, 크림을 넣어 만든 소스(mousseline 참조).

SAUCER 소세

•곁들인 소스를 요리에 끼얹어 뿌리다.

SAUCIER 소시에

•주방에서 소스를 담당하는 요리사. 경우에 따라 가니시 만들기와 고기를 익히는 파트를 겸하기도 한다.

SAUCIÈRE 소시에르

•소스 용기. 은이나 도자기로 된 소스 서빙용 그릇.

SAUMURE 소뮈르 (아래 사진 참조)

•염수. 간수. 물에 소금을 푼 것.

SAUMURER 소뮈레

•재료를 염수에 담그다.

SAUPOUDRER 소푸드레

•솔솔 뿌리다. 혼합물 또는 완성된 요리 위에 슈거파우더, 치즈 가루, 빵가루 등을 솔솔 뿌리다.

SAUTER (FAIRE) (페르) 소테

•볶다. 소테하다. 소테팬이나 프라이팬에 기름을 달군 후 재료를 넣고 볶다. 적은 양의 기름에 너무 크지 않은 사이즈의 재료를 넣고, 센 불에서 뚜껑을 덮지 않고 볶는다.

S

물에 소금을 녹여 염수(saumure)를 만드는 모습.

SAUTER AU MAIGRE 소테 오 매그르
• 기름을 넣지 않고, 혹은 아주 소량만 넣고 재료를 볶다. 이때는 주로 테프론 코팅이 된 팬을 사용하는데, 건강상의 이유로 많은 논란의 대상이 되고 있지만, 논스틱 코팅팬은 기름을 두르지 않아도 재료가 달라붙지 않고 깔끔하게 볶아낼 수 있다. 기름을 제한하는 저열량 식단 등에 유용하다.

SAUTEUSE 소퇴즈
• 소테팬. 우묵하고 가장자리가 조금 높은 팬으로, 재료를 볶거나 소스를 만들 때 사용한다.

SAUTOIR 소투아르
• 소테용 팬 또는 넓고 우묵한 냄비.

SAVEUR 사뵈르
• 미각으로 느낄 수 있는 맛, 풍미. 재료가 갖고 있는 맛. 혀로 감지할 수 있는 네 가지 기본 맛은 단맛, 짠맛, 신맛, 쓴맛이다.

SAVOUREUX 사부뢰
• 맛이 있는, 풍미가 있는, 맛이 풍부한.

SCELLER 셀레
• 단단히 밀폐하다. 밀봉하다.

SCRAMBLE 스크랑블
• 뷔페. 종류별로 소분되어 구성된 뷔페 스타일 서빙. 주제별로 샐러드 뷔페, 치즈 코너 등으로 섹션이 나뉘어 있어 손님들이 해당 코너에 직접 가서 음식을 가져오는 방식이다.

SÉCATEUR À VOLAILLE
세카퇴르 아 볼라이
• 닭을 쉽게 자를 수 있도록 날이 약간 휘고, 한쪽에 홈이 있는 특수 가위.

SÉCHAGE 세샤주
• 건조하기, 말리기. 식재료를 건조하여 보관하는 방법.

SELLE ANGLAISE
셀 앙글레즈 (p.256 과정 사진 참조)
• 양의 볼기 등심 덩어리. 양의 허리부터 볼기에 이르는 척추에 붙은 살 부위를 지칭하며, 여기에는 필레, 양쪽 덮개살 등이 포함된다. 꼬리에 가까운 뒷다리 위쪽에 위치한 셀 드 지고(selle de gigot 양 뒷다리의 윗부분)와 혼동해서는 안 된다.

SEMI-COMPLÈTE 스미 콩플레트
• 반 도정 통밀. 부분적으로 도정한 밀로 만든 밀가루. 파린 비즈(farine bise)라고도 불린다. 유기농 건강빵 등을 만들 때 주로 사용된다.

SEMI-CONSERVE 스미 콩세르브
• 반 보존 식품. 보존하기 어렵거나 상하기 쉬운 음식을 방수 재질로 포장하고 열처리 등을 하여 일정 기간 보존할 수 있도록 만든 것. 사용할 때까지 냉장 보관하여야 한다(예: 푸아그라 등).

SÉPARER 세파레
• 나누다, 분리하다. 부분적으로 나누다, 소스에서 불순물을 분리해내다. 달걀노른자와 흰자를 분리하다.

SERINGUE À RÔTI 스랭그 아 로티

• 로스트용 주입기. 스포이트(poire 참조).
육즙이나 마리네이드 즙 등을 로스트 고기에
뿌리거나 주입하는 데 사용한다.

SERINGUE DE SALAGE
스랭그 드 살라주

• 염지용 주입기. 옛날에는 수동 주입기를 사
용했으나, 최근에는 염지 기계를 사용한다.

SERRE-JAMBON 세르 장봉

• 뒷다리 햄이나 하몽을 고정시키는 도구. 그
리프 아 장봉(griffe à jambon)이라고도 부른다.
큰 덩어리의 하몽을 썰어서 서빙할 때 고정시
키는 지지대 역할을 한다.

SERRER 세레

• 달걀흰자의 거품을 올릴 때 설탕을 넣어 질
감을 단단하게 하다.

SERVICE 세르비스

• 서비스, 서빙: 테이블에 요리를 순서대로 서
빙하고, 접시를 치우는 일련의 작업.
• 요리 서빙이 이루어지는 시간. 서비스 타임.

SERVIETTE (CUIRE À LA)
(퀴르 아 라) 세르비에트

• (푸아그라 등을) 행주나 면포에 싸서 익히다
(cuire au torchon 참조).

SEUIL SENSORIEL 쇠이유 상소리엘

• 감각 한계점. 감각 한계치. 감각의 결정을 내
리는 점진적 진행은 다음 네 가지의 단계를 걸
쳐 일어난다.

– 인지 한계점(seuil de perception): 느낌을 인지
할 수 있는 데 필요한 감각 자극의 양적 한계.
– 식별 한계점(seuil d'identification): 인지한 감
각을 통해 자극을 판단하여 식별할 수 있는
최소한의 양적 한계점(일반적으로 인지 한계점
양의 두 배 이상이 필요하다).
– 구별 한계점(seuil différentiel): 물질의 자극
에서 작은 변화나 다른 점을 인지하여 구별해
낼 수 있는 최소량의 한계점.
– 최종 한계점(seuil final): 감각 자극의 최대 양
적 한계점. 이 이상을 넘으면 느낌의 강도에
있어 인식할 만한 변화를 느낄 수 없다(감각
인지의 포화 상태).

SHICHIMI TOGARASHI
시치미토가라시 (七味唐辛子)

• 일본의 혼합 양념가루인 시치미는 일곱 가
지 재료를 섞은 것으로, 흰 깨, 산초, 파래, 진
피, 고춧가루, 검은 깨, 양귀비 씨 등을 혼합
해 만든다. 일본 요리를 만들 때 넣기도 하고,
보통 테이블 위에 놓아두고 국물 요리나 국
수, 구운 고기류 등에 뿌려 먹는다.

SHORTENING 쇼트닝
(VEGETABLE SHORTENING)

• 과자나 빵의 바삭바삭한 맛과 부드러운 질
감을 내기 위해 사용하는 쇼트닝은 수소를
첨가한 경화유 상태의 식물성 기름이며, 주
로 제과제빵용, 튀김용, 케이크용으로 많이 쓰
인다. 경우에 따라 돼지기름, 라드 등으로 대
체되기도 한다.

S

— 테크닉 —

양 볼기 등심
손질하기

PRÉPARER UNE SELLE D'AGNEAU

도구

칼

• **1** •

양 볼기 등심 덩어리를 작업대에 납작하게 놓는다

• **3** •

칼날을 납작하게 밀어주면서
겉껍질과 기름의 일부를 떼어낸다.

• **5** •

뒤집어서 콩팥을 잘라 꺼낸다.

• 2 •

에 살짝 칼집을 넣고, 한쪽 끝부분부터 시작하여
칼끝을 넣는다.

• 4 •

쪽도 마찬가지로 껍질과 기름의 일부를 잘라낸다.
양쪽 덮개살 부분은 그대로 둔다.

• 6 •

팥을 반으로 갈라 열고, 껍질막을 제거한다.

• 7 •

기름과 뇨관을 제거한다.

· 8 ·

근막과 기름을 잘라내 정리한다.

· 9 ·

다시 뒤집어 양쪽 덮개살을 아래로 넣어 감싸

· 11 ·

뒤집어서 필레 미뇽을 잘라낸다.

· 12 ·

칼날을 척추뼈 밑으로 조심스럽게 밀어 넣는

· 14 ·

다시 뒤집어서 덮개살 껍데기에 격자로 칼집을 낸 후,
살덩어리 밑으로 넣어 감싼다. 이 단계에서 익히거나,
전체적으로 속을 채우는 것이 가능하다.

· 15 ·

덩어리를 반으로 길게 자른다.
껍데기로 가운데 살을 감싸 놓는다(왼쪽).
덮개살 껍데기와 중앙의 살덩어리를 분리한다(오

• 10 •

름 부분에 사선으로 일정하게 칼집을 낸다.
이 단계까지 마치면 실로 묶어
그 상태로 로스트할 수 있다.

• 13 •

척추뼈를 들어내고 등 힘줄을 제거한다.

• 16 •

부터) 속을 채우고 실로 묶어 익힐 준비를 마친
, 덩어리 전체 그대로 또는 원형으로 잘라 익힐
를 마친 등심살, 로스트할 준비가 된 필레 미뇽.

— 테 크 닉 —

"셀 앙글레즈(selle anglaise)" 라고도 불리는
셀 다뇨(selle d'agneau 양의 볼기 등심)는
다양한 방법으로 조리할 수 있다.
뼈를 제거한 다음 소를 채워 요리할 수도
있고, 슬라이스해서 팬에 굽거나,
필레를 통째로 로스트한 다음 동그란 토막
(noisettes)으로 썰어 서빙하기도 한다.

SIFFLET (EN) (앙) 시플레

• 어슷썰기. 대파, 당근 등의 채소를 사선으로 어슷하게 써는 방법.

SINGER 생제 (아래 사진 참조)

• 냄비나 팬에 볶거나 지져 익힌 재료에 와인, 육수, 물 등의 액체를 붓기 전에 밀가루를 솔솔 뿌리다. 소스를 걸쭉하게 리에종하는 방법이다.

SIROPER 시로페

• 시럽으로 적시다. puncher와 동의어.

SIRUPEUX 시로푀

• 시럽과 같은 농도의.

SNACKER 스낵케

• 뜨거운 철판이나 팬에 재빨리 익히다.

SNACKING 스낵킹

• 스낵, 간식, 또는 간편식. 테이블에 앉아서 정식으로 먹는 식사가 아닌 간편하게 들고 다니면서 먹는 음식, 또는 그렇게 먹는 방식 등을 통칭한다. 식사 시간에 먹는 간편식, 또는 그 이외의 시간에 먹는 간식 등을 모두 포함한다. 샌드위치에서 샐러드, 유제품, 햄버거, 피자, 비스킷 등 그 종류는 매우 다양하다. 최근에 이러한 식습관이 점점 확산되고 있는 추세이며, 레스토랑 업계 전문가들도 최근 몇 년간 시장의 변화에서 나타난 이 현상을 잘 인식하고 있다. 햄과 버터 샌드위치는 이제 그만 잊으라고 외치는 것을 넘어, 이들은 맛도 있고 영양가 있는 양질의 음식을 소비자들이 쉽고 편하게 즐길 수 있도록 제공하기 위하여 변신을 꾀하고 있다.

오븐에 익힌 재료 위에 밀가루를 솔솔 뿌리면(singer) 국물을 잡아 익힐 때 농도를 더할 수 있다.

SOMESTHÉSIQUE 소메스테지크
• 몸이 느끼는 감각에 관련된 모든 것. 신체의 각 부분이 느끼는 촉각, 떨림, 온도 감지, 통증 등을 총칭한다.

SOMMITÉS 소미테 (아래 사진 참조)
• 줄기의 끝에 달린 작은 잎들(예: 찻잎). 경우에 따라 앵플로레상스(inflorescence 꽃송이)라는 단어가 이 의미로 잘못 사용되기도 한다.
• 콜리플라워, 브로콜리, 로마네스코 브로콜리와 같은 채소의 끝부분을 작은 크기로 떼어낸 조각을 뜻한다.

SONDER 송데
• 고기 등의 재료가 익었는지 확인하기 위해 칼끝이나 조리용 바늘 꼬챙이 또는 조리용 탐침 온도계를 찔러 넣어 심부 온도를 체크하는 방법.

SORBETIÈRE 소르브티에르
• 아이스크림, 소르베 메이커. 혼합물을 냉각시켜 아이스크림이나 소르베를 만드는 가전도구. 이 기계를 돌려서 냉각시킨 아이스크림을 냉동실에 보관했다가 필요할 때 서빙한다.

SOS
• 제대로 갖추어 먹는 식사를 뜻하는 스웨덴어로 S(smör 버터), O(ost 치즈), S(sill 청어)가 꼭 들어간 식사 구성을 의미한다.

SOT-L'Y-LAISSE 솔리레스
• 닭의 골반뼈 살. 닭의 넓적다리 위쪽 움푹 패인 골반뼈에 붙은 동그란 모양의 작은 살로, 최고로 맛있는 부위로 꼽힌다. "오직 바보만이 이토록 맛있는 살을 남긴다"라는 의미로 이와 같은 이름이 붙었다.

SOUDER 수데
• 두 장의 반죽 가장자리에 물이나 달걀물을 발라 붙이다.

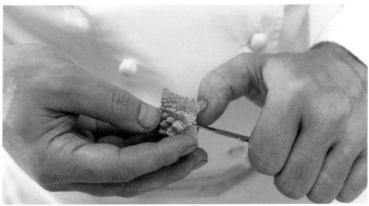

로마네스코 양배추의 끝을 작게 다듬어 잘라낸 모습(sommités).

S

SOUFFLÉ 수플레 (아래 사진 참조)

• 수플레. 달걀노른자와 거품 낸 달걀흰자에 치즈 등의 다양한 재료를 넣어 오븐에 구운 음식. 뜨거운 전채 요리, 또는 달콤한 디저트로 만들 수 있으며, 부푼 모양이 꺼지지 않도록 오븐에서 꺼낸 즉시 서빙한다. 가볍고 부드러운 텍스처가 특징이다.

• 설탕공예에서 사용되는 기법으로, 설탕에 공기 주입기로 공기를 불어 넣어 모양을 만들어낸다.

SOUFFLER 수플레 (FAIRE, LAISSER, METTRE À)

• 부풀다, 부풀리다. 다양한 레시피에 사용되는 조리 테크닉. 치즈 수플레(soufflé au fromage), 초콜릿 수플레(soufflé au chocolat), 수플레 감자 튀김(pommes de terre soufflées) 등이 있다. 사바용과 휘핑한 크림을 베이스로 만든 아이스크림에도 사용되는 방법이다.

SOUPÇON 숩송

• 아주 미량을 뜻한다. 요리에 넣은 아주 미량의 재료(un soupçon de poivre 살짝 향이 느껴질 정도의 아주 미량의 후추)(pincée 참조).

SOUPE 수프

• 옛날에는 브루에(brouet 죽, 수프)라고 불린 이 용어는 일반적으로 포타주, 국물 요리, 콩소메, 가스파초 또 경우에 따라서는 스튜 종류까지 포함하는 총칭이다.

SOUPER 수페

• 늦은 저녁 식사. 과거에는 일반적인 저녁 식사를 가리켰는데, 수프가 포함되는 경우가 일반적이었다고 한다. 오늘날에도 공연 등을 관람하고 나와 늦은 시간에 먹는 저녁 식사를 뜻하며, 프렌치 양파 수프 등이 대표적인 메뉴로 꼽힌다.

SOURIS 수리

• 수리 다뇨(souris d'agneau)는 양의 뒷다리 장딴지나 정강이의 끝부분 덩어리를 뜻하며 맛이 아주 뛰어난 부위로 꼽힌다.

감자 수플레(soufflé à la pomme de terre).

SOUS VIDE 수비드

• 수비드. 진공상태를 의미하는 용어로, 최근 레스토랑에서 사용하는 조리법 중 많은 인기를 누리고 있는 테크닉이다. 식품의 보존, 건조뿐 아니라 음식을 익히는 데도 사용하고 있다. 수비드 조리법은 재료를 진공팩에 넣어 밀봉한 뒤 100℃ 이하에서 중탕, 수비드 전용 기계, 또는 스팀기에서 저온으로 익히는 것을 말한다. 익힌 후 바로 식혀야 하며, 이때 한 시간 이내에 재료의 심부 온도가 10℃ 정도까지 내려와야 한다. 이렇게 수비드로 조리된 식품은 0~2℃에서 6~21일까지 보관 가능하다.

SPATULE 스파튈

• 주걱. 스패츌러. 재료를 혼합하거나 소스 등을 저어주는 용도로 쓰이는 주방도구. 뒤집개 모양의 넓적한 사각 스패츌러(spatule de réduction)는 로스팅 팬에 눌어붙은 육즙 등을 긁어내는 데 유용하다. 곧은 모양, L자로 굽은 모양 등 용도에 따라 다양한 파티스리용 스패츌러는 재료를 옮겨 담거나, 파티스리 표면에 크림 등을 발라 매끈하게 펴주는 용도로도 많이 사용된다.

STABILISER 스타빌리제

• 안정화하다. 식품 첨가물의 일종인 안정제(stabilisant, stabilisateur 스태빌라이저)는 식품의 구조나 물리화학적 상태를 안정적으로 유지시키는 역할을 한다. 비네그레트 등의 유화 소스가 분리되는 현상, 또는 아이스크림 등의 냉동 식품에 얼음 결정이 생기는 현상 등을 방지하기 위하여 스태빌라이저를 사용한다. 아이스크림을 제조할 때 유혼합물에 첨가하는 안정제로는 알긴산염이나 분유 등이 있다.

STEAK HACHÉ 스테크 아셰

• 고기를 다져 둥글고 넓적하게 빚은 패티.

STÉRILISER 스테릴리제 (APPERTISATION OU STÉRILISATION)

• 살균하다, 소독하다. 1815년 니콜라 아페르(Nicolas Appert)가 처음 발명한 살균 보존법. 음식을 병이나 깡통 등에 넣어 밀폐한 뒤 100℃가 넘는 고온에서 그 양과 특성에 따라 오랜 시간 끓여 살균하는 방법으로 이때 음식 속의 미생물, 세균은 모두 박멸된다. 이렇게 멸균 작업을 마친 음식 통조림은 수개월에서 수년 동안 보존 가능하다. 좀 더 낮은 온도에서 살균하는 방법도 있다.

STRIER 스트리에

• 줄을 긋다, 홈을 파다. 파티스리의 표면에 칼집을 내거나 줄무늬 등을 내는 것을 말한다.

SUAVE 쉬아브

• 감미로운, 기분 좋은 향기가 나는. 맛있는 냄새가 나는.

SUAVITÉ 쉬아비테

• 감미로운 향기, 맛있는 냄새.

SUBLIMÉ / SUBLIMATION
쉬블리메 / 쉬블리마시옹

• 어떤 제품이나 요리가 최상의 상태로 훌륭하게 만들어진 상태. 완성도의 극치.

SUC(S) 쉭

• 동물성 또는 식물성 재료의 즙 또는 액, 맛의 정수. 예를 들어 고기 등을 익힐 때 빠져나와 팬 바닥에 눌어붙는 육즙.

S

SUCCULENT 쉬퀼랑
• (과일 등의 음식이) 살과 즙이 많은. 육즙이 풍부한.
• 일상적으로 쓰이는 용어로 음식이 아주 맛있다는 표현이다.

SUCRÉ 쉬크레
• 설탕의 맛이 나는, 설탕을 넣은, 기본 4대 맛의 하나인 단맛이 나는.

SUCRE GLACE 쉬크르 글라스
• 슈거파우더, 분당. 설탕을 갈아 만든 아주 고운 입자의 파우더. 쉬크르 앵팔파블(sucre impalpable), 쉬크르 아 글라세(sucre à glacer) 라고도 부른다.

SUER (FAIRE) (페르) 쉬에
• 잘게 자른 채소 등에 버터를 두르고 색이 나지 않고 수분이 나오도록 익히다. 수분은 빠져나오고 재료의 향미는 그대로 유지된다.

SUINTER (FAIRE) (페르) 쉬엥테
• 【옛】 잘게 썬 양파를 기름에 갈색이 나도록 볶다.

SUPRÊME 쉬프렘
• 닭의 가슴살.
• 큰 생선의 살, 필레.
• 오렌지, 자몽 등 시트러스 과일의 속껍질까지 모두 제거한 과육.

SUR 쉬르
• (과일 등이) 새콤한 맛을 내는. 쏘는 듯한 시큼한 맛.

SURET 쉬레
• 약간 신맛을 띤(예: une pomme surette 새콤한 사과).

SURGÉLATION 쉬르젤라시옹
• 냉동, 급속 냉동. 식품을 영하 18~50℃로 급속 냉동하는 방법. 냉동 보관하는 재료와 방식에 따라 다양한 종류로 분류된다.

SURGELER 쉬르즐레 (FAIRE, METTRE À)
• 식품을 영하 18~50℃로 급속 냉동하다.

SURTOUT 쉬르투
• 테이블의 센터피스. 성찬의 테이블 위에 올려두는 은으로 된 장식물. 식탁의 중앙을 장식하는 화려한 장식의 쟁반 등을 가리키며, 여기에 소금통, 향신료를 넣은 양념통, 설탕통 등을 놓기도 한다. 또는 촛불 등을 놓아 조명 장식으로 활용하기도 한다.

SUSHI 스시
• 일본의 대표적 음식인 초밥. 스시.

T

T 티프
• 밀가루 분류 표시. 제과제빵의 재료인 밀가루의 종류(type)를 뜻한다. 파티스리용 흰색 밀가루(T45), 일반 흰색 빵용(T55), 캉파뉴 브레드용(T65), 유기농 빵용 반 도정 통밀가루(T80), 반 도정 통밀가루(T110), 통밀가루(T130), 재래식 방법으로 맷돌로 도정한 통밀가루(T150) 등으로 분류된다.

TABASCO 타바스코
• 타바스코 소스, 붉은색 또는 녹색 고추와 소금이 주재료이다.

TABLER 타블레
• 커버처 초콜릿을 녹인 뒤 대리석 작업대에 쏟아놓고 스크래퍼로 긁어 섞어주며 온도를 낮추는 작업.
• 초콜릿을 템퍼링하다(tempérer 참조).

TAHINÉ 타이네
• 타히니 소스. 참깨를 갈아 만든 페이스트로 북아프리카, 중동, 그리스 요리에 많이 사용한다.

TAILLAGE 타이야주
• 썰기, 자르기. 채소 등을 써는 다양한 방법.

TAILLER 타이예
• 고기, 생선, 채소 등의 재료를 다양한 모양과 크기로 썰다. couper, découper와 동의어(예: 채소를 가늘고 긴 막대모양으로 썰다 tailler des légumes en jardinière).

TAJINE 타진
• 타진 용기에 익힌 북아프리카 전통 요리를 총칭한다.
• 원뿔형 뚜껑이 있는 토기 냄비. 타진 요리를 만드는 용기.

TALMOUSE 탈무즈
• 【옛】15세기 루이 11세 시절 아주 유행했던 치즈 페이스트리로 퍼프 페이스트리 안에 프로마주 블랑, 브리 치즈와 달걀로 소를 채워 만들었다.
• 탈무즈 아 라 바그라시옹(talmouse à la bagration)은 퍼프 페이스트리에 치즈와 크림 혼합물을 넣어 구운 것으로 전채 요리로 서빙된다.

TALON 탈롱
• 하몽을 잘라 서빙하고 맨 마지막에 남는 끝 부분.

TAMIS 타미
• 체. 가는 망이 있는 원형의 체로 나무 또는 스테인리스 소재로 만들어졌다.

TAMISER 타미제
• 밀가루나 슈거파우더를 고운 체에 내려 덩어리나 알갱이를 제거하다.

TAMPONNAGE 탕포나주
• 요리나 파티스리에서 쓰이는 용어로, 만들어 놓은 소스나 크림 등의 표면이 굳지 않도록 버터를 한 켜 발라주는 방법. 주방용 랩을 씌워두는 방법이 더 많이 사용되고 있다(filmer 참조).

TAMPONNER 탕포네
• 수프나 소스 등의 표면에 작게 자른 버터를 얹어 표면에 공기 접촉으로 인한 막이 형성되는 것을 방지하다.

***TANDOOR* (FOUR)** (푸르) 탕두르
• 탄두리(오븐). 흙으로 된 인도의 전통 화덕으로 우물처럼 깊이 파인 모양을 하고 있다.

TANDOORI 탄두리
• 탄두리. 탄두리 화덕에 구운 요리. 닭, 고기, 생선 등을 긴 꼬챙이에 꿰어 탄두리 화덕에 구워낸다.
• 탄두리 향신양념. 탄두리 구이용 인도의 향신료 믹스.

TANGIA 탕지아
• 모로코, 알제리의 전통 음식으로 탕지아라는 토기 항아리에 고기와 기타 재료를 넣고 재래식 목욕탕 화덕에서 오랜 시간 익히는 요리.

TAPAS 타파스
• 스페인에서 아페리티프로 먹는 작은 양의 다양한 음식들. 바스크어로 핀초라고 한다.

TAPENADE 타프나드
• 검은 올리브 또는 녹색 올리브와 안초비, 마늘 등을 갈아 혼합한 프로방스의 대표적 페이스트.

TAPINER 타피네
• 타프나드를 만들기 위하여 올리브를 빻거나 갈다.

TAPIOCA 타피오카
• 카사바(마니옥)의 알뿌리에서 채취한 녹말. 쫄깃하고 동글동글한 구슬 모양으로 만들어 버블티 등에 넣어 먹는다.

TAPISSER 타피세
• 타르트 틀의 바닥과 옆면 안쪽을 시트 반죽으로 깔아주다. 샤를로트 틀의 안쪽 벽을 레이디핑거 비스킷 등으로 둘러주다(chemiser 참조).

TARTARE 타르타르
• 육회 또는 날생선 등을 칼로 잘게 다진 것.

TARTINER 타르티네
• 바르다, 펴바르다. 시트 반죽, 스펀지 시트. 토스트에 잼이나 소스, 페이스트 등을 펴 바르다.

TATIN 타탱
• 타르트 타탱을 만드는 테크닉에서 따온 용어(타탱 자매가 실수로 타르트를 뒤집어 만들었다는 기원이 있다). 과일 또는 양파나 샬롯 등의 재료를 캐러멜라이즈한 후 먼저 타르트 팬에 넣고 그 위에 타르트 시트를 덮어 구운 다음 뒤집어서 서빙한다.

TAURILLON 토리옹
• 생후 18~20개월, 무게 450~550kg 상태에서 도축한 비거세 황소. 육질은 연하나 육향은 거의 없다.

T-BONE STEAK 티본 스테이크
• 소의 허리 상부의 중간 부위로 등심과 안심이 T자 모양의 뼈 양쪽에 붙어 있도록 자른 스테이크 컷.

TEINTER 탱테
• 색을 입히다. 색을 내다. colorer.

TEMPÉRAGE (DU CHOCOLAT)
탕페라주 (뒤 쇼콜라)
• 초콜릿의 템퍼링(적온 처리법). 초콜릿을 원하는 모양으로 만들어 반짝이게 마무리할 수 있도록 온도를 조절하는 작업. 초콜릿의 온도와 관계없이 설탕, 카카오 입자, 우유 입자는 언제나 고체 상태이다. 오직 카카오 버터의 상태만 온도에 따라 달라진다. 템퍼링 과정은 초콜릿의 카카오 버터를 안정적인 결정 구조 상태로 만드는 작업을 뜻한다. 액체 상태인 초콜릿을 급속하게 냉각시키거나 판형 초콜릿을 그냥 녹여서 틀에 붓거나 모양을

T

만들면 불안정한 결정들이 생겨 녹는점이 낮아지기 때문에 초콜릿이 쉽게 녹아버려 보관하는 데에 어려움이 따른다. 게다가 초콜릿에 윤기가 나지 않고 보기 싫은 얼룩이 생겨 외관상으로도 좋지 않다.

TEMPÉRER 탕페레
(FAIRE, LAISSER, METTRE À)
• 재료나 음식을 상온이 되게 하다.
• 템퍼링하다. 초콜릿의 종류에 따라 적절한 온도로 조절하여 매끈한 표면으로 마무리되게 만들다(tempérage 참조).

TEMPS DE CUISSON 탕 드 퀴송
• 음식을 익히는 시간.

TEMPS DE DÉTENTE 탕 드 데탕트
• 빵 반죽 덩어리를 자르고 난 뒤 성형하기 전까지 휴지시키는 시간.

TEMPS DE REPOS 탕 드 르포
• 고기의 레스팅 시간. 휴지시간. 고기를 굽고 난 후, 근육조직이 다시 이완되도록 따뜻하게 휴지시키는 시간.
• 크레프 반죽을 냉장고에 보관해 휴지시키는 시간.

TEMPURA (OU TENPURA)
탕푸라, 텐푸라
• 일본 및 아시아 스타일의 다양한 튀김 요리.
• 넓은 의미로 텐푸라의 튀김옷 반죽을 지칭하기도 한다.

TENDRON 탕드롱
• 송아지나 소의 양지 부위로 복부막 부분의 살이다.

TERRINE 테린
• 테린 틀에 넣어 익힌 샤퀴트리의 일종으로 생선을 사용하기도 한다. 돼지나 생선의 살과 달걀, 크림 등의 혼합물을 다양한 재질로 만들어진 직사각형 테린 틀에 넣어 익힌 다음 차갑게 식혀 먹는다.

THERMOMÈTRE 테르모메트르
• 온도계. 조리용 온도계. 푸아그라, 발로틴 (ballottine) 등 정확한 온도가 조리의 관건인 요리를 익힐 때 유용하게 쓰인다.

THERMOMÈTRE À SONDE
테르모메트르 아 송드
• 조리용 온도계(내부 온도 측정용). 탐침 온도계. 계기판과 스테인리스 꼬챙이가 달린 조리용 온도계로 테린 또는 고기에 찔러 넣어 심부 온도를 측정한다.
• 그 외에 유리로 된 온도계(곧은 모양, 굽은 모양)도 있으며, 수비드 조리시 유용하다. 수비드 조리기에 넣기 전에 미리 재료에 온도계를 꽂아 중도에 수비드 익힘을 중지하지 않고 재료의 심부 온도를 정확히 확인할 수 있다.

THERMOSTAT 테르모스타
• 오븐의 온도 조절 장치. 원하는 온도에 맞춰 놓으면 오븐 안의 온도가 그 상태로 유지된다.

TIAN 티앙
• 프로방스 특산의 토기로 된 오븐용 그릇.
• 프로방스의 채소 그라탱.

TIÉDIR 티에디르
(FAIRE, LASSER, METTRE À)
• 뜨거운 음식을 상온에 두어 약간 미지근하게 식히다.
• 음식을 약한 불로 따뜻하게 데우다.

TIMBALE 탱발
• 틀 안쪽에 버터를 바르거나 반죽을 깔아준 다음 내용물을 넣고 익힌 것(faire cuire en timbale).
• 브리오슈, 바바, 파트 브리제 반죽을 넣어 익히는 원통형 틀. 생선이나 송아지 흉선 등 다양한 재료를 넣은 짭짤한 탱발을 만들기도 한다.
• 은으로 된 손잡이가 없는 물잔.

TIMBRE 탱브르
• 작업대 아래쪽에 설치된 작은 냉장고.

TIRER 티레
• 설탕공예에서 일정한 온도에 달한 설탕 시럽을 늘이고 접고 다시 늘이는 작업을 반복하여 표면이 반짝이고 매끈한 상태가 되면 꽃이나 잎 등의 모양을 만들어 내는 테크닉.

TOAST 토스트
• 카나페, 토스트, 빵이나 크래커에 재료를 얹거나 스프레드 등을 바른 아페리티프.
• 빵 위에 닭을 통째로 놓은 요리를 뜻하기도 한다(예: pintadeau sur canapé 카나페 위에 얹은 새끼 뿔닭).

TOFU 토푸
• 두부.

TOILETTE 투알레트
• 돼지의 내장막, 대망. 크레핀. coiffe, crépine과 동의어.

TÔLE 톨
• 오븐용 메탈 팬. 베이킹 시트.

TOMATER 토마테
• 요리에 토마토 소스를 넣다.

TOMBER AU BEURRE 통베 오 뵈르 **(FAIRE, LAISSER, METTRE À)**
• 수영(소렐), 시금치, 상추 등의 연한 잎채소를 버터에 재빨리 살짝 볶아내는 테크닉.

TORRÉFIER 토레피에
• 밀가루, 견과류, 곡류 알갱이 등을 오븐 팬에 한 켜로 펼쳐 놓고 로스팅하거나, 팬에 기름 없이 볶아내다. 요리 재료로 사용하기 전 준비 과정으로, 노릇한 색과 고소한 맛을 더하기 위해 이 방법으로 로스팅한다.

TORTILLA 토르티야
• 토티야. 옥수수 가루로 만든 멕시코식 전병. 건조한 상태로 바삭하게 먹거나 속을 채워 싸 먹는다.
• 감자와 양파 등을 넣은 스페인식 오믈렛.

TOUILLER 투이예
• 젓다. 뒤섞다. 휘저어 섞다.

TOUR 투르
• 밑에 냉장고가 설치된 대리석 상판 작업대.
• 파트 푀유테를 밀어 접기(faire un tour).
• 회전기가 장착된 다양한 가전제품을 통칭하는 용어.

TOURER OU TOURRER 투레
• 파티스리용 밀대 또는 반죽용 압착 롤러기를 사용하여 파트 푀유테 반죽을 밀어 접기하다.

TOURIER 투리에
• 파티스리에서 타르트, 케이크 등의 반죽 만들기를 담당하는 사람(pâtissier tourier).

TOURNÉ(E) 투르네
• 음식이 상해 시큼한 맛이 나는 상태.
• 소스나 크림이 분리된 상태, 혼합물이 발효된 상태, 또는 응고되어 덩어리가 생기거나 침전물이 생기는 현상 등을 가리킨다.

TOURNEDOS 투르느도
• 소 안심의 가운데 토막. 안심 필레의 중앙 토막을 잘라 라드로 감싼 후 실로 묶는다. 레스토랑에서 투르느도는 반드시 소의 안심을 뜻하며 보통 1인분에 150g 정도로 자른 것이 서빙된다.

TOURNER
투르네 (다음 페이지 과정 설명 참조)
• 샤토 나이프로 채소에 모양을 내어 일정하게 돌려깎다.

• 양송이버섯의 갓 부분에 나선형으로 골이 패이도록 칼로 돌려깎다.

• 음식이 발효되다. 발효하다.

TOURTIÈRE 투르티에르
• 타르트용 용기와 비슷한 틀. 약간 깊이가 있는 틀로, 투르트(tourte) 파이를 구워내는 용도로 쓰인다.

TRAIT 트레
• 소량의 액체를 지칭하는 말. 몇 방울(quelques gouttes)과 비슷한 의미로 쓰인다(레몬즙 약간, 한 번 둘러주는 정도의 양 un trait de citron).

TRANCHE 트랑슈
• 소의 우둔, 설도 부위를 총칭하는 이름으로 여기에는 보섭살, 삼각살, 도가니살, 설깃머리살, 설깃살, 홍두깨살, 우둔살이 모두 포함된다.

TRANCHÉE 트랑셰
• 크림이 분리되어 질감이 균일하거나 매끈하지 않은 상태.

TRANCHELARD 트랑슈라르
• 라드나 햄, 하몽 등을 자르는 용도의 나이프로 길이가 아주 길고 날에 탄성이 있다.

TRANCHER 트랑셰
• 슬라이스하다, 얇게 자르다(couper en tranche).

TRANCHEUR 트랑셰르
• 칼의 한 종류.
• 고기나 햄 슬라이서. trancheuse.
• 주방에서 고기 자르는 일을 담당하는 사람.

TRANCHEUSE À JAMBON
트랑셰즈 아 장봉

• 햄 슬라이서. 기울어진 상판 위에 회전날을 장착한 기계로 햄 등의 샤퀴트리나 고기를 원하는 두께로 일정하게 슬라이스해준다. 오토 샤프닝(자동 날갈이) 기능이 추가된 제품도 있으며, 슬라이스한 조각의 수가 표시되는 기능을 갖춘 것도 있다.

TRANSVASER 트랑스바제
• 액체를 한 그릇에서 다른 용기로 옮겨 붓다.

TRAVAILLER 트라바이예
• 혼합물을 거품기나 주걱을 사용하여 힘차게 저어 섞다. 또는 전동 스탠드 믹서기로 돌려 혼합하다.

TRAVERS 트라베르
• 돼지의 갈비, 등갈비(travers de porc). 스튜나 슈크루트에 많이 사용되며, 양념에 마리네이드해서 바비큐로 굽거나 윤기 나게 조리되기도 한다.

TREMPER 트랑페
(FAIRE, LAISSER, METTRE À)
• 시럽에 적시다(바바, 사바랭 등).
• 초콜릿 봉봉을 커버처 초콜릿에 담가 한 번 더 씌우다.

TRIER 트리에
• 재료를 좋은 것으로 골라내다.
• 신선한 허브의 상한 부분을 떼어내 다듬다.
• 먹을 수 없는 부분을 떼어내다, 제거하다(예: 콩에서 돌을 골라내다).
• 체로 쳐서 이물질 등을 골라내다. 견과류나

콩 등을 체로 걸러내다.

TRIPES 트리프
• 소의 위, 창자. 양깃머리, 벌집양, 천엽, 막창 등 네 개의 위막을 모두 포함하며 주로 아 라 모드 드 캉(tripes à la mode de Caen 캉 스타일의 창자 요리. 소의 창자와 우족, 채소 등을 넣고 끓인 스튜)레시피로 조리한다.

TRIPIER 트리피에
• 지금은 거의 사라진 직업으로, 정육의 내장 및 부산물을 전문으로 판매하던 소매상인을 뜻한다.

TRONÇON (EN) (앙) 트롱송
• 납작한 모양의 날생선을 가시뼈와 수직으로 두툼하게 토막 내어 자른 것(넙치의 토막 tronçon de turbot).
• 루바브를 토막 내어 자른 것(tronçon de rhubarbe).

TRONÇONNER 트롱소네
• 긴 모양의 재료를 원통 모양으로 토막 내어 썰다.

TROUSSER 트루세
• 오리 등의 가금류 옆구리에 칼집을 내어 다리 관절을 집어넣다.
• 랑구스틴과 같은 갑각류의 집게발 끝을 조리하기 전에 복부와 꼬리 사이에 찔러 넣다.

TRUFFER 트뤼페
• 송로버섯(트뤼프)을 닭에 채워 넣거나, 다른 요리에 넣어 곁들이다.

T

아티초크
돌려깎기

TOURNER LES ARTICHAUTS

도구

샤토 나이프(칼날이 둥글게 휜 작은 칼)
셰프 나이프

· 1 ·

아티초크를 작업대 위에 놓은 다음 한 손으
단단히 붙잡고, 줄기를 세게 꺾어 부러뜨려
섬유질까지 한 번에 끊는다.

· 4 ·

반으로 자른 레몬으로 아티초크의 깎은 부분
문질러주어 색이 검게 변하는 것을 막는다

· 7 ·

살의 가장자리를 잘라내어 동그랗게 다듬는다.
깎으면서 재빨리 레몬즙을 바른다.

· 8 ·

레몬즙을 넣은 물에 담가
색이 검게 변하는 것을 방지한다.

· 2 ·
나이프로 맨 바깥쪽 잎과 밑동의 녹색 부분을
둥근 모양을 따라 도려낸다.

· 3 ·
계속해서 둥근 모양을 따라가며 잎을 잘라낸다.

· 5 ·
속 위쪽 잎으로 올라가며 깎아, 아랫부분 살이
그 형태를 드러내도록 다듬는다.

· 6 ·
위 꼭지를 잡고, 밑동의 살 부분을 큰 칼로 잘라낸다.
살이 분리되었다.

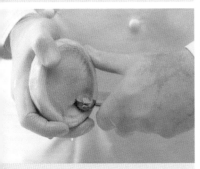

· 9 ·
멜론 볼러를 사용하여 속을 파낸다.

· 10 ·
돌려깎기를 마치고, 조리준비가 끝난 아티초크.

TURBAN 튀르방
• 왕관 모양으로 빙 둘러 플레이팅하기.
• 생선살을 간 혼합물을 사바랭 틀 모양으로 익혀 서빙하기.

TURBINER 튀르비네
• 아이스크림 혼합물을 기계에 넣고 냉각하며 돌리다.

TURBOTIÈRE 튀르보티에르
• 넙치, 광어와 같은 생선을 통째로 쿠르부이용에 익힐 수 있도록, 큰 생선 모양을 따라 마름모꼴로 만들어진 냄비.

TYPE 4-5 티프 카트르, 생크
• 식재료의 분류상 4, 5그룹(gamme)에 속하는 식품들(반조리 식품이나 미리 양념 등의 준비과정을 마쳐 익히기만 하면 되는 식품, 이미 조리되어 데워 먹기만 하는 식품)을 사용하여 요리를 만들어내는 방식. 레스토랑에서 이 방식을 채택하면 미리 준비된 식재료를 최적의 온도로 데워 플레이팅을 하면 되므로 조리과정 작업과 주방 인력을 획기적으로 줄일 수 있다. 오르되브르, 메인 요리 및 디저트에 모두 활용 가능하다. 단, 메뉴판에 구이 요리(grillades)라고 명시한 경우에는 주방에서 직접 만들어야 한다. 경우에 따라 반조리 식품과 완조리 제품을 섞어서 사용하는 혼합 방식(type 4-5 mixte)도 가능하며, 이는 마무리 요리 방식(cuisine de terminaison, cuisine terminale)의 개념으로 볼 수 있다.

U
V

ULTRA HAUTE TEMPÉRATURE (UHT)
윌트라 오트 탕페라튀르 (위 아슈 테)
• 초고온. 초고온 살균 저장법. 우유, 크림, 수프 등을 150℃에서 단 몇 초간 살균하는 방법으로, 식품의 맛과 영양을 그대로 보존할 수 있다(upériser 참조).

UMAMI 우마미
• 감칠맛. 감칠맛을 뜻하는 일본어로 제5의 맛으로 규정되고 있다. 맛 증진제인 글루탐산나트륨을 뜻하기도 하는데, 소스나 수프 등에 넣어 향미를 증진시키는 이 화학 조미료를 제품에 첨가할 수 있는 양은 제한되어 있다.

UNILATÉRALE (À L') 아 뤼니라테랄
• 한쪽만, 한 면만 익히기(cuisson à l'unilatérale). 살라만더 브로일러, 소테 팬, 프라이팬 등에 재료를 한 면만 굽거나 익히는 방법. 성대 (rouget) 필레나 연어 에스칼로프 등 비교적 크고 두툼한 재료를 익힐 때 주로 사용되는 조리법이다. 성대의 필레는 껍질 쪽을 팬 바닥이나 그릴의 열선 쪽에 오도록 놓고 구워, 본래의 색을 유지한다.

UPÉRISER 위페리제
• 초고온 살균하다. 우유를 150℃ 고온에서 2초간 살균한 뒤 급속히 냉각시킨다(UHT 참조).

USTENSILE 위스탕실
• 주방에서 요리하는 데 필요한 모든 도구를 총칭한다(ustensile de cuisine).

VANNER / VANNAGE 바네/바나주
• 소스, 크림 등을 서서히 식히는 과정에서 표면이 굳어 막이 생기는 것을 방지하고, 균일한 텍스처를 유지하기 위해 거품기로 저어주는 방법.

VAPEUR 바푀르
• 증기. 소스팬에 음식을 가열할 때 날아가는 수분.
• 증기로 찌는 조리법을 뜻한다(cuisson vapeur).

VAPEUR (CUISSON À LA)
(퀴송 아 라) 바푀르
• 재료를 증기로 쪄내는 조리법. 뚜껑을 닫아 밀폐한 용기를 가열해 그 안에서 발생하는 수분의 증기로 음식을 익힌다. 찜 요리 전용 스팀기(cuiseur vapeur)를 사용하기도 한다.

VELOURS 블루르
• 케이크 등의 디저트에 얇은 초콜릿 층을 얹은 것.
• 달콤하고 부드러운 맛.
• 파티스리에서 쓰이는 데코레이션 기법. 냉동시킨 디저트 표면에 카카오 버터나 초콜릿을 스프레이로 분사하여 미세한 파우더 입자로 덮어주는 기법.

VELOUTÉ 블루테
• 크림수프. 걸쭉한 농도의 크림수프(crème, potage 참조).

VELOUTER 블루테
• 혼합물에 크림 등을 넣어 액체의 농도를 걸쭉하고 부드럽게 만든다.

VENAISON 브네종

• 몸집이 큰 수렵육(gros gibier). 사슴, 노루, 멧 돼지 등의 고기를 뜻하며, 주로 마리네이드한 뒤 굽는 조리법이 많이 사용된다.

VENTRÊCHE 방트레슈

• 돼지의 뱃살, 삼겹살을 얇게 슬라이스한 것. 참치 등 다른 동물의 뱃살을 지칭하기도 한다.

VENUE 브뉘

• 정해진 분량만큼의 레시피(예: réaliser trois venues de tuiles aux amandes. 아몬드 튈 3포션 분 량을 만들다).

VERDURETTE 베르뒤레트

• 작은 잎의 샐러드용 채소(쇠비름, 번행초 등).

VERGEOISE 베르주아즈

• 사탕무의 시럽을 정제해 만든 촉촉한 황설 탕 또는 갈색 설탕.

VERJUS 베르쥐

• 익지 않은 포도의 즙으로 신맛이 강하다. 비 네그레트나 머스터드를 만들 때 식초나 레몬 즙 대용으로 사용하기도 하며, 고기나 생선 요리에서는 디글레이징용으로 사용해 소스 를 만들기도 한다.

VERRE 베르

• 컵, 잔, 글라스. 요리할 때 재료를 측정하는 단위. 일반적으로 프랑스 레시피에서 한 컵(와 인 글라스)은 약 1/8리터에 해당한다(125g, 125ml).

VERRE GRADUÉ 베르 그라뒤에

• 계량컵. 유리나 투명한 플라스틱 소재의, 눈 금이 표시된 계량도구로 밀가루, 액체, 설탕 등의 양을 측정할 수 있다.

VERRINE (EN) (앙) 베린

• 작은 유리병이나 유리컵에 음식을 담는 플 레이팅 방식. 또는 유리컵에 담은 디저트.

VERSER 베르세

• 붓다, 넣다, 첨가하다, 뿌리다, 채우다. adjoindre, ajouter, arroser, coucher, faire couler, emplir, incorporer, mettre, remplir, transvaser, transvider 등과 동의어.

VERT 베르

• 설익어서 신맛. 과일이나 와인의 신맛.

VERT-CUIT (CUISSON) (퀴송) 베르퀴

• 블루(bleu) 또는 레어(saignant) 상태로 살짝 익힌 정도를 말한다. 카나르 오 상(canard au sang)이나 꿩 살미스(salmis de faisan) 요리를 할 때, 미리 오리나 꿩을 슬쩍 한 번 구워 익히 는 조리법을 뜻한다.

VERT DE CUISSON 베르 드 퀴송

• 속은 익지 않은 상태의 익힘 정도.

VERT-PRÉ (AU) (오) 베르 프레

• 뵈르 베르 프레(beurre vert-pré 초록색 버터)는 가염 버터에 타라곤과 샬롯을 섞은 것이다.
• 일반적으로 그릴에 구운 고기에 곁들이는 가 니시로 크레송(물냉이)과 가늘게 썬 감자튀김 (pommes paille)을 뜻한다.
• 양고기나 오리 요리에 곁들이는 녹색 가니시 로, 완두콩, 그린빈스, 아스파라거스 등을 가 리킨다.

UV

VESSIE DE BOEUF 베시 드 뵈프
• 소의 방광. 주머니처럼 생긴 방광 안에 닭을 넣고 육수에 익힌다(poularde en vessie).

VIDE-ANANAS 비드 아나나스
• 파인애플 필러, 파인애플 코어러. 파인애플의 중앙 심과 껍질을 제거하는 주방도구. 기계에 파인애플을 놓고 위에서부터 아래로 누르면 껍질과 심이 분리되어 링 기둥 모양의 과육만 남는다.

VIDELER 비들레
• 파이 등을 만들 때, 채워 넣은 소가 익히는 동안 빠져나오지 않도록, 밀어놓은 시트 반죽의 가장자리를 손가락으로 집어 테두리를 만들어준다.

VIDE-POMME 비드 폼
• 애플 코어러. 사과의 속을 동그랗게 찍어내어 제거하는 도구.

VIDER 비데
• 비우다, 속을 비우다. 조리 전에 생선이나 닭 등의 내장을 빼낸다.

VIENNOISE 비에누아즈
• 고기에 밀가루와 달걀, 빵가루를 입히는 조리법. 튀기거나 팬에 지져낸다(비엔나식송아지에스칼로프, 슈니첼 escalope à la viennoise).
• 비에누아즈리. 크루아상, 팽 오 쇼콜라, 팽 오 레쟁, 쇼송 오 폼 등 대니쉬 페이스트리류를 총칭한다.

VIENNOISERIE 비에누아즈리
• 발효 반죽으로 만든 다양한 파티스리류(크루아상, 팽 오 레쟁, 팽 오 쇼콜라, 브리오슈 등).

VIERGE 비에르주
• 올리브오일 등을 단 한 번만 냉각압축(pression à froid)하여 짜낸 순오일(huile vierge).
• 소스 비에르주: 토마토, 양파, 올리브오일, 레몬즙과 바질 등의 허브를 넣어 만든다.

VIF 비프
• 강렬한, 센. 감각에 강렬한 느낌을 일으키는 것.
• 불 조절의 강도를 나타내는 용어로 푀 비프(à feu vif)는 센 불을 의미한다.

VINAIGRER 비네그레
• 음식에 식초를 넣다.

VINAIGRETTE 비네그레트
• 비네그레트 소스. 기름, 식초를 베이스로 하고 간을 맞춘 샐러드용 드레싱 소스. 경우에 따라 머스터드를 첨가하기도 한다(vinaigrette moutardée). 불안정한 에멀전 소스(sauce émulsionnée instable)의 한 종류다.

VINAIGRIER 비네그리에
• 식초를 만들 목적으로 와인을 저장해두는 용기. 이 초산 발효과정에서 종초균를 함유한 식초의 모체인 초산막(Mycoderma aceti, mother aceti)이 형성된다. 표면에 골마지처럼 뜨는 이 초산막은 공기 중의 산소를 흡입하여 식초의 초산발효를 돕고, 외부에서 침입하는 박테리아나 곰팡이균을 차단하여 식초를 보호한다.

VOILE DE CRÉPINE 부알 드 크레핀
• 돼지 내장 및 창자를 감싸고 있는 망처럼 생긴 얇은 지방막. coiffe, crépine, toilette와 동의어.

VOILER 부알레
• 얇게 덮다. 아이스크림, 냉동한 크림 디저트, 과일 젤리 봉봉 등의 표면을 아주 고운 설탕으로 베일(voile)처럼 얇게 뿌려 덮다.

VOLAILLE 볼라이 (아래 사진 참조)
• 가금류. 닭.
– 살이 흰색인 가금류: 코클레(coquelet 생후 21~30일에 도축된 영계. 약 250~300g), 풀레(poulet 생후40~55일에 도축된 닭. 1~1.2kg), 풀레 렌(poulet reine 풀레보다 더 크고 기름지다. 1.5~1.8kg), 샤퐁(chapon 어린 수탉을 거세한 후 살찌워 생후6개월에 도축한 큰사이즈의 닭. 약3kg), 코크(coq 수탉 18개월~2년. 살이 질겨 코코뱅처럼 오래 익히는 조리법에 적합하다), 풀라르드(4~6개월. 알을 한 번도 낳지 않은 암탉), 풀레 드 레포름(poulet de réforme 노쇠한 산란계 18개월~2년), 댕드(dinde 칠면조. 흰색 또는 붉은색). 토끼도 분류상 흰살 가금류에 해당된다.
– 살이 갈색인 가금류: 거위(oie), 뿔닭(pintade), 새끼 뿔닭(pintadeau), 비둘기(pigeon), 새끼 비둘기(pigeonneau), 메추리(caille), 오리(canard) 등.
– 살이 붉은색인 가금류: 타조(autruche), 에뮤(émeu), 칠면조(dinde).

VOL-AU-VENT 볼로방
• 둥근 모양의 퍼프 페이스트리를 구워낸 다음, 그 안에 소스를 곁들인 소를 채워 넣은 음식.

VOLAILLER 볼라이예
• 가금류나 정육용 어린 동물(어린 양, 새끼 염소)을 파는 상인.

VOLETTE 볼레트
• 둥근 모양의 파티스리용 식힘망. 클레(claie)라고도 한다.

VOLUME 볼륌
• 부피. 크기. 양. 조리 중에 나타나는 모든 현상이 그러하듯, 무게와 부피의 손실도 조리법에 따라 차이가 많이 난다. 일반적으로 이러한 손실은 음식물이 공기 중에 노출된 시간과 조리하는 열의 세기에 비례한다. 지방이 많은 음식일 경우에는 그 손실이 더 크다. 반대로 재료에 수분을 더하여 익히는 경우(파스타, 쌀 등)에는 그 부피가 커진다. 용기의 뚜껑을 닫거나 밀폐하여 공기 중에 노출을 최소화한 상태로 조리하면 재료의 무게와 부피 손실이 줄어든다(예: 파피요트, 수비드 조리 등).

닭(volaille)을 8토막으로 자른 모습.

VOÛTE 부트

- 오븐이나 화덕의 윗부분, 윗면.

W

X

W

• W 강도(force W): 밀가루의 특성을 측정하는 단위의 하나로, 반죽이 부서지기 위해 가해지는 힘의 세기를 뜻한다. 여기에는 빵을 구울 때 견디거나 부풀어 오르는 성질의 정도도 포함된다. 이 수치에 따라 과자용 박력분(100~150), 아티장 제빵용(150~220), 또는 공장용 대량생산 빵을 위한 밀가루(220~280) 등의 종류가 결정된다.

WASABI 와사비

• 고추냉이. 홀스래디시와 비슷한 동양의 뿌리식물인 와사비를 갈아 만든 맵고 톡 쏘는 양념.

WATERZOOÏ 바터조이

• 생선을 조각으로 잘라 익힌 후, 익힌 국물 소스와 함께 서빙하는 벨기에 요리.
• 육수, 달걀노른자, 크림을 넣어 만든 소스에 생선과 채소를 넣고 익힌 스튜.

WOK 웍

• 반구형의 넓은 중국식 팬. 채소 등의 재료를 센 불에 재빨리 볶아낼 때 유용하다. 손님 앞에서 금방 익혀내는 요리에도 적합하고, 기름을 적게 사용하여 고온에서 빨리 익혀내는 조리법이라 저열량 다이어트에도 좋다.

WORCESTERSHIRE 워스터셔

• 우스터 소스. 식초, 설탕, 안초비, 소고기 농축 육수, 당밀과 양파를 원료로 하여 만든 영국의 소스.

WORLD CUISINE 월드 퀴진

• 2000년대부터 나타난 새로운 트렌드로 기존의 고정된 식사의 틀을 벗어나 다양한 문화를 복합적으로 결합한 형태의 식문화. 오늘날의 사회상이 반영된 것으로 볼 수 있으며, 소비자들의 기호에 따라 여러 재료의 음식을 조합해서 선택할 수 있다. 알랭 뒤카스는 그의 캐주얼 레스토랑 스푼(Spoon)을 통해 이 분야의 선구자 역할을 하였다.

XÉRÈS 제레스, 헤레스

• 셰리, 셰리와인, 셰리주.
발효가 끝난 일반 와인에 브랜디를 첨가하여 알코올 도수를 높인 스페인의 주정 강화 와인인 셰리는 쥐라의 뱅 존(vin jaune)과 마찬가지로 산소를 유입시켜 산화시키는 것이 특징이다. 셰리와인 식초를 가리키기도 한다(vinaigre de xérès).

Y

Z

YAKITORI 야키도리
• 닭꼬치 구이. 양념에 재운 닭고기를 꼬치에 꿰어 구운 일본식 요리.

YAOURT 야우르트
• 요거트. 치즈처럼 유제품 디저트로 인식되는 요거트는 유산발효 작용으로 우유가 응고되어 만들어진다. 소스나 반죽 혼합물 등을 만들 때 넣기도 한다.

YAOURTIÈRE 야우르티에르
• 요거트 제조기. 가정에서 손쉽게 요거트를 만들 수 있는 제품. 요거트의 종류는 플레인, 향을 첨가한 것(인공 합성향), 과일을 넣은 것(과일30% 이하), 불가리스 타입(불가리스 유산균 첨가), 그릭 타입(농도가 진함), 드링킹 음료 타입 등 매우 다양하다. 이 모두 스트렙토코커스 써모필러스(*streptococcus thermophilus*)와 락토바실러스 불가리쿠스(*lactobacilus bulgaricus*)라는 두 종류의 유산균에 의한 발효작용으로 만들어진다. 요거트를 제조할 때는 이 두 종류 유산발효균의 균형을 맞춰 원하는 산미와 향을 조절할 수 있다. 유산균은 요거트의 소비 유효기간 마지막까지 살아 있어야 한다. 요거트의 종류에 따라 전유, 저지방 우유, 저온살균 우유로 만들어지며, 경우에 따라 분유를 첨가해 농도를 맞추기도 한다. 일반적으로 저지방 요거트는 유지방 함량이 1% 미만이고, 전유로 만든 요거트는 약 3.5%의 유지방을 함유하고 있다.

YUZU 유즈
• 유자. 감귤류인 유자나무의 열매로 노란색의 공 모양을 하고 있다. 중국이 원산지이며, 한국 일본 등지에서 많이 재배되는 유자는 비타민 C의 함량이 매우 높으며 자몽과 만다린 귤의 맛이 난다. 껍질을 이용해 차를 끓이거나 잼, 젤리 등을 만든다.

ZESTE 제스트 (아래 사진 참조)
• 레몬, 오렌지 등 모든 시트러스류(감귤류) 껍질의 색이 있는 부분.

ZESTER 제스테
• 제스터(zesteur)나 감자 필러(économe)를 사용해 레몬, 오렌지 등의 시트러스 과일 껍질의 겉면(zeste)을 얇게 도려내거나 곱게 갈다.

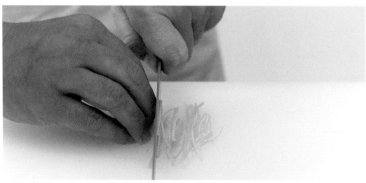

레몬 껍질 제스트(zeste)를 가늘게 채썰기(julienne).

ZESTEUR 제스퇴르
• 제스터. 시트러스류의 껍질 제스트를 벗기는 도구.

ZIKIRO 지키로
• 에스플레트 칠리(piment d'Espelette)를 넣은 바스크 지방 요리용 소스로 주로 고기나 닭 등을 재우는 양념으로 많이 쓰인다.

ZISTE 지스트
• 시트러스류 과일의 껍질 안쪽 흰 부분으로 쌉쌀한 맛이 난다.

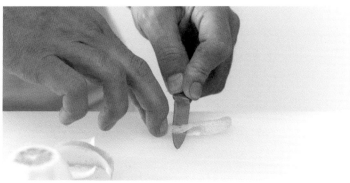

레몬 껍질 안쪽의 흰 부분(ziste)를 제거하는 모습.

YZ

부록

ANNEXES

육류,
부위와 조리법

좋은 고기를 잘 선택하는 것은 요리 성공의 첫 번째 관건이다. 그러므로 정육점 주인과의 연대는 아주 중요하다. 전문가인 그가 당신에게 조언을 해줄 뿐 아니라, 최적의 고기 선택과 구매를 도와줄 것이다. 그와 신뢰의 관계를 구축한다면, 실수 없는 최선의 구매를 하게 될 것이다.

육류의 보관
고기를 최적의 상태로 잘 보관하기 위해서는, 구매해 온 포장 그대로 두어서는 안 된다. 키친타월로 잘 닦아 보풀이 일지 않는 깨끗한 면포(가능하면 섬유 유연제를 넣지 않고 세탁한 것)에 싸둔다. 고깃덩어리의 크기에 따라 접시나 쟁반에 놓는다. 고기가 숨을 쉬도록 하는 것이 중요하다. 고기를 김밥 싸는 용도의 대나무 발에 올려놓아도 좋고, 작은 조각은 망에 올려놓아도 좋다.

소 BOEUF

소가 선사 시대 조상들이 사냥하던 들소의 후손이라고 주장하는 사람들이 있는가 하면, 어떤 이들은 아시아가 그 기원이라고 주장하고 있다. 단 한 가지 확실한 사실은 이미 4천 년 전부터 중국에 소가 존재했다는 것이다. 소를 가축으로 키우기 시작한 것은 7천 년 전 마케도니아, 크레타, 아나톨리아에서이다. 그 후, 육류를 아주 좋아하는 그리스, 로마, 갈리아족도 소를 가축으로 기르게 되었다.

명칭
'소(boeuf)'라는 이름을 들으면, 그 사육 연령에 따라 달라지는 여러 명칭의 동물을 떠올리게 된다. 수송아지(taurillon), 암송아지(génisse), 젖을 더 이상 짜지 않는 암소 육우(vache de réforme), 또 일반적으로 부르는 소(boeuf. 30개월~4년 사이에 거세한 수소)까지 모두 여기에 속한다.

선택
어떻게 하면 좋은 소고기를 고를 수 있을까?

제일 좋은 선별법은 우선 육안으로 보는 것인데, 어느 부위를 고르든지 우선 한눈에 사고 싶은 마음이 생겨야 한다. 고기는 전체적으로 살에 탄력이 있고 윤기가 나는 것이 좋다. 지방의 분포도 품질을 좌우하는 척도가 된다.

생산 정보: 고기에 붙어 있는 품질 표시 스티커는 여러 가지 기본 정보를 제공한다.

기본적으로 동물의 원산지, 도축 장소, 품종, 성별 그리고 고기의 품질 기준을 알 수 있다(젖을 더 이상 짜지 않는 암소는 육우라고 명시되어 있고, 고기의 질을 높이기 위해 특별히 키운 품종 등은 표시가 되어 있다). AOP (Appellation d'Origine Protégée: 원산지 명칭 보호), IGP (Indication Géographique Protégée; 지리적 표시 보호) 또는 Label Rouge (레드 라벨) 등의 표시가 붙은 것은 우수 품질을 보증하는 것으로, 안심하고 구입해도 좋다.

구입 시 주의 사항: 고기는 약간의 지방이 고루 분포되어 있고 붉은 보르도 빛을 띤 것으로 고른다. 살 사이사이에 지방이 골고루 박힌 고기가 더 연하고 맛도 좋다. 우리가 흔히 '마블링(marbre)'이라고 부르는 것은 살 안에 분포된 더 촘촘한 지방망을 말한다.

원하는 양질의 고기를 구입하려면 우선 육안으로 보아 마음에 드는 것을 고르는 것이 중요하다. 소고기의 경우, 선홍색을 띠고 윤기가 있어야 하고 냄새는 은은하고 좋은 고기향이 나야 하며, 지방은 흰색 또는 연한 노르스름한 색을 띠는 것이 좋다. 고기 색깔이 너무 어두운 것은 나이가 많은 동물의 고기일 확률이 높다.

셰프의 조언
전문적으로 소를 잘 선별하고, 도축 후 최적의 상태로 숙성해서 최상의 상태의 고기를 제공해 줄 수 있는 좋은 정육점을 고른다. 정육점 주인은 고기 조리법에 대한 조언을 해줄 뿐 아니라, 올바른 선택을 하도록 도와줄 것이다.

소고기는 얼리지 않는 것이 좋다. 특히 최상급 부위일 경우에는 더더욱 얼리지 말아야 한다. 고기의 맛을 최대로 즐기기 위해서는 신선육으로 조리하는 것을 권장한다.

조리법
많이 움직이지 않는 부위의 소고기는 조리 시간을 짧게 한다. 움직임이 많아 근육이 발달한 부위는 콜라겐을 많이 함유하고 있으며, 익는 시간도 오래 걸린다.

부위	조리법
설도, 보섭살 Le tende de tranche	로스트 비프
설도, 설깃살 La tranche grasse	로스트, 그릴, 소테
우둔살 Le rumsteck	스테이크, 퐁뒤, 꼬치구이
채끝살, 채끝등심 Le faux-filet	로스트, 그릴
안심 Le filet	로스트, 그릴, 소테
꽃등심(립아이) 또는 윗등심살 L'entrecôte, basse côte	소테, 그릴
갈빗살 La côte	소테, 그릴, 로스트
치마살 La bavette	그릴, 소테

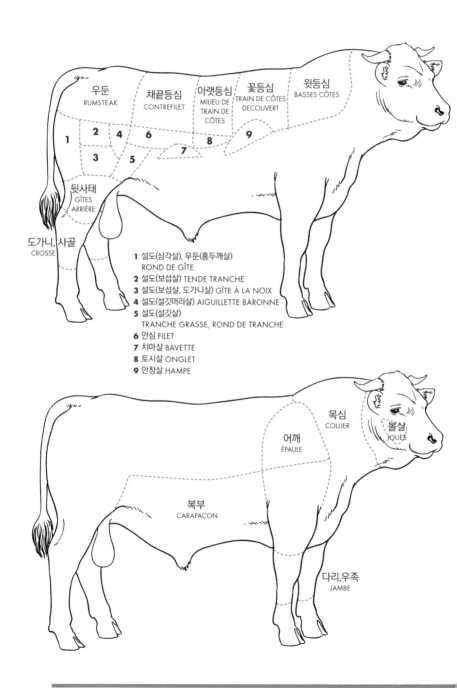

우둔
RUMSTEAK

채끝등심
CONTREFILET

아랫등심
MILIEU DE
TRAIN DE
CÔTES

꽃등심
TRAIN DE CÔTES
DECOUVERT

윗등심
BASSES CÔTES

1 2 4 6 8 9

3 5 7

뒷사태
GÎTES
ARRIÈRE

도가니, 사골
CROSSE

1 설도(삼각살), 우둔(홍두깨살)
ROND DE GÎTE
2 설도(보섭살) TENDE TRANCHE
3 설도(보섭살, 도가니살) GÎTE À LA NOIX
4 설도(설깃머리살) AIGUILLETTE BARONNE
5 설도(설깃살)
TRANCHE GRASSE, ROND DE TRANCHE
6 안심 FILET
7 치마살 BAVETTE
8 토시살 ONGLET
9 안창살 HAMPE

목심
COLLIER

볼살
JOUES

어깨
ÉPAULE

복부
CARAPAÇON

다리,우족
JAMBE

부위	조리법	부위	조리법
치마양지 La bavette de flanchet	수육	사태(상박살) Le jumeau à pot-au-feu	스튜, 수육
설도 (보섭살, 도가니살) La gîte noix	그릴, 로스트	부채살 Le paleron	스튜, 수육
설도(삼각살), 우둔(홍두깨살) Le rond de gîte	로스트	부채덮개살 La macreuse à steak	스튜
설도, 사태 Le nerveux de gîte	그릴, 소테	앞사태 La macreuse à pot-au-feu	스튜, 수육
설도(설깃머리살) L'aiguillette baronne	스튜	갈빗살 Le plat de côtes	수육
앞다리(꾸리살) Le jumeau à steak	그릴, 로스트, 소테	양지(업진살) Le flanchet	스튜, 수육
		목심 La veine	스튜, 수육
		아롱사태 Le gîte-gîte, jarret	스튜, 수육
		설도 (도가니살, 설깃살) L'araignée	그릴, 소테
		설도(보섭살) La poire	그릴, 소테
		설도(보섭살) Le merlan	그릴, 소테
		안창살 La hampe	그릴, 소테
		토시살 L'onglet	그릴, 소테
		앞다리 (꾸리살) Le jumeau à steak	그릴, 로스트, 소테

송아지 VEAU

송아지는 소의 새끼를 말하며, 태어나서 젖을 뗄 때까지를 송아지라고 부른다. 송아지는 일반적으로 태어나서 100일 정도 지나고 무게가 110~130kg이 되면 도축한다.

'모유 송아지(veau de lait)'라는 명칭은 오직 어미의 젖만 먹고 자란 송아지를 뜻하며, 송아지 고기 중 최상급으로 친다. 초장에서 자라는 것은 '풀 뜯는(broutard) 송아지'라고 부른다. 송아지 고기는 밝은색이고 분홍빛을 띠며, 진줏빛 광이 난다. 송아지 콩팥을 둘러싼 주변에는 반들반들한 흰 지방이 풍부하다.

조리법
부위에 따라 조리법과 시간이 달라진다.

부위	조리법
목심 collier	스튜, 로스트
갈비 Côte découverte, côte seconde, côte première	그릴, 소테, 로스트
안심, 등심, 갈빗살 Filet, longe, côte filet	소테, 로스트
볼기살 Quasi	로스트
허벅지살, 사태 Noix, sous-noix	그릴, 로스트, 소테
양지 Flanchet	스튜
삼겹양지 Tendron	스튜, 소테
삼겹살, 차돌박이 Poitrine	스튜
어깨살 Epaule	소테, 그릴, 로스트
정강이 Jarret	수육, 스튜

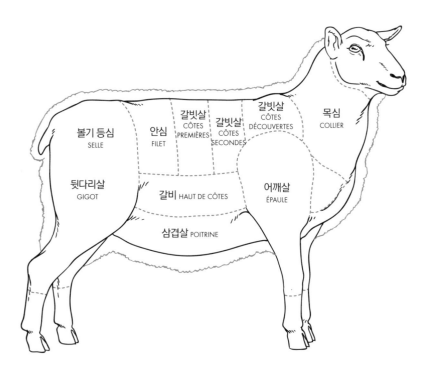

볼기 등심 SELLE

안심 FILET

갈빗살 CÔTES PREMIÈRES

갈빗살 CÔTES SECONDES

갈빗살 CÔTES DÉCOUVERTES

목심 COLLIER

뒷다리살 GIGOT

갈비 HAUT DE CÔTES

어깨살 ÉPAULE

삼겹살 POITRINE

양 AGNEAU

프랑스에는 정육(viande), 양모(laine), 양유(lait : Larzac, Pyrénées 지방) 등의 사용 목적에 따라 엄격하게 선별된 30여 품종의 양이 있다. 양고기는 키운 산지와 라벨에 따라 등급이 달라진다.

태어나서 40일까지의 어린 양은 '램(lamb, agneau 아뇨)'이라고 불리며, 이때부터 가금 사육시장에서 매매되기 시작한다. 생후 70일에서 150일 사이에 도축된 어린 양은 화이트 램 또는 밀크 페드 램(milk-fed lamb), 6~9개월 사이에 도축된 것은 회색 램 또는 '풀 먹고 자란 양(broutard)'이라고 불린다. 그 이상 된 것은 일반 양인 머튼(mutton, mouton 무통)으로 불린다. 살 사이에 지방이 많은 양고기는 모든 육류 중 가장 기름지며, 특유의 향을 갖고 있다.

선택
살이 너무 붉지 않고, 향이 은은하며 지방질이 풍부한 프랑스산 양고기를 추천한다. 피레네(Pyrénées), 포이약(Pauillac), 시스테롱(Sisteron)산 양이나, 센만(灣) 또는 몽생미셸의 프레 살레 양(agneau de pré-salé : 해변의 초장에서 기른 양) 등이 대표적이다. 양고기는 부활절 기간에 많이 소비되는데, 바로 이때가 양이 자라 도축되는 시기와 맞물리기 때문이다.

셰프의 조언
양을 손질할 때는 껍질을 벗기고, 그 안의 두꺼운 기름 층은 그대로 둔 상태로 고기를 익히는 것이 좋다. 타임, 마늘, 월계수 잎이 양고기와 잘 어울린다.

양고기의 육질을 좀 더 연하게 하고, 풍미를 더하려면 올리브오일로 고기를 문질러주고, 줄기에서 잎만 떼어 낸 로즈마리와 타임을 조금 넣어주면 좋다.

조리법

부위	조리법
목심 Collier	수육, 스튜, 소테
갈비 Côtes	그릴, 소테
안심, 갈빗살 Filet, côte filet	그릴, 소테, 로스트
볼기 등심, 윗부분을 자른 뒷다리살 Selle, gigot raccourci	로스트
삼겹살, 갈빗살 Poitrine, haut de côtes	소테, 로스트, 스튜
어깨살 Épaule	로스트, 소테
랙 오브 램, 양갈비 Carré	로스트

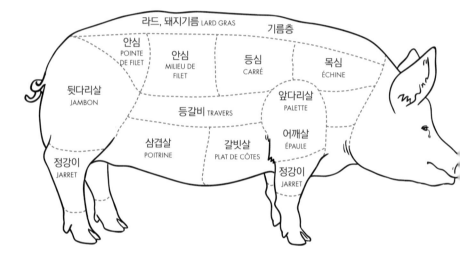

돼지 COCHON

돼지고기는 시장에서 쉽게 만날 수 있는 고기 가운데 하나다. 21세기에도 "돼지는 무엇이든지 다 맛있다(Dans le cochon, tout est bon)."라는 말이 여전히 통한다. 합리적인 가격도 장점일 뿐 아니라, 고기의 맛도 좋고 여러 가지 레시피로 다양하게 조리할 수 있다는 점으로 많은 사랑을 받고 있다.

선택
살은 분홍빛을 띠고 탄력이 있어야 하며, 수분이 흘러나오거나 분비물이 스며 나오면 안 된다. 최고의 맛으로 치는 생후 2개월 된 15kg짜리 새끼 돼지(cochon de lait: 어미의 젖만 먹고 자란 새끼돼지)는 살이 아주 부드럽고 연하다.

알아두세요!
돼지는 생고기(등심, 안심, 갈비, 목살 등)와 염장 고기(다짐육 소나 테린, 소시지, 살라미, 햄 등에 사용되는 돼지 목구멍살 등)로 구분한다.

셰프의 조언
로스트 포크를 만들 때는 목심을 선택하고, 냄비에 자작하게 수분을 넣어 뚜껑을 닫은 채로 천천히 익혀준다.
수분이 없어지고 온도가 올라가면서 마지막에 돼지고기가 천천히 색이 나며 구워질 것이다.
일반적으로 돼지고기는 안심(필레 미뇽)을 제외하고는, 조리 처음부터 색을 내주는 것이 아니라, 마지막에 색을 낸다.

부위	조리법
목심 Échine	그릴, 로스트
등심, 갈비 Côtes premières et secondes	소테, 그릴, 로스트
안심 Filet	로스트
뼈 붙은 안심 Côte filet	로스트, 그릴
안심살 Filet mignon	소테, 그릴, 로스트
앞다리살 Palette	수육, 스튜
정강이 Jarret avant et arrière	수육, 스튜
등갈비 Travers	그릴
삼겹살 Poitrine	수육, 그릴

찾아보기

INDEX

전체 용어 찾아보기 INDEX GÉNÉRAL

305

313

테크닉 용어 찾아보기 INDEX DES GESTES

익히기 용어 찾아보기 INDEX DES CUISSONS

주방도구 및 집기 용어 찾아보기
INDEX DES USTENSILES ET ACCESSOIRES DE CUISINE

자르기 용어 찾아보기 INDEX DES DÉCOUPES

부위 명칭 찾아보기 INDEX DES MORCEAUX

요리 명칭 찾아보기 INDEX DES SPÉCIALITÉS

소스 명칭 찾아보기 INDEX DES SAUCES

파티스리 용어 찾아보기 INDEX DE LA PÂTISSERIE

세계 최고의 요리 기법을
『페랑디 요리 수업』에서 만나보세요.

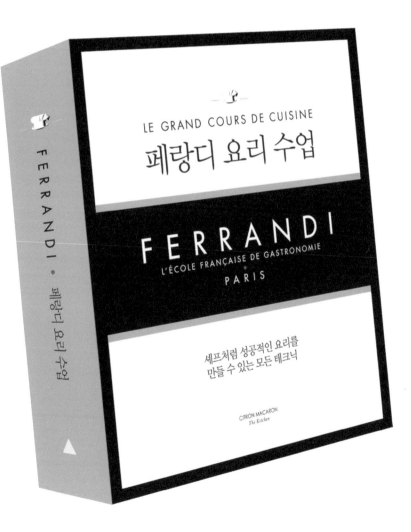

LE GRAND COURS DE CUISINE
페랑디 요리 수업

FERRANDI
L'ÉCOLE FRANÇAISE DE GASTRONOMIE
PARIS

셰프처럼 성공적인 요리를
만들 수 있는 모든 테크닉

CITRON MACARON
The Kitchen

페랑디 조리용어 사전

1판 1쇄 발행일 2017년 12월 20일
개정판 1쇄 발행일 2022년 7월 1일
저   자 : 킬리앙 스탕젤
번   역 : 강현정
발행인 : 김문영
디자인 : 김미선
펴낸곳 : 시트롱마카롱
등   록 : 제406-251002014000153호
주   소 : 경기도 파주시 책향기로 320, 2-206
S N S : @citronmacaron
이메일 : macaron2000@daum.net
ISBN : 979-11-969845-9-5 03590

요리 학교 페랑디는 수준 높은 미식 교육 분야의 '표준'이다. 페랑디는 1920년부터 여러 세대에 걸친 스타 세프, 제과제빵 종사자, 식당 경영자들과 연계하여 운영되고 있다. 프랑스 파리 생 제르망 데 프레에 있는 페랑디에 해마다 전 세계의 학생들이 입학하고 있는데, 그 가운데에는 한국 학생들도 많이 있다. 페랑디는 여러 나라에서 마스터 클래스를 운영하기도 한다. 이 책은 페랑디 교수진과 프랑스 요리 명장들이 협업하여 펴냈다.